国家出版基金项目
NATIONAL PUBLICATION FOUNDATION

风电场建设与管理创新研究丛书

智慧海上风电场

罗必雄　乔旭斌　陈亮　主编

中国水利水电出版社
www.waterpub.com.cn
·北京·

内 容 提 要

　　本书是《风电场建设与管理创新研究》丛书之一,包含海上风电场概述、智慧海上风电场概述、智能设备层、智能控制层、场级管控层、集团监管层、智慧海上风电场的基础问题等内容,对智慧海上风电场的建设方案进行了较为全面的介绍。本书首先简要介绍了海上风电场的内容,然后给出了智慧海上风电场的介绍,在此基础上,分别从智能设备层、智能控制层、场级管控层、集团监管层等方面具体阐述了智慧海上风电场的方案及相关案例;最后,分析了海上风电场若干个基础理论问题,包括拓扑设计及可靠性研究、集群有功优化、大孤岛运行策略等。

　　本书对从事海上风电场建设、设计、运维等方面工作的工程技术人员具有一定的参考价值,也可供海上风电场领域的科研工作者借鉴参考。

图书在版编目(C I P)数据

智慧海上风电场 / 罗必雄,乔旭斌,陈亮主编. --
北京 : 中国水利水电出版社,2020.12
　(风电场建设与管理创新研究丛书)
　ISBN 978-7-5170-9330-5

　Ⅰ. ①智… Ⅱ. ①罗… ②乔… ③陈… Ⅲ. ①海风—
风力发电—发电厂—项目管理—研究 Ⅳ. ①TM614

中国版本图书馆CIP数据核字(2020)第269136号

书　　名	风电场建设与管理创新研究丛书 **智慧海上风电场** ZHIHUI HAISHANG FENGDIANCHANG
作　　者	罗必雄　乔旭斌　陈亮　主编
出版发行	中国水利水电出版社 (北京市海淀区玉渊潭南路1号D座　100038) 网址:www. waterpub. com. cn E-mail:sales@waterpub. com. cn 电话:(010)68367658(营销中心)
经　　售	北京科水图书销售中心(零售) 电话:(010)88383994、63202643、68545874 全国各地新华书店和相关出版物销售网点
排　　版	中国水利水电出版社微机排版中心
印　　刷	天津嘉恒印务有限公司
规　　格	184mm×260mm　16开本　16.75印张　347千字
版　　次	2020年12月第1版　2020年12月第1次印刷
印　　数	0001—3000册
定　　价	**82.00**元

《风电场建设与管理创新研究》丛书
编 委 会

《风电场建设与管理创新研究》丛书

主 要 参 编 单 位

（排名不分先后）

河海大学

哈尔滨工程大学

扬州大学

南京工程学院

中国三峡新能源（集团）股份有限公司

中广核研究院有限公司

国家电投集团山东电力工程咨询院有限公司

国家电投集团五凌电力有限公司

华能江苏能源开发有限公司

中国电建集团水电水利规划设计总院

中国电建集团西北勘测设计研究院有限公司

中国电建集团北京勘测设计研究院有限公司

中国电建集团成都勘测设计研究院有限公司

中国电建集团昆明勘测设计研究院有限公司

中国电建集团贵阳勘测设计研究院有限公司

中国电建集团中南勘测设计研究院有限公司

中国电建集团华东勘测设计研究院有限公司

中国长江三峡集团公司上海勘测设计研究院有限公司

中国能源建设集团江苏省电力设计研究院有限公司

中国能源建设集团广东省电力设计研究院有限公司

中国能源建设集团湖南省电力设计院有限公司

广东科诺勘测工程有限公司

内蒙古电力（集团）有限责任公司

内蒙古电力经济技术研究院分公司

内蒙古电力勘测设计院有限责任公司

中国船舶重工集团海装风电股份有限公司

中建材南京新能源研究院

中国华能集团清洁能源技术研究院有限公司

北控清洁能源集团有限公司

国华（江苏）风电有限公司

西北水利水电工程有限责任公司

广东粤电阳江海上风电有限公司

江苏省风电机组结构工程研究中心

中国水利水电科学研究院

本书编委会

主　　编	罗必雄	乔旭斌	陈　亮			
副 主 编	范永春	阳　熹	汤　翔	杨　源	谭江平	刘惠文
参编人员	柴兆瑞	兰金江	刘惠义	郑　源	莫旭颖	陆忠民
	秦东平	汪少勇	谢创树	张　振	王晓雄	徐龙博
	王小虎	曾甫龙	王兆鹏	张文鋆	谭任深	何　航
	董英瑞	夏　莹	裴　顺	卓　越	周晋霖	李美臻
	白雪儿	郑文棠	闫洪瑜	韩云科	郑一丹	旦真旺加
	黄佳程					

丛书前言

随着世界性能源危机日益加剧和全球环境污染日趋严重，大力发展可再生能源产业，走低碳经济发展道路，已成为国际社会推动能源转型发展、应对全球气候变化的普遍共识和一致行动。

在第七十五届联合国大会上，中国承诺"将提高国家自主贡献力度，采取更加有力的政策和措施，二氧化碳排放力争于 2030 年前达到峰值，努力争取 2060 年前实现碳中和。"这一重大宣示标志着中国将进入一个全面的碳约束时代。2020 年 12 月 12 日我国在"继往开来，开启全球应对气候变化新征程"气候雄心峰会上指出：到 2030 年，风电、太阳能发电总装机容量将达到 12 亿 kW 以上。进一步对我国可再生能源高质量快速发展提出了明确要求。

我国风电经过 20 多年的发展取得了举世瞩目的成就，累计和新增装机容量位居全球首位，是最大的风电市场。风电现已完成由补充能源向替代能源的转变，并向支柱能源过渡，在我国经济发展中起重要作用。依托"碳达峰、碳中和"国家发展战略，风电将迎来与之相适应的更大发展空间，风电产业进入"倍速阶段"。

我国风电开发建设起步较晚，技术水平与风电发达国家相比存在一定差距，风电开发和建设管理的标准化和规范化水平有待进一步提高，迫切需要对现有开发建设管理模式进行梳理总结，创新风电场建设与管理标准，建立风电场建设规范化流程，科学推进风电开发与建设发展。

在此背景下，《风电场建设与管理创新研究》丛书应运而生。丛书在总结归纳目前风电场工程建设管理成功经验的基础上，提出适合我国风电场建设发展与优化管理的理论和方法，为促进风电行业科技进步与产业发展，确保工程建设和运维管理进一步科学化、制度化、规范化、标准化，保障工程建设的工期、质量、安全和投资效益，提供技术支撑和解决方案。

《风电场建设与管理创新研究》丛书主要内容包括：风电场项目建设标准化管理，风电场安全生产管理，风电场项目采购与合同管理，陆上风电场工程施工与管理，风电场项目投资管理，风电场建设环境评价与管理，风电场建设项目计划与控制，海上风电场工程勘测技术，风电场工程后评估与风电机组状态评价，海上风电场运行与维护，海上风电场全生命周期降本增效途径与实践，大型风电机组设计、制造及安装，智慧海上风电场，风电机组支撑系统设计与施工，风电机组混凝土基础结构检测评估和修复加固等多个方面。丛书由数十家风电企业和高校院所的专家共同编写。参编单位承担了我国大部分风电场的规划论证、开发建设、技术攻关与标准制定工作，在风电领域经验丰富、成果显著，是引领我国风电规模化建设发展的排头兵，基本展示了我国风电行业建设与管理方面的现状水平。丛书力求反映国内风电场建设与管理的实用新技术，创建与推广风电中国模式和标准，并借助"一带一路"倡议走出国门，拓展中国风电全球路径。

丛书注重理论联系实际与工程应用，案例丰富，参考性、指导性强。希望丛书的出版，能够助推风电行业总结建设与管理经验，创新建设与管理理念，培养建设与管理人才，促进中国风电行业高质量快速发展！

2020 年 6 月

本书前言

能源是推进社会发展的驱动力。海上风电作为清洁的可再生能源，风能资源丰富，风速高，湍流强度小，对环境影响小，靠近电力负荷中心，不占用珍贵的土地资源，是新能源发展的前沿领域，是落实碳达峰、碳中和目标，实现能源转型的战略选择。截至2021年第一季度，我国并网海上风电累计装机容量达到1022万kW。预计"十四五"期间，海上风电仍将继续保持快速发展。

海上风电场规模化发展的过程中，呈现出与陆上风电场不同的技术难点，其中难点之一，在于离岸距离远、运行环境恶劣、巡视检修困难、无人值守，对于通过数字化、自动化和智能化提高风电并网能力、提高风电场运行水平和效益的需求十分迫切。

一些风力发电企业已经开始进行智慧海上风电场建设的前期规划、论证和初步实施。建设智慧海上风电场已成为行业共识，是未来较长时期的发展方向。然而，一直以来，智慧海上风电场建设没有统一的定义和标准。目前开展的一些探索，主要还停留在建设数字化物理载体的阶段，为向更加高效、可靠的智慧海上风电场发展奠定了一些基础。智慧海上风电场建设，需要进行顶层设计，并全面规划、梳理理念、明确路径、建立标准。

本书首次提出了智慧海上风电场的定义，规划了智慧海上风电场的架构体系，从智能设备、智能控制、场级管控、集团监管四个层级，系统阐述了怎样建设智慧海上风电场，分析了海上风电场若干个基础问题，为覆盖项目设计—基建—运营的全生命周期过程，实现全场设备、资产的数字化、智慧化监控与管理的智慧海上风电场指明了发展路径。

本书由中国能源建设集团广东省电力设计研究院有限公司智慧海上风电技术团队主编，由全国工程勘察设计大师罗必雄领衔。参加本书编写的还有河海大学、中国三峡新能源（集团）股份有限公司、中国长江三峡集团公司上海勘测设计研究院有限公司的有关专家。

由于我们水平所限，书中的缺点错误在所难免，热切希望广大读者给予指正。

编者

2020 年 10 月

目　录

第1章 海上风电场概述

1.1 水文气象条件

1.1.1 海洋水文与风资源

1.1.1.1 海浪

海浪（ocean wave）通常指海洋中由风产生的波浪，其主要包括风浪、涌浪和潮汐。随着风的速度、风的方向和地形条件不同，海浪的尺寸变化很大，通常变化周期为零点几秒到数十秒，波长为几十厘米至几百米，波高为几厘米至二十余米，在罕见地形下，波高可达30m以上。

1. 产生原因

海浪是发生在海洋中的一种波动现象，是水质点离开平衡位置做周期性振动，并向一定方向传播而形成的一种波动。水质点的振动形成动能，海浪起伏形成势能，两者能量巨大。在海洋中，仅风浪和涌浪的总能量就相当于到达地球外侧的太阳能量的一半。海浪的能量沿着海浪传播的方向滚滚向前，因而，海浪实际上又是能量的波形传播。

2. 类型

（1）风浪。风浪是海水受到风力作用而产生的波动，可同时出现在许多不同长度的波上。波的表面较陡，长度较短，波峰附近常有很多浪花或片状泡沫，传播方向与风向一致。一般而言，海洋中海面越宽广，风速越大，风的方向越稳定；风吹刮的时间越长，风浪越强。如南北半球西风带的洋面上，经常浪涛滚滚；在赤道无风带海域和南北半球副热带无风带海域，虽然水面开阔，但由于风力微弱，风向不定，因此风浪一般都很小。

风浪的特征是：①波形不对称，波面不光滑，较凌乱，易开花、破碎；②波长较短、周期较短、波速较小。波高与风力有密切关系，人们会有"风大浪高"的经验。风浪的发展不是无限制的，当风速一定时，风浪不再继续增长而达到极限状态时，被称为充分成长的风浪。

根据浪高不同，一般情况下将风浪分为10个等级，见表1-1。

表 1-1　风 浪 分 级 表

波级	浪高/m	风力	海　况
0级，无浪	0	0级	海面平静；水面平整如镜或仅有涌浪存在；船静止不动
1级，微浪	0~0.1	1级	波纹、涌浪和小波纹同时存在，微小波浪呈鱼鳞状，没有浪花。寻常渔船略觉摇动，海风尚不足以把帆船推行
2级，小浪	0.1~0.5	2级	波浪很小，波长尚短，但波形显著。浪峰不破裂，因而不是白色的，而仅呈玻璃色。渔船有晃动，张帆可随风移行 2~3n mile/h
3级，轻浪	0.5~1.25	3~4级	波浪不大，但很触目，波长变长，波峰开始破裂。浪沫光亮，有时可有散见的白浪花，其中有些地方形成连片的白色浪花，即白浪。渔船略觉簸动，渔船张帆时随风移行 3~5n mile/h，满帆时，可使船身倾于一侧
4级，中浪	1.25~2.5	5级	波浪具有很明显的形状，许多波峰破裂，到处形成白浪，成群出现，偶有飞沫。同时较明显的长波开始出现。渔船明显簸动，需缩帆一部分（即收去帆的一部分）
5级，大浪	2.5~4	6级	高大波峰开始形成，到处都有更大的白沫峰，有时有些飞沫。浪花的峰顶占去了波峰上很大的面积，风开始削去波峰上的浪花，碎浪形成白沫沿风向呈条状。渔船起伏加剧，要加倍缩帆至大部分，捕鱼需注意风险
6级，巨浪	4~6	7级	海浪波长较长，高大波峰随处可见。波峰上被风削去的浪花开始沿波浪斜面伸长成带状，有时波峰出现风暴波的长波形状。波峰边缘开始破碎成飞沫片；白沫沿风向呈明显带状。渔船停息港中不再出航，在海者下锚
7级，狂浪	6~9	8~9级	海面开始颠簸，波峰出现翻滚。风削去的浪花带布满了波浪的斜面，并且有的地方达到波谷，白沫能成片出现，沿风向的白沫呈浓密的条带状。飞沫可使能见度受到影响。汽船航行困难。所有近港渔船都要靠港，停留不出
8级，狂涛	9~14	10~17级	海面颠簸加大，有震动感，波峰长而翻卷。稠密的浪花布满了波浪斜面。海面几乎完全被沿风向吹出的白沫片所掩盖，因而变成白色，只在波底有些地方才没有浪花。海面能见度显著降低。汽船遇之相当危险
9级，怒涛	>14	17级以上	海浪滔天，奔腾咆哮，汹涌非凡。波峰猛烈翻卷，海面剧烈颠簸。波浪到处破成泡沫，整个海面完全变白，布满了稠密的浪花层。空气中充满了白色的浪花、水滴和飞沫，能见度受到严重影响

（2）涌浪。俗话说"无风三尺浪"，指的就是涌浪。涌浪是指风浪离开有风的地区后传至远处，或者风区里的风停息后所遗留下来的波浪。

涌浪的特征是：①波形对称，波面光滑，是较规则的移动波；②波长较长、周期较长、波速较大；③传播方向与海上的实际风向无关，两者可以成任意角度。

（3）潮汐。

1）现象。潮汐是由于太阳、月球和地球的相对位置不断改变以及地球受到的太阳和月球引力的合力不断变化，导致海水周期性涨落的现象。因为潮汐由天体的引潮力引起，其中月球与太阳起着主要作用，所以被称为天文潮，其中由月球的引潮力引起的潮汐称为太阴潮，由太阳的引潮力引起的潮汐称为太阳潮。古人描述海水涨落为"昼涨称潮，夜涨称汐"，两者合之称为"潮汐"。如今人们一般将海面的一涨一落称为一个潮汐周期。

潮汐反映的是一种海面长周期性的波动，其使水面高程发生变化，它所产生的最高水位和最低水位及潮流的大小和方向等与海工结构物的设计、施工、生产与安全等密切相关。因此需要统计分析特征水位值的历史资料，为海工结构物的工程设计和施工提供多年一遇的潮位极值。

2）要素。潮汐要素用于描述潮汐涨落的运动特征。其中一个潮汐周期内潮位的上升过程称为涨潮，在潮汐的一个涨落周期内达到的最高潮位称为高潮。在达到高潮后的一段时间内，海面处在不涨不落的暂时平衡状态，持续时间各地不等，称为平潮，平潮的中间时刻称为高潮时。高潮过后，潮位下降的过程称为落潮，在潮汐涨落的一个周期内潮位降到的最低点称为低潮。在低潮的一段时间内，海面暂时不涨不落，称为停潮，而停潮的中间时刻称为低潮时。表示各潮汐要素的潮位曲线如图1-1所示。其中从低潮时到高潮时的时间间隔称为涨潮时，从高潮时到低潮时的时间间隔称为落潮时，两者之和是一个潮汐循环的周期。

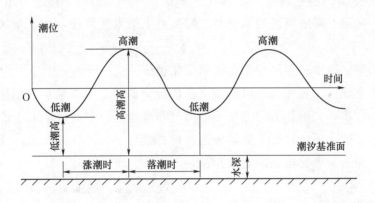

图1-1　表示各潮汐要素的潮位曲线

以上的潮位高度是相对于潮汐基准面的，因此潮汐基准面又被称为进行潮位测量的起始面。它一般与海图的基准面相同，起着朝下定深度、朝上定潮高的作用。海图基准面又被称为深度基准面，是海图上用于标明深度标准的起算面。我国采用"理论深度基准面"，即以多年潮位资料推算出所处位置在理论上可能的最低水深作为海图的深度基准面。潮高从潮汐基准面算起，高潮面到潮汐基准面的距离定义为高潮高，低潮面到潮汐基准面的距离定义为低潮高，相邻的高、低潮位之差称为潮差。

受地球、月球、太阳三者间相对运动位置的影响，潮差大小每天都在发生变化，并随月相盈亏变化周期性地出现潮差最大值和潮差最小值。其中，在海洋中的潮差不大，由平衡潮理论得到的潮差最大值约为 78cm，在海洋岛屿的潮差测量中得到验证；但在大陆的近岸浅水海域潮差增大很多，如加拿大的芬地湾历史上有记录的潮差达到 21m，是世界上潮差最大的地方。

3）应用。由于受水深及海岸地形等的影响较大，浅海近岸和港湾地区潮汐的潮差很大，蕴含的能量巨大，因此可以利用潮汐发电。潮汐发电与普通的水力发电原理相同，都是将高度差产生的势能转换为动能，再转换为电能的过程。

潮汐发电必须满足两个条件：第一，潮汐很大，有足够的势能；第二，有合适的地理环境。我国海岸线全长 32000km，大陆海岸线长 18000km，岛屿海岸线长 14000km，具有丰富的潮汐能。

1.1.1.2　风资源

风电场风资源的评估，是开发风力发电项目最基础的前期工作。准确和有效的风资源评估，是避免投资风险、保证项目成功的关键。为评估预选风电场的风资源，必须经过布点测风、收集数据、分析整理和汇总，以掌握可靠的风资源情况。

风资源的评估有以下重要参数及定义：

（1）风速。风速为空气相对于地球某一固定地点的运动速率，常用单位为 m/s。

（2）平均风速。平均风速为一定时段内，数次观测的风速的平均值，常用单位为 m/s。

（3）瞬时风速。瞬时风速为某时刻空间某点上的真实风速，由平均风速和脉动风速组成。

（4）风切变。风切变为风速随高度的变化规律。

（5）风速廓线。风速廓线为风速随高度的分布曲线。它受地形、层结稳定度、大型天气形势的影响，在铅直方向上呈不同的分布规律，有多种数学表达式。

（6）湍流强度。湍流强度为脉动风速的均方差与平均风速的比值，反映脉动风速的相对强度，是衡量风稳定性的重要指标。

（7）风能。风能为因空气流做功而提供给人类的一种可利用的能量，属于可再生能源。

（8）风功率密度。风功率密度为单位面积下风能具有的功率，单位为 W/m^2。

（9）风向。风向指风的方向，通常用 16 个方位来表示风向。根据月或者年统计风向变化的平均值，可以绘制出风向玫瑰图，如图 1-2 所示。

（10）50 年一遇最大风速。风电场在设计时，从安全性和经济性综合考虑，要合理

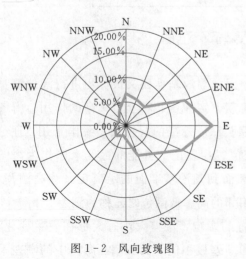

图 1-2　风向玫瑰图

确定一个设计最大风速，此数值要间隔相当时期才会出现（间隔的时期为重现期）。根据全国风资源评估技术规定，风电场设计的重现期为 50 年，即 50 年一遇最大风速。

1.1.2 气象灾害

1. 热带气旋

热带气旋是发生在热带或副热带海洋上的强烈天气现象，在北半球沿逆时针旋转，南半球沿顺时针旋转。热带气旋在我国的主要登陆区域首先是广东沿海地区，其次是台湾、海南和福建等地，总体来看频数从东南向西北方向逐渐减少。热带气旋对风力发电的影响利弊兼有，强度不太大的热带气旋及其外围环流影响区域带来的大风过程，可以使风电场较长时间处于"满发"状态，从而带来良好的发电效益；但强度较强的热带气旋，如台风，会给风电场带来极大破坏。我国北自渤海、南到南海的广大海域都可能受到热带气旋活动的影响，是全球发展海上风电的国家中受热带气旋影响最大的国家。平均每年有 3.5 个破坏型台风登陆我国，对我国南海、东海的风电场造成威胁的可能性较大。热带气旋的标准等级见表 1-2。

表 1-2 热带气旋的标准等级

热带气旋等级	低层中心附近最大平均风速/(m/s)	低层中心附近最大风力级数
热带低压	10.8~17.1	6~7
热带风暴	17.2~24.4	8~9
强热带风暴	24.5~32.6	10~11
台风	32.7~41.4	12~13
强台风	41.5~50.0	14~15
超强台风	≥51.0	≥16

2. 海雾

海雾是在低层大气中海洋与大气之间发生热量和水汽交换的产物，是一种海上灾害性天气。海雾对海上风电的影响主要体现在：①在风电场建设阶段，低能见度影响工程建设进度；②在风电场运行阶段，低能见度致使运维船无法航行，降低海上风电场运维的效率。研究表明，我国近海的多雾区主要集中在东海和黄海，东海雾季主要集中在 3—7 月，黄海雾季主要集中在 4—8 月，即海雾主要发生在春夏季，秋冬季相对较少。

3. 盐雾

盐雾对海上风电机组的影响主要体现为：污染桨叶，影响其气动性能，产生噪声污染并影响美观；破坏风电机组的强度，降低其承受载荷的能力；生成氧化物使电气接触不良，导致电气设备故障。因此，很有必要在盐雾多发海域采取适当的防腐蚀保护措施。

沿海大气中盐雾含量主要受到风向、风速、湿度等气候条件和海岸线地貌、离海距离等自然环境条件两方面因素的影响，我国东海、南海盐雾含量相对较高。

4. 海冰

海冰在运动时对海上风电机组的推力和撞击力会对海上风电场造成非常大的危害，另外大面积的海冰也会导致运维船只航行受阻，从而影响海上风电场的运行维护。研究表明，每年冬季随着冷空气活动频率和强度的增加，我国渤海和黄海北部海域都会出现不同程度的冻结，海冰的存在和运动将对海上风电机组造成不可小觑的威胁。

5. 雷电

海上风电机组由于建在平坦辽阔的海面，塔架高度较高，存在遭受雷击的风险，给风电机组的安全运行带来巨大危害，雷电瞬间释放的巨大能量可能会造成机组桨叶损坏、发电机绝缘击穿、控制元器件烧毁等后果。我国雷州半岛和海南岛一带的雷电活动最为剧烈。

1.1.3 我国的风资源分布情况

我国位于地球北半球中纬度地区，在大气环流的影响下，分别受副极地低压带、副热带高压带和赤道低压带的控制，我国北方地区主要受中高纬度的西风带影响，南方地区主要受低纬度的东北信风带影响。

我国地域辽阔，陆地最南端纬度约为北纬 $18°$，最北端纬度约为北纬 $53°$，南北陆地跨 35 个纬度，东西跨 60 个经度以上。我国独特的宏观地理位置和微观地形地貌决定了我国风资源分布的特点。我国在宏观地理位置上属于世界上最大的大陆板块——欧亚大陆的东部，东临世界上最大的海洋——太平洋，海陆之间热力差异非常大，北方地区和南方地区分别受大陆性和海洋性气候相互影响，季风现象明显。北方具体表现为温带季风气候，冬季受来自大陆的干冷气流影响，寒冷干燥，夏季温暖湿润；南方表现为亚热带季风气候，夏季受来自海洋的暖湿气流影响，降水较多，冬季受来自西伯利亚的寒风影响，干燥少雨。

根据中国气象局于 2004—2006 年组织完成的第三次全国风资源调查，利用全国 2000 多个气象台站近 30 年的观测资料，计算全国离地面 10m 高度层上的风资源量，结果表明：我国可开发风能总储量约有 43.5 亿 kW，其中可开发和利用的陆上风能储量有 6 亿～10 亿 kW，近海风能储量有 1 亿～2 亿 kW，共计 7 亿～12 亿 kW。

1.2 风 电 机 组

1.2.1 分类

风电机组的种类很多，按照不同的方式可以进行不同的分类。

（1）按叶轮的桨叶分类可以分为失速型和变桨型。两者的主要区别在于风速高于额定风速时：失速型风电机组利用桨叶固有形状或叶尖的扰流器动作，限制叶轮的输出转矩；变桨型风电机组则通过调整桨叶的桨距角，限制输出转矩。相对于失速型风电机组，变桨型风电机组可以避免高风速时发电功率下降的缺点，同时改善了启动性能，因此是大容量风电机组的发展方向。通常，海上风电场采用的风电机组是变桨型风电机组。

（2）按叶轮转速分类可以分为定速型和变速型。顾名思义，定速型风电机组的叶轮转速保持恒定，不随风速变化，风能转换效率低；变速型风电机组的叶轮转速随风速变化，可以追寻最大风功率，为大型风电场主流的风电机组。通常，海上风电场用的风电机组是变速型风电机组。

（3）按传动机构分类可以分为齿轮箱升速型和直驱型。齿轮箱升速型风电机组利用齿轮箱将叶轮的低转速转换为高转速从而带动发电机发电；直驱型风电机组省略了齿轮箱，直接将低转速的叶轮连接到低转速发电机上。通常海上风电场常用的风电机组有齿轮箱升速型和直驱型两种。

（4）按发电机分类可以分为异步型和同步型。异步型风电机组常用的发电机为笼型异步发电机和绕线式双馈异步发电机；同步型风电机组常用的发电机为永磁同步发电机。永磁同步风电机组在低电压穿越、谐波性能、平均发电效率以及故障隔离等方面都优于绕线式双馈异步风电机组，但其制造成本较高，因此短期内风电行业仍将以绕线式双馈异步风电机组为主。通常，海上风电场用的风电机组有绕线式双馈异步风电机组和永磁同步风电机组两种。

1.2.2 构成

风电机组基本结构如图1-3所示。

风电机组各主要组成部分功能简述如下：

（1）叶轮，主要由桨叶、轮毂和变桨系统组成。风以一定的速度和角度作用于桨叶，桨叶吸收风能驱动叶轮转动，完成动能到机械能的转换。轮毂则用于连接桨叶和主轴。变桨系统的主要功能是通过桨叶相对轮毂的转动来调节桨距角，实现功率控制和应对突发状况对机组实行紧急制动。

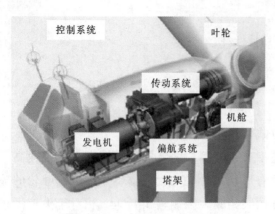

图 1-3 风电机组基本结构

（2）传动系统，主要由主轴（低速轴）、齿轮箱、高速轴（齿轮箱输出轴）及机械制动器等构成。传动系统连接叶轮与发电机，传递机械转矩并实现转速的变换。由于风电机组齿轮箱要承受多变的风载荷和其他冲击载荷，相对于其他部件来说风电机组齿轮箱故障发生频率较高，且故障复杂，维修难度大、成本高。

（3）发电机，接受叶轮输出的机械转矩，通过电磁感应原理完成由机械能到电能的转换。

（4）偏航系统，主要功能为调整叶轮的对风方向，保证风速时刻处于迎风状态并锁紧力矩，满足机组安全运行和停机状态的需求。在偏航控制下，机舱和叶轮传动链可以完成自动对风，由四个偏航电机驱动实现偏航转动。风电机组运行时，依靠风向标测得的风向与机舱的夹角来确定偏航位置，机舱由主动偏航刹车和偏航驱动电动机制动器来固定位置。

（5）主机架与机舱，主机架连接塔架顶端，用于安装机组的主轴、齿轮箱、联轴器及发电机等。机舱的主要功能是将传动链上的关键部件及控制装置等封闭起来抵抗外界环境的侵蚀，起到保护作用。

（6）控制与安全系统，包括变桨控制器（电变桨与液压变桨）、变流器、控制安全链和安装在机组各个部位的传感器，进行信号采集与检测，控制机组启动，执行风电机组并网运行指令，确保风电机组安全可靠工作。

（7）塔架和基础，机组的支撑部件，塔架承受各种动静载荷并传递给基础。

1.2.3 工作原理

风电机组工作原理简化图如图 1-4 所示，简单来说，风电机组的工作原理主要包括能量传递和信息传递两部分。

在能量传递环节，风电机组依靠叶轮、桨叶吸收风能，轮毂连接桨叶和主轴，将风能以转矩形式传递给主轴转化为机械能；低速的机械能通过风电机组主传动系统的齿轮箱以高转速的旋转机械能输出；柔性联轴器连接齿轮箱与发电机，实现机械能到电能的转换。

在信息传递环节，分布在风电机组各个部位的传感器将采集到的状态信息发送到控制系统，控制系统接收信息后根据机组实际情况向执行机构发出相应的动作指令，

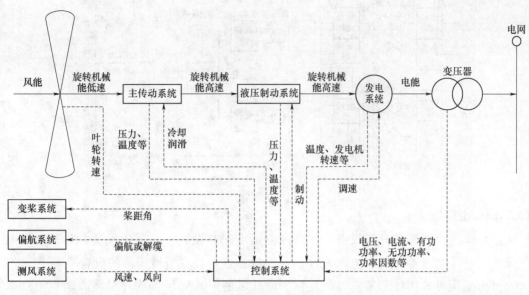

图1-4 风电机组工作原理简化图

这一环节通常包括偏航控制、变桨控制、温度控制、压力调节、冷却和润滑、紧急制动等。

1.3 电 气 系 统

1.3.1 主接线及设备选择

海上风电场由海上风电机组、集电海缆、海上升压站、海上高压海缆、陆上集控中心等构成，电能由各台风电机组发出，经过集电海缆汇集到海上升压站，再经由海上升压站将其输送至陆上集控中心并入电网。海上风电场组成示意图如图1-5所示。电气主接线示意简图如图1-6所示。

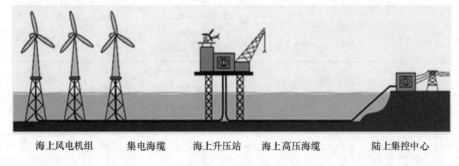

海上风电机组　　集电海缆　　海上升压站　　海上高压海缆　　陆上集控中心

图1-5 海上风电场组成示意图

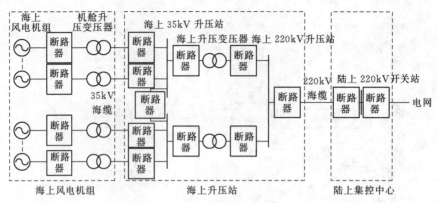

图 1-6　电气主接线示意简图

1.3.1.1　主接线

（1）风电机组配套升压设备。每套风电机组配套设置一套升压设备，包括高压电气元件、升压变压器、低压电气元件。升压设备宜布置在塔筒内部的设备平台上。

升压变压器选用体积紧凑，耐湿度、耐盐雾的干式变压器或环保型高燃点绝缘油变压器；高压侧选用 SF_6 绝缘断路器柜体。变压器高压侧均采用并联接线方式与主集电线路联接。

（2）集电线路。集电线路一般采用 35kV 交联聚乙烯绝缘海底电缆。电缆类型为分相铅护套、钢丝铠装、光电复合缆、三芯海底电缆，其中电缆截面为 $95\sim300mm^2$ 不等。各段海缆选择如下：

连接 $1\sim2$ 台风电机组时，选用三芯海底电缆，电缆截面为 $95mm^2$；

连接 3 台风电机组时，选用三芯海底电缆，电缆截面为 $185mm^2$；

连接 4 台风电机组时，选用三芯海底电缆，电缆截面为 $300mm^2$。

在满足热稳定校验的前提下，所选截面的海底电缆所连接的风电机组容量不应超过其最大传输容量，且至每组最远一台风电机组集电线路的电压降不应超过额定电压的 5%。

当前海上风电机组的容量为 4MW 以上，结合 35kV 集电海缆的容量，每条集电海缆宜连接 $3\sim4$ 台风电机组，风电机组连接电缆不交叉重叠。35kV 海底电缆载流量见表 1-3。

表 1-3　35kV 海底电缆载流量

电缆截面 /mm²	空气中载流量（环境温度40℃，非阳光直射）/A	土壤中载流量（土壤埋深2.5m，地中温度25℃，热阻系数0.85km/W）/A	J型管内载流量（环境温度45℃）/A
70	258	242	227
95	308	287	271
120	351	323	308

续表

电缆截面 /mm²	空气中载流量 (环境温度 40℃，非阳光直射)/A	土壤中载流量 (土壤埋深 2.5m，地中温度 25℃，热阻系数 0.85km/W)/A	J 型管内载流量 (环境温度 45℃)/A
150	394	359	344
185	457	406	422
240	457	406	422
300	526	459	484

注：登陆段采用浅滩埋地、电缆沟等方式敷设；风电机组段采用 J 型管敷设。海缆露出地面部分最热月的日最高平均温度取 40℃，土壤温度取 25℃；J 型管管径按 300mm 考虑；海水中 2.5m 深的平均热阻系数取 0.85km/W。

（3）集电线路接线。在风电机组位置确定的情况下，集电系统接线主要考虑拓扑布局形式和开关配置方案。在拓扑布局上，主要有链形、环形、星形三种形式。

在开关配置方面，主要有传统开关配置、完全开关配置、部分开关配置三种开关配置方案。传统开关配置方案中风电机组与风电机组之间只有电缆进行连接，开关设备仅安装在集电电缆接入汇流母线入口处；完全开关配置方案的风电机组之间都有电缆和开关连接；部分开关配置方案的风电机组介于以上两者之间，仅在风电机组馈线分叉处和集电电缆接入汇流母线处装设开关。

集电系统的拓扑布局方案中，链形布局投资少，结构简单，能够满足可靠性要求，应用案例最多。在开关配置上，综合考虑成本和可靠性，在风电机组与风电机组之间安装一组断器，以便在集电海底电缆故障时，通过远方操作切除该断路器，剩余部分风电机组短时停电后可恢复发电。典型的集电线路开关配置示意图如图 1-7 所示。

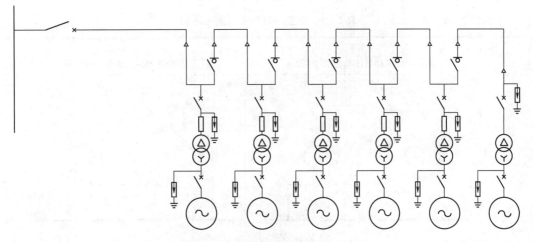

图 1-7　典型的集电线路开关配置示意图

（4）集电线路的布置。水平段海底电缆敷设在水下 2～3m 深处，垂直段沿 J 型管敷设至机组配套升压设备高压侧。

1.3.1.2 海上升压站电气主接线

从技术合理性及经济性考虑，一般设置一座 220kV 海上升压站，风电机组经 35kV 海缆接入 220kV 海上升压站。常见的海上升压站电气主接线有海缆线路—变压器组、桥型接线、单母线接线、双母线接线等，方案应满足可靠性、灵活性、经济性要求，经技术、经济分析和比较确定。

1.3.1.3 主变压器选择

1. 主变压器台数及容量

主变压器的选择应遵循下列原则：主变压器容量应与所接入风电机组的容量相匹配；考虑风电场负荷率较低的实际情况以及风电机组的功率因数为 1 左右，可以选择等于风电场发电容量的主变压器；海上升压变电站内设置 2 台及以上主变压器时，单台主变压器容量宜考虑冗余，当一台主变压器故障退出运行时，剩余的主变压器可送出风电场 60% 及以上的容量。

2. 主变压器型式

以某风电场为例，主变压器选用 2 台容量为 135MVA、三相、铜绕组、自然油循环、自冷却型、油浸式、低损耗、低压双分裂的有载调压电力变压器方案最优。单台主变压器低压侧的电流最大可达 4454A，大于 2500A，而目前市场上成熟的 SF_6 充气柜最大额定电流为 2500A，主变压器低压侧接线可采用以下方式：

(1) 主变压器低压侧采用分裂接线，主变压器采用双分裂变压器。

(2) 主变压器低压侧采用扩大单元接线，主变压器选择双绕组变压器。

主变压器型式方案对比表见表 1-4。

表 1-4 主变压器型式方案对比表

方案	方案 1 主变压器采用低压双分裂变压器	方案 2 主变压器采用双绕组变压器
接线图	HV HV 2500A 2500A 2500A 2500A 35kV	HV HV 2500A 2500A 2500A 2500A 35kV
方案对比	(1) 限制短路电流； (2) 低压出线可选择母线或电缆，较灵活	(1) 主变体积小，投资较低； (2) 继电保护整定计算简单

方案	方案 1 主变压器采用低压双分裂变压器	方案 2 主变压器采用双绕组变压器
缺点	主变压器投资较高； 35kV 配电装置及接地变压器投资稍高	主变压器故障的影响范围较大；双绕组变压器低压侧发生短路时，需要将低压侧所带所有风电机组切除，可靠性较差；低压侧短路电流高；主变压器低压出线电流较大，与 35kV 配电装置的母线连接需采用 T 接，可靠性较低
价格	约 1350 万/台	约 1300 万/台

根据调研，目前国内外海上风电场，单台容量超过 160MVA 的主变压器均选用低压双分裂变压器，该变压器具有限制短路电流、短路故障时维持非故障分支运行的优点，国内已建成的海上升压变电站大都采用该类型变压器，且已投运，制造不存在困难。目前国内海上风电项目主变压器运行业绩及运行情况见表 1-5。

表 1-5　海上风电项目主变压器运行业绩及运行情况

项　　目	电压等级 /kV	容量/MVA	型式	数量	投运时间
三峡江苏响水近海风电场	220	120	双绕组	2 台	2016 年 2 月
中广核如东海上风电示范项目	110	150	双绕组	1 台	2015 年 10 月
龙源江苏大丰海上风电场	220	120	双绕组	2 台	2017 年 7 月
鲁能东台海上风电场	220	120	双绕组	2 台	2017 年 12 月
国电舟山普陀 6 号海上风电场	220	140	双绕组	2 台	2017 年 12 月
江苏九思蒋家沙海上风电场	220	120	双绕组	2 台	2020 年 12 月
唐山乐亭菩提岛海上风电场示范工程	220	160	双绕组	2 台	2020 年 6 月
华能如东海上风电场工程	110	160/80-80	双分裂	2 台	2016 年 9 月
江苏龙源蒋家沙海上风电场项目	220	180/90-90	双分裂	2 台	2020 年 12 月
国家电投大丰海上风电场	220	180/90-90	双分裂	2 台	2018 年 9 月
中电投滨海北区海上风电场	220	240/120-120	双分裂	2 台	2018 年 4 月
中广核阳江南鹏岛海上风电场	220	240/120-120	双分裂	2 台	2020 年 12 月
中节能阳江南鹏岛海上风电项目	220	180/90-90	双分裂	2 台	2021 年 1 月

1.3.1.4　220kV 配电装置接线

海上升压站 220kV 配电装置与陆上集控中心的连接方案采用双回 $3\times1000mm^2$ 海缆，海上升压站 220kV 侧共 2 回主变压器进线、2 回出线。可考虑变压器线路组接线、内桥形接线及单母线接线三种方案。220kV 配电装置接线方案对比表见表 1-6。

表 1-6 220kV 配电装置接线方案对比表

比较项目	方案 1 变压器线路组接线	方案 2 内桥形接线	方案 3 单母线接线
接线图	HV	HV	HV
运行方式	每台主变压器通过变压器—线路组分别接至陆上集控中心	正常运行时,内桥断路器打开。每台主变压器通过变压器-线路组分别接至陆上集控中心	正常运行时,2 台主变压器接入 220kV 母线上,通过 2 回线路接至陆上集控中心
供电可靠性	线路检修:当一回海缆线路故障需要检修时,连接该回线路的主变压器退出。调节风电机组出力,减负荷至满足单回线路送出容量后,35kV 母联开关合上,风电场能送出 270MVA 的电能	线路检修:当一回海缆线路故障需要检修时,调节风电机组出力,减负荷至满足单回线路送出容量后,桥形断路器可合上,需检修的线路可退出运行,风电场能送出不低于 275MVA 的电能	线路检修:当一回海缆线路故障需要检修时,调节风电机组出力,减负荷至满足单回线路送出容量后,需检修的线路可退出运行。风电场能送出不低于 275MVA 的电能
供电可靠性	线路故障:连接该回线路的主变压器退出。调节风电机组出力,减负荷至满足单回线路送出容量后,35kV 母联开关合上,风电场能送出 270MVA 的电能	线路故障:该回线路 220kV 断路器跳开,调节风电机组出力,减负荷至满足单回线路送出容量后,桥形断路器可合上,风电场能送出不低于 275MVA 的电能	线路故障:该回线路 220kV 断路器跳开,此时 2 台主变压器接在 220kV 母线侧,为防止另一回线路发生过载情况,发出停机或限负荷指令,停掉部分风电机组或机组减负荷至满足单回线路送出容量
供电可靠性	主变压器故障:故障主变压器退出运行,调节风电机组出力,减负荷至满足单回线路送出容量后,35kV 母联开关合上,风电场能送出 270MVA 的电能	主变压器故障:故障主变压器退出运行,桥形开关可闭合,风电场能送出 270MVA 的电能。此时任何一回线路故障不影响另一回路机组的正常运行	主变压器故障:故障主变压器退出运行,风电场能送出 270MVA 的电能。此时任何一回线路故障不影响另一回路机组的正常运行
供电可靠性	双重故障:任何一台主变压器及线路同时停运时,全场退出	双重故障:任何一台主变压器及线路同时停运时,桥形断路器可合上,风电场能送出 270MVA 的电能	双重故障:任何一台主变压器及线路同时停运时,风电场能送出 270MVA 的电能
保护配置	220kV 海缆两侧断路器范围内设置双重化线路光纤差动保护及完善的后备保护,线路差动保护范围与主变压器差动保护范围交叉	220kV 海缆两侧断路器范围内设置双重化线路光纤差动保护及完善的后备保护,线路差动保护范围与主变压器差动保护交叉。两台主变压器差动保护范围在内桥断路器两侧交叉	220kV 母线设置双重化母线差动保护,保护范围与主变压器差动保护、220kV 线路保护范围交叉

　　综上所述,表 1-6 中三种接线方式均能满足需求,其中:方案 2 及方案 3 接线方式的供电可靠性优于方案 1,在线路检修或线路故障时能尽可能多地输送电量;方

案3的单母线接线在一回海缆故障时增加了另一回海缆过载的风险；方案2比方案3少一台断路器，可节省海上升压站空间并降低造价。因此方案2即采用内桥形接线的方案最优。

1.3.1.5 35kV 配电装置接线

考虑到主变压器型式，35kV 配电装置采用 2 组单母线分段接线，每组单母线分段接线中的两段母线分别与不同 220kV 主变压器低压侧相连，每段母线分别接 1 回主变压器进线、多回风电机组集电线路。35kV 配电装置接线示意图如图 1-8 所示。

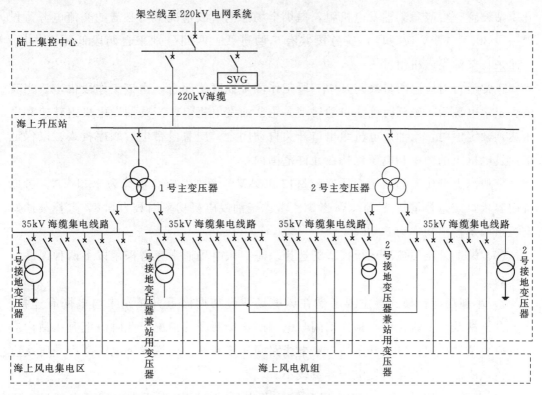

图 1-8 35kV 配电装置接线示意图

1.3.1.6 中性点接地方式

海上升压站 220kV 系统为直接接地系统，主变压器 220kV 侧中性点为直接接地或不接地方式，为使运行调度时可灵活选择，装设了接地隔离开关，此外中性点还装设有避雷器及放电间隙。

35kV 系统因风电机组之间通过 35kV 海底电缆连接，电缆长度较长，单相接地电容电流较大，需防止在 35kV 系统单相接地时出现弧光过电压，造成电气设备损伤乃至绝缘对地击穿。35kV 侧中性点接地设备采用接地变压器加中性点电阻的接地方式，在 35kV 每段母线上装设一套接地变压器（兼做站用变压器）加电阻柜，在风电场发生单相接地时，快速跳闸故障回路，保护风电场电气设备。

陆上集控中心 35kV 电缆较短，电容电流未超过允许值，采用 35kV 不接地系统。站用 380V 系统采用中性点直接接地方式。

1.3.1.7 站用电、应急备用电源和孤岛模式选择

（1）陆上集控中心和海上升压站的站用电。陆上集控中心和海上升压站站用电需考虑相应的站用变压器负荷需求。

（2）海上升压站应急备用电源。海上升压站的应急负荷主要包括通信系统、消防系统、应急照明系统、导航系统、检修电源、生产准备电源和应急生活电源等。海上升压站设置一台应急柴油发电机组，提供全场停电事故情况下所必需的交流电源。设置一段 380V/220V 应急段，应急段共有三回进线：两回分别来自两段低压工作段；一回来自柴油发电机组。

正常运行时应急段母线与其中一段工作段母线联络闭合，由该工作段供电。当其失去正常电源后，经延时确认自动启动应急柴油发电机组，当柴油发电机组转速和电压达到额定值时，柴油发电机组出口开关自动闭合，应急段带电，顺序投入，以保证柴油发电机组的频率和电压保持在允许范围内。

一般海上升压站的站用变压器容量按 800kVA 考虑，应急负荷为 333kVA，考虑备用容量，应急容量暂按 500kW 考虑。考虑柴油发电机功率因数 0.8，选择柴油发电机组额定输出功率为 500kW。

（3）海上升压站孤岛运行模式的选择。海上风电场通常考虑采用以下两种孤岛运行模式：

1）小孤岛运行模式：主要考虑在风电场建设初期海上升压站未与电网有连接、海上升压站及陆上集控中心检修期间与电网间连接断开等情况，此时海上升压站内应急负荷由柴油机组供电，升压站与集电线路间连接断开。此模式下仅需考虑升压站应急负荷，所需配备的柴油发电机容量较小。

2）大孤岛运行模式：除海上升压站应急电源外，主要考虑在电网断电超过一段时间时，除需要给海上升压站内应急负荷供电外，还需通过应急电源给风电机组内辅助设备供电。

1.3.1.8 无功补偿

陆上集控中心配置无功电压控制系统，根据电力调度机构指令实现对并网点电压的控制。当风电机组的无功容量不能满足系统电压调节需要时，在风电场集中加装适当容量的无功补偿装置，其中动态无功补偿装置的容量应不小于总补偿容量的 50%。风电场运行期间，由 SVG 根据公共连接点（point of common coupling，PCC）的无功变化进行动态补偿。一般需在 220kV 海缆陆上侧并联适当容量的 220kV 电抗器，以限制工频过电压，使其满足规范要求。

1.3.2 海上升压站电气设备基本要求及布置

1.3.2.1 电气设备的基本要求

海上升压站位于潮间带地区，属环境潮湿、重盐雾区域，在电气设计时应考虑以下要求：

（1）防腐要求。高腐蚀性的环境是指大气环境为 C4（高腐蚀级别）、C5-Ⅰ（很高腐蚀、工业级别）、C5-M（很高腐蚀、海洋级别）和 lm2（浸于海水或含盐分的水中）的腐蚀环境。对于户内布置的设备应满足 C4 或 C5-Ⅰ 等级要求，而户外布置的设备应满足 C5-M 等级要求。设备的外壳、连接部件、裸露金属部分、其他与大气长时间直接接触部分，应进行防腐蚀特殊处理，并保证设备能安全可靠运行 30 年以上。金属结构的部分材质应选用 316 不锈钢，部分金属材料表面处理应满足涂装前钢材表面锈蚀等级和防锈等级规范的要求，油漆喷涂应满足防腐蚀涂层涂装技术规范的要求。

（2）抗倾斜、抗震动要求。台风、浪涌、地震等自然因素会对布置在海上平台的变压器等设备造成器身振动，因此设备应具有一定抗倾、抗震动的能力。

（3）防潮湿、凝露要求。设备所处的海洋环境湿度可达 90% 以上，设备需采用合理的电气距离、材质和绝缘方法。

（4）防护等级要求。根据设备所处环境，户外部分设备防护等级不低于 IP56，户内部分设备防护等级不低于 IP54。

（5）防爆要求。在主变压器室和柴油机室等有油的设备房间，相关辅助电气设备应采用防爆型设备。

1.3.2.2 电气设备的布置

陆上集控中心电气设备的布置与常规变电站差别不大，本节重点介绍海上升压站的布置。根据相关规范，海上升压站电气设备的布置原则如下：

（1）电气设备布置适应生产的要求，做到设备布局和空间利用紧凑、合理，为施工安装和运行维护创造条件。平台内电气设备分区合理，变压器及其对应的中低压设备分两个区域独立设置，避免相互间的影响，物理分隔提高系统运行的可靠性，且可缩短各设备间的电气连接（电缆），尽量避免交叉。

（2）主要电气设备采用户内布置，主变压器的散热部件采用户外布置。

（3）对于空间高度要求高的设备，如气体绝缘开关设备（gas insulated switchgear，GIS）、变压器，考虑布置在二层平台，上方设置吊装孔位置，方便吊装检修。

（4）对于空间高度要求较低、尺寸较大的设备，如柴油机等，考虑布置在三层平台，上方设置吊装孔位置，方便吊装检修。

（5）小型设备，如开关柜等，在对应平台层考虑检修通道，可通过甲板吊装区吊装到各层，通过检修通道运输到各设备房间。

（6）主要电气设备布置时应设置有检修、维护及运输的通道。

（7）消防设备考虑漏水等不利因素，宜布置在二层平台，下方避免设置电气设备房间。

海上升压站的布置有设置 T 形内走廊、无内部走廊两种方案。T 形内走廊方案可在内部连通各房间，运维人员在检修运维期间不需走外走廊，小型设备的运输也可通过内走廊完成，保证了运维人员的安全；采用无内部走廊方案时，海上风电运维人员在升压站外围走廊活动存在一定安全隐患，如果海上升压站离岸距离较远，且位于台风多发海域，从日后运维安全角度考虑，宜采用 T 形内走廊方案。

海上升压站分四层甲板布置：一层层高 7m，二层层高 5.5m，三层层高 5m，各层布置如下（最底层为基准 0m）：

一层：主要布置救生装置、事故油罐及柴油罐，兼作电缆层，220kV 及 35kV 海缆通过 J 型管穿过本层夹板连接至配电装置，主变压器至 220kV 配电装置及 35kV 配电装置的电缆采用的电缆桥架、支架敷设在此层。

二层：中间布置主变压器室，主变压器一侧布置 220kV GIS 配电装置、消防设备间及临时休息室，另一侧布置 35kV 配电装置及 35kV 接地变压器室、低压配电室。

三层：主要布置有柴油发电机室、应急配电室、二次设备间、蓄电池室及暖通设备。

顶层：安置有吊车、水箱、通信设备、助航设备（航空障碍灯、雾笛）等。

1.3.3 海底电缆

海底电缆是敷设在海底的电力电缆，海底电缆示意图如图 1-9 所示。

海上升压站布置在场址的中心位置，220kV 高压海底电缆一端为海上升压站；另一端为陆上集控中心。

35kV 集电海底电缆的路由与风电场内风电机组拓扑连接关系有关，通过考虑风电场的不规整性以及风电机组的稀疏性，在满足海缆不交叉以及载流量约束的情况下，通过模糊聚类算法对风电机组分区，得到满足要求的部分聚类，从而得到最优的 35kV 海缆路由布置。

图 1-9　海底电缆示意图

1.3.4 计算机监控系统

1.3.4.1 海上风电场电气监控系统

海上风电场电气监控系统负责海上升压站及陆上集控中心电气设备的集中监控。海上风电场电气监控系统采用分层、分布、开放式网络结构，主要由站控层设备、间隔层设备和网络设备等构成。

1. 站控层设备

站控层设备包括主机服务器、操作员工作站、远动工作站、五防系统等，远动通信设备冗余配置。

陆上集控中心控制室设置监控系统主机工作站、操作员工作站、五防工作站、工程师工作站、远动通信装置等，海上升压站二次设备室设置操作员工作站和五防工作站。

海上风电场电气监控系统在控制层面上分三级控制：第一级为各风电机组、断路器、主变压器等生产设备就地控制；第二级为海上升压站内控制室监控系统工作站（子站）控制；第三级为陆上集控中心的后台。优先级别为第一级优先，第二级次之，第三级再次之。

2. 间隔层设备

间隔层设备主要包括测控单元和智能设备等。陆上集控中心和海上升压站测控装置主要包括 220kV 线路测控装置、主变压器测控装置、公用测控装置，35kV 集电线路、站用电的测控功能由对应的保护测控装置统一完成。测控装置满足分散式控制的要求，符合国际电工委员会（International Electrotechnical Commission，IEC）关于变电站自动化系统的结构规范，可实现遥测、遥信（电度）、遥控、遥调功能，可以集中安装，也可以直接安装在高、低压开关柜上。海上升压站智能设备主要包括各电压等级保护装置、安全自动装置、交直流一体化电源系统等。

3. 网络设备

网络设备主要包括网络交换机、光/电转换器、接口设备和网络线缆、网络安全设备等。监控系统的主网通过 100/1000M 交换机构建 100/1000M 双以太网结构，通信标准采用《电力自动化通信网络和系统》（DL/T 860—2013/IEC 61850：2010）。站控层网络与间隔层网络采用直接连接方式。站控层网络采用以太网，具有良好的开放性，与其他监控子系统等通信。间隔层网络采用以太网，具有足够的传送率和极高的可靠性。

每回集电线路的风电机组和海上升压站之间的通信采用光纤以太网环网，物理介质采用海底电缆复合单模光纤。

海上升压站和陆上集控中心之间的通信利用 220kV 海缆复合的单模光纤作为通信

通道,可靠性高。

1.3.4.2 风电机组主控系统

风电机组主控系统主要包括风电机组监控系统和风电机组升压变压器监控系统等。

1. 风电机组监控系统

风电机组监控系统用于实现对风电机组运行的监视和控制,主要包括风电机组控制系统及数据采集与监视控制系统(supervisory control and data acquisition,SCADA),均由风电机组厂家配套提供,监控系统的通信协议须开放。

风电机组控制系统满足风电机组"无人值守"的运行要求,具有完备的状态诊断功能,可检测所有不安全条件并进行停机操作而使风电机组处于安全或无损害的状态。

风电机组控制系统能实现机组的有功功率、无功功率及电压调节,以满足风电场有功功率、无功功率、电压自动调节远方控制的要求。

海上升压站二次设备室设置风电机组 SCADA 工作站,陆上集控中心控制室设置风电机组 SCADA 系统主机/操作员站。

风电机组 SCADA 系统应实现将调度下达的有功功率、无功功率指令分配至每台风电机组,以满足风电场有功功率、无功功率、电压自动调节远方控制的要求。

风电机组监控系统通信采用 35kV 海缆内复合光纤组成的通信网络,采用光纤以太网环网结构,光纤路径与 35kV 海缆路径相同。共设置 3 个环网,其中 2 个环网传输风电机组监控信息,1 个环网传输风电机组视频监控信息。

2. 风电机组升压变压器监控系统

风电机组升压变压器监控系统用于实现对塔筒内部升压变压器及其高、低压侧开关的运行监视和控制。风电机组升压设备与风电机组共同组成一个发电单元,风电机组升压变压器监控系统作为风电机组监控系统的一部分,主要设备包括安装于升压变压器高、低压侧开关柜内的综合保护测控装置,测控信息接入风电机组控制系统后送至风电机组 SCADA 系统。

风电机组升压变压器监控系统具备完善的保护、测量、监视与控制功能,能对升压变压器本体和高、低压侧开关进行信息采集和控制,并对升压变压器提供完备的保护功能,包括电量保护和非电量保护。

1.4 海上风电场海工结构

1.4.1 海工结构的特点与类型

海工是指以开发、利用、保护、恢复海洋资源为目的,并且工程主体位于海岸线向海一侧的新建、改建、扩建工程，具体包括围填海、海上堤坝工程，人工岛、海上和海底物资储藏设施、跨海桥梁、海底隧道工程，海底管道、海底电（光）缆工程，海洋矿产资源勘探开发及其附属工程，海上风电、海上潮汐电站、波浪电站、温差电站等海洋能源开发利用工程，大型海水养殖场、人工鱼礁工程，盐田、海水淡化等海水综合利用工程，海上娱乐及运动、景观开发工程，国家海洋主管部门会同国务院环境保护主管部门规定的其他工程。

海工结构的型式很多，常用的有重力式建筑物、透空式建筑物和浮式结构物。重力式建筑物适用于海岸带及近岸浅海水域，如海堤、护岸、码头、防波堤、人工岛等，以土、石、混凝土等材料筑成斜坡式、直墙式或混成式的结构；透空式建筑物适用于软土地基的浅海，也可用于水深较大的水域，如高桩码头、岛式码头、浅海海上平台等。其中海上平台由钢材、钢筋混凝土等建成，可以是固定式的，也可以是活动式的；浮式结构物主要适用于水深较深的大陆架海域，如钻井船、浮船式平台、半潜式平台等，可以用作石油和天然气勘探开采平台、浮式储油库和炼油厂、浮式电站、浮式飞机场、浮式海水淡化装置等。

1.4.2 海上风电机组的基础类型

1.4.2.1 固定式风电机组基础

1. 单桩式基础

单桩式基础是比较简单常用的支撑结构型式。塔架直接由基础桩腿支撑或通过过渡段把两者连接起来，塔架、桩腿以及过渡段都是圆柱形的钢铁管件。桩腿一直插到海底以下，插入的距离可根据实际的环境载荷以及海底的地质条件确定。单桩式基础的优点在于结构简单，适用于上层泥土流动的海底；缺点是这种结构的柔性很大，在水深较深时，支持结构上端可能会产生过大的偏移量以及振动，从而限制了其发展。

单桩式基础适用的水深为 0～25m，单桩式基础示意图如图 1-10 所示。

2. 导管架基础

导管架基础通常有 3 个或 4 个桩腿，桩腿之间用撑杆相互连接，形成一个有足够强度和稳定性的空间钢架结构，基础结构的四根主导管端部下设套筒，套筒与桩基础相连接。导管加套筒与桩基础部分的连接通过灌浆方式来实现。桩腿在海底处安装有轴套，地桩通过轴套插入海底一定深度从而使整个结构获得足够的稳定性。导管架基础的优点为基础刚度大、稳定性较好；缺点主要有结构受力相对复杂，基础结构易疲劳，建造及维护成本较高，导管

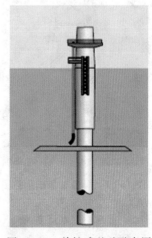

图 1-10 单桩式基础示意图

架基础的适用水深为 20～40m。导管架基础示意图如图 1-11 所示。

3. 多桩式基础

多桩式基础支撑结构根据桩数不同可设计成三脚、四脚等基础，以三脚架为例，三根桩通过一个三角形钢架与中心立柱连接，风电机组塔架连接到立柱形成一个结构整体。三条桩腿由圆柱状钢管制成，一般来说相邻两腿之间的夹角均相等。三脚架上的中间轴作为过渡段直接与风电机组的塔架连接。三脚架支撑结构基底的宽度和桩腿插入海底的深度根据实际的环境载荷以及海底地质条件来确定。此种结构目前比较少见，这是由于其设计、安装较为复杂，但其稳定性、刚性等方面表现较为突出。多桩式基础分为三脚架基础和四脚架基础等，主要优点在于结构刚度相对较大，整体稳定性好。缺点在于需要进行水下焊接等操作。多桩式基础适用的水深为 20～50m。多桩式基础示意图如图 1-12 所示。

4. 重力式基础

重力式基础靠基础自重抵抗风电机组荷载和各种环境荷载作用，一般采用预制钢筋混凝土沉箱结构，内部填充砂、碎石、矿渣或混凝土等压舱材料。重力式基础在码头预制完成后，通过浮运或驳运的方式运输到已经进行海床处理的机位处，以注水加载的方式下沉，再回填砂石压载，顶部通过二次灌浆进行调平，通过预埋的螺栓杆和塔筒法兰进行连接。重力式基础分为预制混凝土油箱和钢结构沉箱。重力式基础主要优点在于稳定性好；缺点在于对地基要求较高（最好为前覆盖层的硬质海床）。重力式基础施工安装时需要对海床进行处理，对海床冲刷较为敏感，适用水层一般不超过40m。重力式基础示意图如图 1-13 所示。

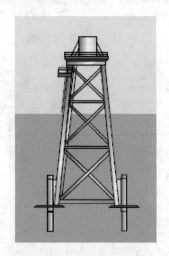 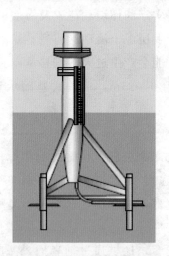 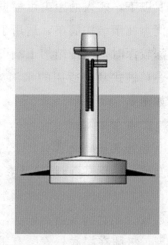

图 1-11 导管架基础示意图　　图 1-12 多桩式基础示意图　　图 1-13 重力式基础示意图

5. 负压/吸力筒基础

负压筒基础也叫吸力筒基础，由筒体和外伸段两部分组成，筒体为底部开口顶部密封的筒形，外伸段为直径沿着曲线变化的渐变单筒。根据筒体的结构构成，负压筒基础可以分为钢筋混凝土预应力结构和钢结构型式。筒体直径一般大于筒身，外伸段顶部设有法兰与塔筒连接。负压筒在软土海床具有一定的应用前景。负压筒基础的优点是造价低并且施工速度快，缺点是对施工精度要求较高。负压筒基础示意图如图1-14所示。

6. 桩基-承台基础

桩基-承台基础是一种承载能力高、适用范围广、历史久远的基础型式。桩是将建筑物的全部或部分荷载传递给地基土并具有一定刚度和抗弯能力的传力构件，其横截面尺寸远小于其长度。而桩基-承台基础由埋设在地基中的多根桩（称为桩群）和把桩群联合起来共同工作的桩台（称为承台）两部分组成。

桩基-承台基础的作用是将荷载传至地下较深处承载性能好的土层，以满足承载力和沉降的要求。桩基-承台基础的承载能力高，能承受竖直荷载，也能承受水平荷载，能抵抗上拔荷载也能承受振动荷载，是应用最广泛的深基础型式。

（1）桩基-钢承台基础。桩基-钢承台基础主要型式为下部是重力式基础，上部是导管架结构，导管架下部的桩腿与重力式基础连接，一般采用灌浆连接。桩基-钢承台基础的优点在于靠泊等附属结构布置方便，上部结构受波浪力较小；缺点在于结构较为复杂，重量较大，对地质的承载力和打桩精度要求较高。采用桩基-钢承台基础的代表工程有德国 BARD offshore 1 海上风电场。桩基-钢承台基础示意图如图1-15所示。

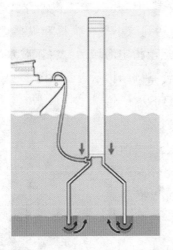
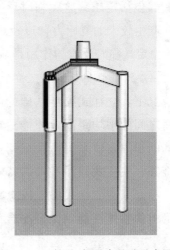

图1-14　负压筒基础示意图　　　图1-15　桩基-钢承台基础示意图

（2）桩基-混凝土承台基础。桩基-混凝土承台基础是由若干根桩和位于海水平面以上（或冲刷面以上）的承台所组成的桩基础结构，分为常规的桩基承台和高桩承台，高桩承台基础按承台的高桩设计可以分为高桩高承台、高桩中承台和高桩低承台，按桩的受力可以分为摩擦型高桩承台基础和嵌岩型高桩承台基础。桩基-混凝土

承台基础通常设计为6桩或8桩，采用沿圆周分布并向中心辐辏的方式，在沉桩完成

图1-16　东海大桥海上风电场高桩承台基础

后进行上部承台施工，通过预埋在混凝土承台里的锚栓孔或基础环实现和塔筒的连接。高桩承台基础施工工序较多，海上施工周期较长，但工艺成熟，常规的打桩和钻机设备即可满足施工条件。此方式的优点在于基础结构刚度大，结构稳定，防撞性能好，施工工艺成熟；缺点在于施工工期较长，不适用于水深较深的海域。采用桩基-混凝土承台基础的代表工程有中国东海大桥海上风电场，如图1-16所示。

1.4.2.2　漂浮式风电机组基础

一般来讲，当水深超过50m时，固定式海上风电机组基础已经不适用。漂浮式海上风电机组基础一般应用于海水深度不小于50m的海域。漂浮式基础和海洋石油的浮式平台类似，不同的是其承受更大的倾覆弯矩。

1. 立柱式漂浮基础结构

立柱式漂浮基础主体是一个大型的圆柱，其作用是支撑塔架和机舱以及系缆绳的重量，通过底部压载使得漂浮基础的浮心高于重心，进而提高浮式平台的平稳性。漂浮式基础底部包括定压载舱和临时浮舱两部分，其中定压载舱提供漂浮式基础较大一部分压载，产生较大的复原力臂以及惯性阻力，达到减小平台横摇和纵摇运动的目的，保证平台的稳定。临时浮舱的作用是在浮体结构运至指定海域后，将压载水注入临时浮舱，从而使漂浮式基础自行扶正竖立。立柱式漂浮基础结构示意图如图1-17所示。

通常情况下，立柱式漂浮基础的吃水深度要不小于轮毂和海平面之间的平均距离，才能达到稳定性要求。立柱式漂浮基础的锚泊定位系统通常采用张紧式或悬链式钢缆或合成纤维等。立柱式漂浮基础的特点是吃水比较深而水线面面积很小，采用立柱式海上风电机组基础可以提高漂浮式风电机组的整体性能，保证平台的稳定性。然而，其整体长度过大，给制造和安装带来了巨大挑战。

2. 张力腿式漂浮基础结构

张力腿式漂浮基础是一种垂直系泊的顺应式漂浮式基础结构。通常张力腿式漂浮基础由悬浮的矩形水平浮筒和圆柱体结构组成。张力腿式漂浮基础通过刚度较大的张力腿直接连接至海底锚固结构。张力腿式漂浮基础结构示意

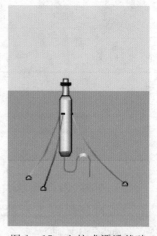

图1-17　立柱式漂浮基础
结构示意图

图如图 1-18 所示。

从理论上来说，张力腿式漂浮基础所承受锚泊系统的预张紧力越大，越能够实现平台的平稳。但在设计张力腿式漂浮基础时，要综合考虑各种规范和工程需求，以确定预张紧力。随着水深的增加，张力腿式漂浮基础的建造成本也会急剧增加，因此在深海区域不太适合采用该形式的基础。

3. 半潜式漂浮基础结构

半潜式漂浮基础通常由有斜撑管连接的多个大型浮筒构件组成。风电机组可以安装在任意一个浮筒上，利用浮筒非常大的水线面面积来保证整机的稳定性。浮筒内部的压舱用来调节风电机组整体的重心和稳定性。该类基础的特点是安装方便，稳定性较好，可以适应较深水域并且运行可靠。半潜式漂浮基础结构示意图如图 1-19 所示。

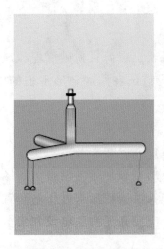

图 1-18 张力腿式漂浮基础结构示意图

图 1-19 半潜式漂浮基础结构示意图

1.4.3 海上升压站

1.4.3.1 海上升压站结构设计

目前海上升压站主要有模块式升压站和整体式升压站两种。

模块式海上升压站是将升压站分为若干个模块，每个模块都采用钢结构，每个模块在陆地完成组装和模块内的设备安装调试，各模块单独运输至海上升压站进行安装，再整体连接各模块而形成升压站。

整体式海上升压站是在陆地完成整个升压站一次设备和二次设备的制造、安装和调试后整体运输至现场，采用大型起重船进行安装。

以 220kV 海上升压站为例，模块式结构和整体式结构设计比较见表 1-7。一般在施工环境条件和施工设备满足的前提下，优先采用整体式海上升压站。

表1-7 模块式结构和整体式结构设计比较

装配模式	设备装配	运输难度	海上作业时间	工 程 量
模块式结构	各模块单独运输至海上升压站进行安装	小	长	比整体式海上升压站工程量增加40%
整体式结构	全部设备在港口完成安装、调试	大	短	小

1.4.3.2 海上升压站选址

海上风电场的海缆拓扑结构不仅取决于风电场的机组布局,也会受到升压站选址的影响。升压站选址变化会导致中压海缆拓扑结构变化,同时考虑到连接升压站的高压海缆路由,若规划不当,海缆投资总成本差异可达千万元甚至上亿元。

随着海上风电场逐渐走向深海,高压海缆投资占比越来越高,需要着眼于风电场全局,统筹规划各级海缆路由,最大限度地减少海缆连接用量,降低风电场建设成本和场内输变电损耗,助力实现海上风电场收益最大化。海上升压站的选址,宜遵循以下原则:

(1)在地质、地形条件方面,海上升压站应放置于软土层薄且粉砂层埋深浅的地方,以改善升压站结构基础的受力条件。海上升压站应该选在海底地形平坦的区域,减少海上升压站建成后地形变化带来的风险。

(2)在施工和运行维护方面,海上升压站上部组块无论是采用整体吊装还是分模块吊装,现场水深、海洋水文等条件均应满足施工和运行维护的要求。

(3)在海底电缆总费用方面,升压站需布置在风电场中央地带,使整个场区集电线路海底电缆长度最短、线损最小。考虑高压海底电缆长度应较短,升压站布置位置宜离登陆点相对较近。在没有其他制约因素的情况下,应使高压海底电缆和集电线路海底电缆总费用最少。

(4)在与航道、港口、保护区等协调方面,升压站位置应尽量避开航道和港口进出通道、自然保护区、渔业保护区等相关区域。如无法避开时,应布置在影响最小的位置,同时进行环境影响和安全影响评价。

1.4.3.3 海上升压站特点

海上升压站平台通常为无人值班平台,其管理和控制一般由陆上集控中心通过遥控进行监控。总的来说,海上升压站呈现出以下特点:

(1)环境特点。海上升压站所处的海上环境有海上的防盐雾、防湿热、防生物霉菌"三防"要求,有些地方还有抗强台风和狂浪的要求,以及应对高紫外线辐射的问题。这些都对海上风电场电气设备提出了很严格的防护要求。防腐、密封与散热处理是主要问题。

(2)运行维护特点。海上风电场远离大陆,采用远程监控、设备状态诊断和"无人值守"的运行值班方式。出海交通较为不便,有时海上气候条件十分糟糕,根本无法出海巡视或检修。运行维护需配置专用的运行维护船或专用的运行维护直升机，费用昂贵。

（3）安装运输特点。由于海上环境恶劣、海洋水文地质复杂、海洋气象多变，海上升压站设备的施工安装方法、施工时机、施工安装器具是三大难题。为了保证施工安全，需要采用专用的大型海上运输、安装和起吊船舶，费用较高。

1.4.4 测风塔

1. 普通测风塔布局

一个风电场的建设通常配有一台主测风塔和几台辅助测风塔。两者的最大区别在于高度和设备的不同，前者可以测量至风电机组轮毂及其以上的高度，后者的测量范围则局限在风电机组轮毂高度以下。两类测风塔的测量面积大约都在直径 8km 范围内，因此测风塔之间的距离不宜超过 7km。

主测风塔的安装位置要在预测的所建风电场边界范围的 0.5n mile 以内，而且是面向场址的盛行风向，对相关的障碍物也要做适度的分析。考虑到测浪仪的安装位置，测风塔最好位于风电场海水最深处的 0.5n mile 之内。主测风塔的高度为计划使用的风电机组轮毂高度加上 70% 的桨叶长度。

随着风电场规模和面积的不断增大，为了尽可能获得覆盖整个风电场的风资源数据，有时还需要竖立多个辅助测风塔。每个测风塔的数据被分别评估以计算其不确定性，然后运用于所测场址的产能评估和载荷计算当中。

2. 普通测风塔设计方案比选

从测风塔的结构型式来看，有自立式、拉线式、系留气球式三种。自立式测风塔塔体下部较宽，塔架材料用量相对较大，对基础要求也较高；拉线式测风塔受力较为合理，可靠性高，塔体截面小，塔架材料用量小，但拉线基础数量多，施工工艺复杂；系留气球式成本较低，也需要拉线的固定，气球本身的工作可持续性和风向测量的稳定性方面还存在较大问题。

3. 海上测风塔塔架型式比选

自立式测风塔的塔架型式可分为单根圆筒式、三角形桁架式、四边形桁架式等。单根圆筒式塔架结构所需钢管直径大，有较大的迎风面积和质量，因此，所受的风载荷和弯矩都比较大，需要进行海上特有风况的结构强度分析；三角形桁架式结构较为稳定，塔架受风荷载作用较小，最为经济；四边形桁架式结构亦较为稳定，一般情况下当三角形桁架式不能满足受力及变形要求或方案不经济时，塔架可选用四边形桁架式结构。考虑到基础的施工难度和成本，自立式结构型式是海上测风塔的首选，但对主基础的要求较高；而拉线式结构型式由于不够经济，通常不被考虑。

综上所述，海上测风塔的设计比选需考虑所在场址的不同地质、不同风况、不同水文等条件，进行测风塔的型式设计、基础选型、施工方案的选择以及成本测算，并根据海上风电场的建设规模和实际环境条件确定测风塔的布局方案，最后汇为海上测风塔建设方案。通常认为主测风塔应用自立式三角形桁架结构的塔架较为适合，辅助测风塔也可采用这种塔架。海上测风塔的型式示意图如图1-20所示。

图1-20 海上测风塔的型式示意图

1.5 海上风电场施工

海上风电场施工主要项目有风电机组基础施工、风电机组安装、海上升压站施工、陆上集控中心施工、海缆敷设施工等。现以某海上风电工程为例，简要介绍主要施工项目的施工方案。

1.5.1 施工总工艺

海上风电场建设施工中最主要的项目为海上风电机组基础施工及风电机组安装，同时涉及海底电缆敷设、海上升压站安装等。施工工艺总流程图如图1-21所示。

1.5.2 风电机组基础施工

以风电机组基础采用单桩基础为例，单桩基础施工方案采用浮吊＋稳桩平台。具体方案是，趁涨潮期间，600t（或大于600t）浮吊在机位定位后先安装稳桩平台，然

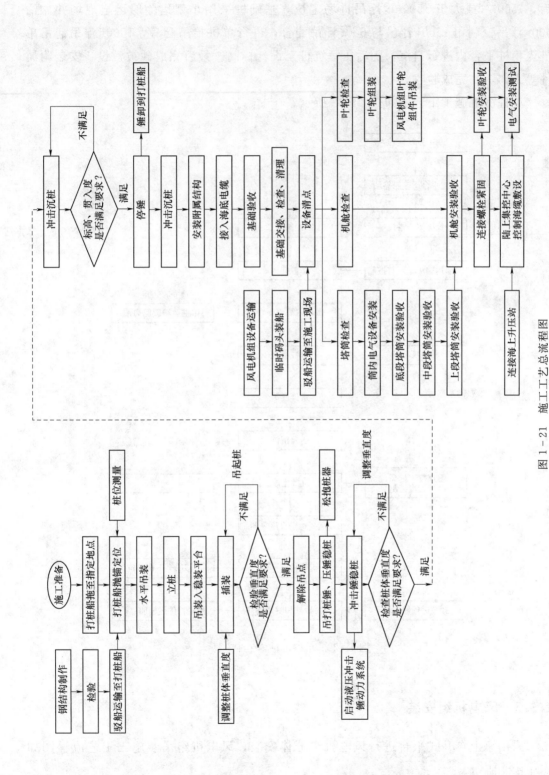

图 1-21 施工工艺总流程图

后，1500t（或大于1500t）浮吊进场定位，基础桩采用小型运输船运至现场并靠泊600t浮吊，利用1500t浮吊与600t浮吊配合，进行单桩抬吊翻身，1500t浮吊起吊单桩入稳桩平台内进行自沉，随后压锤沉桩至设计标高。最后完成砂被敷设、安装附属件等工作，并完成验收。

单桩沉桩施工工艺图如图1-22所示。

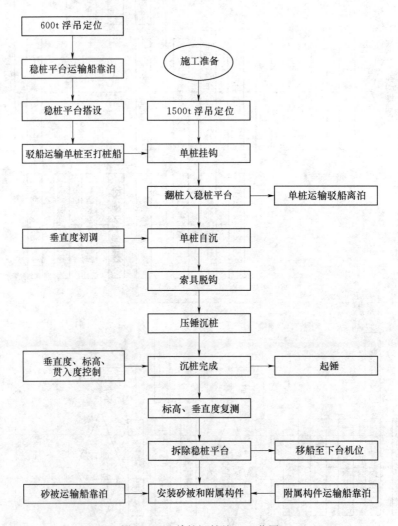

图1-22 单桩沉桩施工工艺图

1.5.3 风电机组安装

采用海上自升式平台进行风电机组分体安装，风电机组吊装施工工艺流程图如图1-23所示。

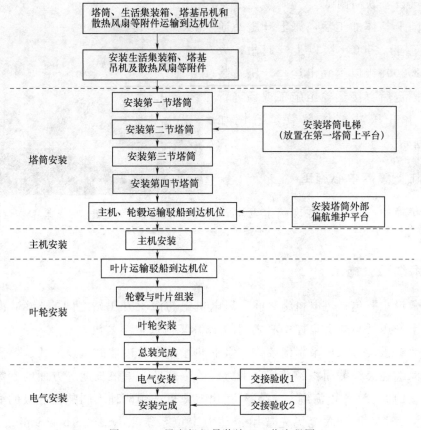

图 1-23 风电机组吊装施工工艺流程图

1.5.4 海上升压站施工

海上升压站作为大型钢结构,分为钢管桩、导管架、上部组块三个部分。其构件尺寸均较大,因此需要选择合适的具有一定加工能力的钢结构制造厂家来进行加工,其加工区域还需交通方便并且便于直接海上运输。海上升压站三维示意图如图1-24所示。

海上升压站的施工内容包括钢结构制作、基础施工、上部组块安装三大部分。一般来说,主要施工工艺流程为:钢结构加工与制作→电气设备安装、调试→导管架沉放→钢管桩沉桩施工→上部平台整体

图 1-24 海上升压站三维示意图

安装→电气设备联动调试。

完成陆上整体加工后，海上升压站通过大型起重船（5000t 级以上）起吊、大型驳船（10000t 级以上）出运，升压站装船完毕并固定后直接运输至施工现场进行安装。海上升压站整体吊装示意图如图 1-25 所示。

图 1-25　海上升压站整体吊装示意图

1.5.5　陆上集控中心施工

陆上集控中心施工和常规陆上变电站基本一致。

1.5.6　海缆敷设施工

海缆敷设主要包括风电机组之间、风电机组与海上升压站之间的 35kV 海底电缆敷设，海上升压站与陆上集控中心之间的 220kV 海底电缆敷设。

国内海缆敷设常采用牵引缆绞锚、水下冲埋、边敷边埋的敷设方式。鉴于两种电压等级的海缆在海缆截面积、允许牵引力、单位重量、单根长度等方面的参数存在较大差异，场内 35kV 集电海缆与 220kV 送出海缆可选用两种不同吨位等级的海缆敷设船舶，场内 35kV 集电海缆优先选用带动力定位系统（dynamic positioning system，DPS）的施工船舶。常规海缆敷设施工工艺图如图 1-26 所示。

图 1-26　常规海缆敷设施工工艺图

海缆敷埋的具体施工步骤：埋深施工船锚泊位→缆盘内电缆提升→电缆放入甲板入水槽→电缆放入埋设机腹部→投放埋设机至海床面→牵引施工船敷埋电缆。海缆敷设示意图如图 1-27 所示。

如果工程海域内海床整体冲刷明显，特别是台风、风暴潮期间，还存在海底沙丘移动、骤冲骤淤等特殊现象，则还需要对海缆进行经过深槽、穿越航道等特殊环境的保护处理，可在海缆铠装外侧加装一层铸铁套管。

若海缆路由与其他管线存在交越施工问题，则海缆敷设船"八"字开锚锚泊定位，抛锚位置须离开原有缆线 100m 以上，并开始回收提升水下埋设机，当埋设机出泥至一定高度后，绞锚向前移船，同时布缆机以相应速度布放电缆以进行抛放敷设。待水下埋设机越过交越点 100m 后重新投放埋设机进行敷埋作业。

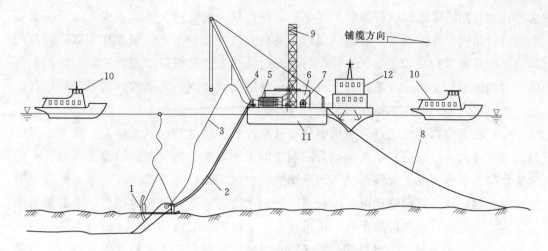

图 1-27　海缆敷设示意图

1—水力喷射埋设机；2—导缆笼、电缆及拖曳钢丝绳；3—高压输水胶管；4—起重把杆；
5—履带布缆机、计米器、入水槽等；6—储缆圈；7—牵引绞车；8—牵引钢丝绳；
9—退扭架；10—警戒船；11—电缆敷埋施工船；12—拖轮

另外，为了避免后期敷设的海缆搁置在原有缆线上产生悬荡，需要将原有缆线同时冲埋才能确保新建海缆的埋设深度。为避免交越海缆之间因直接接触产生的电磁相互干扰，在交越点两缆线之间抛填 50cm 厚的水泥沙袋予以隔离。

1.6　海上风电场运维

目前，我国海上风电场已遍布山东、广东、江苏、浙江、福建和上海等沿海地区，占全球海上风电容量的 22%。"十四五"时期将是海上风电运维技术快速发展的黄金时期。

1.6.1　海上风电运维现状

1.6.1.1　海上风电场运维模式

目前海上风电场运维模式主要借鉴陆上风电场模式，采用故障检修、定期检修和状态检修三种方式。

（1）故障检修是指故障发生后进行的维护，是当前海上风电机组技术条件下不可避免的一种维护方式。故障检修需要运维人员对故障原因进行实地排查，因此对天气状况、维护船只和备品备件状态等有较高的要求。维护成本及停电的损失等与故障类型、维护时间有关，进而会影响机组可靠性和整个风电场的发电量收益。

（2）定期检修是依据事先制定的维护计划进行的风电机组预防性检查与维护，主要是对风电机组各部件进行状态检查与功能测试。定期检修可以让风电机组处于最佳运行状态，同时考虑到风资源的利用率，定期检修一般安排在小风季实施。合理的定期检修时间间隔非常关键，时间间隔过大易导致机组维护不足，可靠性下降；时间间隔过小会导致维护成本增加。当前，我国海上风电场通常根据不同定检事项采用不同固定周期的维护策略。考虑到海上风电场海域的气候特点，定期检修需避开热带气旋与风能丰富时期，通常安排在每年的 5 月与 11 月。

（3）状态检修是指通过风电机组状态诊断系统提取的相关状态信息，结合在线或离线健康诊断或故障分析系统的结果而制定的维护策略。其优点是结合了风电机组的健康状况、备件情况、天气情况等，选择最优的时间点预先安排维修，并由此确定出效率最高的维修方式保证风电机组较高的可利用率。它是海上风电机组运维最理想的一种方式，需要以成熟的海上风电机组状态诊断技术、健康诊断技术以及运维策略优化技术综合应用为基础，但目前该技术还不成熟，还需借助人工检测进一步分析与确认风电机组健康与故障状态。随着技术的不断发展、成熟，以及风电场管理的自动化水平不断提高，状态检修方式将更具发展潜力。

1.6.1.2　海上风电场运维工作内容

维护工作包括 13 项内容：风电机组（本体、环控系统、升降设备及起重装置）；海上升压站（本体，靠泊、防撞、起重装置，直升机平台、防冲刷结构及防腐系统）；风电机组基础（靠泊、防撞装置，防冲刷结构及防腐系统）；集控中心；海缆（J 型管，场内和送出海缆及电缆接入等附属结构）；测风塔（含海洋水文监测系统）；航空障碍灯；助航标志；逃生及救生装置；消防系统；运维交通工具；通信设施；防雷接地系统。海上风电场运维工作内容如图 1-28 所示。

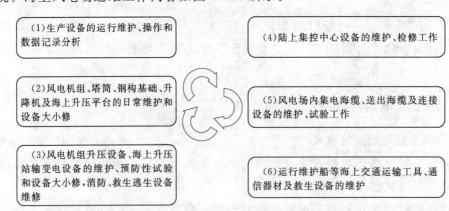

图 1-28　海上风电场运维工作内容

1. 风电场巡视内容

（1）巡视种类。风电场巡视可分为日常巡视和特殊巡视。日常巡视主要对风电机组、基础、海上升压平台、测风塔、升压站、场内高压配电线路进行巡回检查，发现缺陷及时处理。特殊巡视主要是指发生异常天气，或机组、升压站非正常运行，或机组抢修/大修，或新设备（技术改造）投入运行后，增加的特殊巡视检查。

（2）巡视项目。巡视项目包括海上升压站巡视、风电机组基础巡视和环境巡视。海上升压站及风电机组基础巡视内容有基础完整性，防腐系统，沉降观测系统，助航标志与信号。环境巡视内容有环境污染，风电机组噪声，生活垃圾及污水处理。

2. 风电场定期维护

定期维护间隔时间一般不超过 1 年；整个风电场所有部件（包括海缆）在 5 年内至少检查一次。

（1）机械定期维护。机械定期维护项目可分为主轴、齿轮箱、联轴器、发电机、偏航、变桨、液压、散热、机架、起重机、罩体 11 大系统部件。检查内容可分为表面破损或异常、堵塞、泄漏、转动部件、压力、力矩、间隙、信号、性能测试、程序试验、校验、噪声 12 大类。维护内容可分为打磨后补漆、清洁、补充（油、脂、气、液）、校验、更换 5 大类。

（2）电气定期维护。电气定期维护项目可分为塔筒电缆及接地、塔基控制柜、机舱控制柜、变桨系统、偏航系统、变频器、箱式变压器、发电机、防雷保护系统 9 大系统部件。检查对象可分为各种线缆（电缆、电缆夹、接地铜带、接地线、屏蔽线、通信电缆）、接线端子、保护开关、接触器、紧急停机按钮、控制柜内元器件、充电器及浪涌器、散热系统、加热器、防雷模块、电气连接、机械连接 12 大类。检查内容可分为松动、过热、拉弧、吸合阻滞、输入信号、输出信号、油污、灰尘、积水 9 大类。维护内容可分为清洁、紧固、打力矩、维护、排水 5 大类。

3. 基础定期维护

基础定期维护项目有海上升压站、风电机组基础。主要内容有基础完整性，结构变形、损伤及缺口，钢结构节点焊缝裂纹，混凝土表面裂缝、磨损，基础冲刷，助航标志。

4. 防腐定期维护

防腐定期维护包括钢结构、混凝土基础的涂层、包覆、阴极保护防腐系统的维护，具体包括涂层损坏位置打磨后补漆；对水下结构涂层、牺牲阳极块通过潜水员或 ROV 遥控水下机器人进行检测；阴极保护系统电位检测；对结构焊缝进行无损检测，力求对腐蚀疲劳进行早期检测；对钢构基础过度腐蚀位置进行钢板厚度测量。

风电机组基础防腐维护主要包括防腐涂层维护；阴极保护系统检查及保护电位检测，牺牲阳极块数检查、尺寸测量，并测量保护电位是否为 $-1.10 \sim -0.85\text{V}$（相对 $Cu/$ 饱和 $CuSO_4$ 参比电极）；关键焊缝位置的腐蚀疲劳预防性无损探伤检测；腐蚀量检测；钢结构壁厚测定。

5. 风电机组自维护

海上风电机组自维护技术是指设备可以在不用吊下整个机舱的情况下将损坏的部

件卸下来。针对海上风电机组自身所具有的特点，大型起重设备不方便进入，因而其自带内部吊车用以维护偏航电机、液压站等小型部件。

1.6.1.3 海上风电场通达模式

1. 海上风电场通达模式概况

海上风电场的交通工具有直升机、交通艇、运维船三种。

2. 近海风电场通达模式

（1）直升机。采用直升机运送人员及工具，可以直接飞至海上风电机组机舱顶部或上空，通过悬索方式将维修人员降落到机舱顶部，开展维护作业。直升机的优点是通达率高、速度快；缺点是费用高，运输能力有限。由于我国尚未开放低空飞行，暂时不具备可行性。

（2）船。般这种交通工具主要包含三种船舶，特点如下：

1）直接接触型船舶。此类船舶由简单的缓冲装置与风电机组基础相接触，吨位较小，适用于离岸较近、短期、灵活的风电机组的维护。

2）舷板型船舶。此类船舶的特点为在船头附近安装有可供人员行走的伸缩型舷梯，舷板的自由端可搭在（或由端扣装置扣在）风电机组连接件的固定装置上。

3）非接触型船舶。此类船舶采用人员运输系统（吊笼、吊篮等）将运维人员运输至风电机组连接件顶部平台上；船舶与风电机组连接件之间需保持必要的安全距离。

海上风电运维船主要用于风电机组的日常运维，其可以及时将维修人员安全送上机组平台，需要兼顾适用性和经济性。我国从北到南各个海域的水文情况不同。江苏潮间带地区有限浪高 1.5m 以下的概率为 98%，设计的运维船抗浪能力为 1.5m。运维船多采用双体式结构，结构稳定，一般可承受 0.5~1.5m 的有效波高，船长 20m 左右，一般载人数量为 12 人。

目前，国内海上风电场的离岸距离基本在 30n mile 以内，航程较近，航时较短。随着海上风电开发向深海发展，以后还需要搭配工作母船完成运维任务。从船体材料来看，主要有玻璃钢、铝合金、钢质。基于对船体性能和建造成本的综合考虑，国内海上风电运维船的船体主要采用钢质或者铝合金材料，上层建筑采用玻璃钢。材料密度从小到大依次为玻璃钢（$1.8g/cm^3$）、铝合金（$2.7g/cm^3$）、钢质（$7.8g/cm^3$）；而强度则正好与之相反。

采用钢质材料，可以降低整条船艇的重心，从而保持航行稳定性。此外，钢材的硬度高，比重大，加工性能好，能承受更大的海上风浪冲击载荷，但单位海里的油耗高。

铝合金的重量轻，同尺度船舶可以配备更低功率的主机即满足航速的要求。但铝合金是脆硬性材料，韧性差，弹性模量只有钢材的 1/3，硬度低，造价高。

运维人员在船上的耐受时间为 1h，最长不超过 80min。目前，国内海上风电运维船的航速基本在 20 节以下，在离岸较近的情况下，可以在 1h 左右到达机位点。国外要求运维船能够在半个小时左右到达机位点，从而减轻维修人员在船行驶过程中的不适感，在作业窗口期能够较短时快速往返，并保证充足的作业时间。因此，国内运维船在航速设计方面还有待进一步提高。

吃水深度也是设计运维船需要考虑的重要因素，它决定船的载重及改造能力。钢质船一般比铝制船的吃水深度大。一些位于潮间带的海上风电场，其潮差大，退潮时水深较浅，甚至会露滩，宜采用吃水深度较浅的船舶，否则容易搁浅。海上天气复杂，运维船应该能在天气情况较不利时安全行驶，国内已建海上风电运维船的抗风能力为 6～7 级，符合海事局"逢七不开"的规定。

3. 远海风电场通达模式

远海区域风电场检修维护情况与近海区域风电场基本相同。但是由于远海风电场一般建有海上升压站，并配有基本的生活基地及仓储设施，通常运维人员可在远海生活基地临时性居住，特殊情况下如风电机组定期维护或者大部件更换时可有部分人员长期居住在远海生活基地、海上生活平台或运维母船上。

1.6.2 海上风电运维面临的挑战

海上风电场离岸较远，运行环境恶劣，受潮汐、海流、内波等多种水文现象及振动、腐蚀、台风、雷电等因素影响较大，机组潜在故障率较高。因此，海上风电场运维将面临更加严酷的挑战。

海上风电运维成本高昂。对海上风电项目运维费用的统计结果表明：在整个海上风电项目全寿命周期成本中，运维费用仅次于风电机组的购置费，占整个海上风电项目成本的 18%～23%（远高于陆上风电运维费用 12% 的比例）。在运维成本构成中，小型近海海上风电场年设备更换与维修费用所占比例最高，约占运维费用的 53%。据相关统计，设备的更换、修复与材料费是海上风电运维成本中的重要组成部分，分别达到总运维成本的 23% 与 21%，人工成本仅占 1%。尤其是随着远海、深海以及超大规模海上风电场的开发与建设，海上风电运维问题将更加突出。恰如其分的运行维护已经成为确保海上风电场正常运行、实现风电场效益的关键，是海上风电产业良性发展的试金石。

海上风电场的可进入性差。一方面，需要借助专门的设备方可进入。各式运维船、起重船以及直升机是目前海上风电机组维护常用的交通工具。特殊的交通工具限制了海上维护的可操作性，提高了维护成本。另一方面，需要满足一定的天气条件要求方可进入。船只的出航、风电机组的登陆以及海上作业都对风速、浪高以及可视条件等提出了不同的要求，大大提高了海上风电场运维的不确定性，延长了风电机组的停机时间。由于海上风电场的可进入性差，风电场全年可进入的时间有限，导致海上风电场运维对海上维护作业配套的人员、备件管理等也提出了相应的要求。

总的来说，影响海上风电机组运维成本的因素，归纳为风电机组及其各部件的可靠性、海上天气条件、运维人员配置与轮班制度、交通工具、备件管理五个方面。

1. 风电机组及其各部件的可靠性

海上风电机组及其各部件的故障率决定海上风电机组预防性修复与事后修复的次数及修复内容，风电机组及各部件的可靠性直接决定出海次数、每次出海所需的相关材料、交通工具以及人员费用等，即直接影响运维成本中的非固定部分。

可用率是可修复产品重要的可靠性指标之一。在风电行业中，可用率不仅是风电机组招标中的一个重要门槛指标，也是机组质量保证期验收的一个重要标准。根据《风力发电机组质量保证期验收技术规范》（CNCA/CTS 0004—2014）要求：整个风电场机组平均可用率不低于 95％，单台机组可用率不低于 90％。

某公司在其海上风电产品目录中表明可以实现的海上风电场可用率达 97％以上。我国东海大桥海上风电场Ⅰ期海上风电机组的年平均技术可用率（2009—2014 年）则为 93.5％～95.9％。

据统计，齿轮箱、发电机、电控系统及桨叶系统故障是造成风电机组长时间停机的主要原因，其中齿轮箱故障是海上风电机组长时间停运的主要原因之一，齿轮箱的修复与更换可能需要花费 360h 左右，远远高于其他部件。我国东海大桥海上风电场风电机组故障主要来自于变桨轮毂类故障、断路器故障以及变频器故障等。

2. 海上天气条件

从海上风电场的可进入性分析可知，海上天气条件对风电机组运维的影响主要表现在：①风速、浪高等对船只等交通工具适航性的影响；②浪高对海上风电机组登陆的约束；③风速、浪高及夜晚、雨、雾等影响视觉的因素对海上吊装与机舱外作业的限制。

从适航性来说，通常风速 12m/s 以下、浪高 2m 以下是大多数海上风电运维船只出航的基本条件。

3. 运维人员配置与轮班制度

海上风电机组的许多维护工作，尤其是故障检修，具有较强的专业性。因此，目前大部分海上风电机组的运维主要是由风电机组厂家的专业运维人员负责的。在海上风电场可进入性差，设备状态检测与故障诊断功能不全面尚需借助人力辅助的条件下，如何合理配置有限的专业运维人员已经成为许多风电机组厂家与风电场建设单位共同关心的主要问题之一。海上风电机组的维护工作至少需要 2 位技术人员（工作组共 8 人），部分部件（如桨叶、轴承等）的维护工作需要 4 人甚至更多。

4. 交通工具

船只或直升机是海上风电机组运维中不可或缺的交通工具，主要用于运维人员、维护工具的运输以及大型、重型设备的海上吊装等。因此，为了满足海上风电机组不同部件运维的需要，海上风电场通常配置有不同类型的海上交通工具。考虑不同部件的故障频率、交通工具的不同费用，目前海上风电场大都采用长期配置与短期租赁相结合的方式。不同类型船只的适航条件及其年租赁费用不同。小型船只的年租赁费用约为 200 万元，而大型起重船单次出海费用则可能高达 1000 万元。因此，对于规模越来越大，风电机组数量越来越多的海上风电场来说，如何合理配置不同的海上交通工具也是运维需要解决的主要问题之一。

据 DNV 预测，大约每 30 台海上风电机组需要 1 艘相关的风电机组专业运维船只。目前海上风电运维船市场空间大，但专业运维船只技术发展相对滞后。近海风电场中，海上风电安装船被广泛应用到工程建设与运行维护中，此外，一些渔船、小型运输船以及一些大型起重船也被应用到海上风电机组的运维中。但是，船只只能满足部分海上风电机组运维的需求。专业的海上风电运维船不仅需要充分考虑海上风浪条件约束的可进入性概率，还需要考虑运维船只的装载能力、吊装能力、人员的住宿容纳能力、风电机组登陆条件以及专门的维护工具安装情况等。

5. 备件管理

海上风电机组的可进入性差，而部分部件的交货周期长，充足的备件管理能够配合风电场有限的可进入时间，减少维修延迟。海上风电场备件管理的内容通常包含备件内容、数量及备件存储的位置等。

此外，风电机组状态检测与故障诊断技术的不完善使得风电机组的许多故障难以定位与判断。由于海上风电机组部件整体更换耗时短，修复工作完全可以在陆上完成，这不仅能够减少海上风电机组的停电损失，而且修复后的部件可能能够循环使用；因此海上风电机组部件的整体预防性或修复性更换也被认为是海上风电机组运维今后发展的主要方向之一。

1.6.3　海上风电运维管理模式

海上风电机组运行环境特殊，面临着机组潜在故障率高、运维成本高、缺乏运维经验等挑战，需要综合风电场气候条件，从设备状态监控、备件管理、人员调度、船舶调度等各个方面综合分析决策，以精益化理念为指导，探索集中化、智能化的运维管理模式。

1.6.3.1　集中化、智能化的风电场设备监控

海上风电场监控采用远程、集中的监控模式，借助智能化的监控平台，在集控中心配置少量专业的值班人员，通过集控中心指令调度管理风电场，减少因决策失误及人员安排不合理导致的运维时间及费用的浪费。

1.6.3.2 在线式、透明化的设备、备件及运维人员管控

海上风电场规模较大，机组潜在故障率高，设备、备件及运维人员信息的透明化决定了机组运维的响应效率。

设备信息对于风电场运维至关重要。通过信息化技术，可对设备的巡检、维护等信息在线更新、透明管控，并与其他数据共享，实现风电机组全生命周期管理。

备件管理直接影响运维时间及风电机组的可利用率。合理的备件储备可避免因备件缺失导致的风电机组发电量损失。借助智能化运维平台，实现备件信息的在线化、透明化，根据备件实时损耗情况决定备件存储数量，实现标准化管理。此外，备件储备涉及备件自身费用、仓库使用费用、管理费用等，集中仓储式的备件管理可减少备件储备数量，节约在备件储备及管理上的费用。

海上风电的特殊性决定了运维人员要有较高的专业水平，应通过对运维人员专业水平的了解，结合运维工作，做到合理调度，提高运维效率。同时，可通过专业的技术平台，实现线上线下互动交流，远程指导，逐步提高人员的专业水平。

第 2 章　智慧海上风电场概述

智慧海上风电场是指广泛采用云计算、大数据、物联网、人工智能等新一代信息处理与通信技术，集成智能传感与执行、控制和管理等技术，把传统风电场中无感知、无思想的设备、系统，孕育成状态感知、自主适应、智能融合、精准可控的更安全、更高效、更经济的全新海上风电场。

智慧海上风电场的主要特征包括可感知、可控制、自适应、自学习、自寻优、分析与决策、人与设备互动、设备间的互动、全生命周期。

1. 可感知

通过先进的传感测量、计算机和网络通信技术，实现对智慧海上风电场生产全过程和经营管理各环节的监测和多种模式信息的感知，实现海上风电场全寿命周期的信息采集与存储，从空间和时间两个维度，为海上风电场的生产控制与经营决策提供全面丰富的信息资源。

2. 可控制

配置充足的数字化控制设备，实现对生产过程的计算机控制；控制系统应具备充分的计算能力，逐步实现智能化的控制策略，在"无人干预，少人值守"的条件下，满足安全生产和经济环保运行的要求。

3. 自适应

采用数据挖掘、自适应控制、预测控制、模糊控制和神经网络控制等先进和智能控制技术，根据环境条件、设备条件等因素的变化，自动调整控制策略、方法、参数和管理方式，适应风电机组及设备运行的各种工况，以及生产运营的各种条件。其具体要求如下：

（1）对一般功能性故障具有自愈能力。

（2）对设备故障具有自约束能力，防止故障扩散，降低故障危害。

（3）对运行环境具有自调整能力，提升运行性能。

4. 自学习

基于监控系统、大数据中心、设备制造商等提供的数据资源，利用模式识别、数据挖掘、神经元网络等机器学习方法，深度融合多源数据，实现对长期积累的运行维护数据和经营管理数据的计算、分析和深度挖掘，识别智慧海上风电场生产经营中关键指标的关联性和内在逻辑，获取智慧海上风电场的有效知识。

传统风电场具有风电机组监控、升压站监控等多个监控系统，由于各系统相互独立、无法兼容，造成大量监控后台和通信设备同时存在、数据信息无法共享，对风电场操作维护和协调控制造成不便。智慧海上风电场将风电机组监控、升压站监控、风功率预测、有功无功控制、电能量采集、故障录波、保护信息管理和各种状态诊断系统等多个子系统整合在统一的信息平台下，以信息共享、硬件平台综合集成应用、软件功能插接复用、逻辑功能智能化策略的全新模式，实现海上风电场的一体化监控。

5. 自寻优

基于泛在感知和智能融合所获取的数据资源和自学习所获得的知识，利用寻优算法，实现对风电机组、风电场设备运行效能、经营管理等信息的自动处理与分析，根据分析结果对机组运行方式持续自动优化，提高智慧海上风电场的安全、经济、环保运行水平，提升企业的运营竞争力。

6. 分析与决策

在泛在感知获取的信息资源基础上，利用网络通信、信息融合、大数据等技术，通过对多源数据的自动检测、关联、相关、组合和估计等处理，实现对海上风电场生产过程和经营管理的全息观测与全局关联分析。基于海上风电场大量的结构化或非结构化数据，利用机器学习、数据挖掘、流程优化等技术，评估识别生产、检修、经营管理策略的有效性，为海上风电场的运营提供科学的决策支撑。

具体来说，由于风电出力具有间歇性、波动性、随机性的特点，随着风电在电源结构中的比例不断增大，其对电力系统安全稳定运行的影响日益显著，风电难以大规模并网接入，弃风现象不断出现。传统风电场自动化、信息化水平较低，一方面无法根据积累的运行数据科学分析，合理安排风电场的运行和维护；另一方面仅凭借日常人工巡视和检查很难及时发现故障隐患，造成不必要的重大经济损失。智慧海上风电场配置风功率预测系统、有功功率控制系统、无功电压调节系统，电网调度部门根据风电出力调整电网调峰容量，并向风电场下达有功和无功控制指令，有效提高电网接纳风电的能力，确保海上风电的顺利接入。

7. 人与设备互动

智慧海上风电场应具备高效的人机互动能力，应支持可视化、消息推送等丰富的信息展示与发布功能，使运行和管理人员能够准确、及时地获取与理解需关注的信息。海上风电场的控制与管理系统应准确、及时地解析与执行运行和管理人员以多种方式发出的指令。

8. 设备间的互动

基于网络通信技术，通过标准化的通信协议，实现海上风电场中设备与设备、设备与系统、系统与系统的交互，实现不同设备、系统间的相互协同工作。通过与智能电网、电力市场、电力大客户等系统的信息交互和共享，分析和预测电能需求状况，合理规划生产和管理过程，促进安全、经济、环保的电能生产。

9. 全生命周期

智慧海上风电场的建设应包括设计、制造、基建、运维四个过程，体现全生命周期的管理特点，同时需要不断积累建设与运营经验，使成果应用水平不断提升。

2.1 架 构 体 系

架构体系是海上风电场智能化的核心。

纵向上看，智慧海上风电场宜主要包括四个层级的体系架构，由低到高分别是智能设备（intelligent field equipment）层、智能控制（intelligent control）层、场级管控（intelligent supervisory）层和集团监管（intelligent management）层。四层架构各有分工且高度融合，在满足安全的前提下高效、合理地组织信息流和指令流。智慧海上风电场架构体系图如图 2-1 所示。

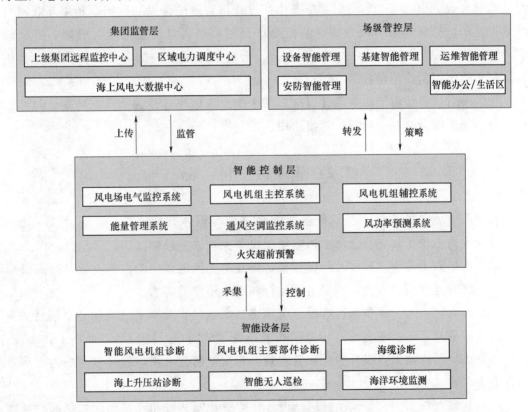

图 2-1 智慧海上风电场架构体系图

（1）智能设备层。智能设备层包括智能风电机组诊断、风电机组主要部件诊断、海缆诊断、海上升压站诊断、智能无人巡检、海洋环境监测等。通过在线分析仪表、软测量技术、视频监控、现场总线系统、无线设备网络、智能巡检机器人、可穿戴检测系统等先进检测技术与智能测控技术，实施现代化信息管理，完整、实时地监测现场设备的运行数据与状态，执行机构动作及时、准确，大幅度减少调校、维护工作量。

（2）智能控制层。智能控制层包括风电场电气监控系统、风电机组主控系统、风电机组辅控系统、能量管理系统、通风空调监控系统、风功率预测系统、火灾超前预警等。它是智慧海上风电场控制的核心，通过智能诊断与优化运行，分别为机组启停控制、出力优化调整技术、适应智能电网的网源协调控制技术等实现生产过程的数据集中处理、在线优化，并实现控制系统安全防护。

（3）场级管控层。场级管控层包括设备智能管理、基建智能管理、运维智能管理、安防智能管理、智能办公/生活区等。它汇集、融合了全场生产过程与管理的数据与信息，实现了生产过程的寻优指导，实现设备状态诊断与故障预警，实时监控与三维可视化互动、定位等，并实时监控生产成本。

（4）集团监管层。集团监管层包括上级集团远程监控中心、区域电力调度中心、海上风电大数据中心等。它汇集了全场生产过程与管理的信息与数据，利用互联网与大数据技术，打破地域界限，实时监控生产全过程，通过辅助决策与管理、专家诊断、网络信息安全备品备件虚拟联合仓储、运营数据深度挖掘等技术，实现智能决策，提高整体运营的经济性。

总的来看，智慧海上风电场建设应贯穿于海上风电场建设的全生命周期，包括设计阶段、制造阶段、基建阶段、运维阶段。

2.2　建　设　目　标

智慧海上风电场建设涉及发电企业的全过程与整体架构，是一项综合性、全局性、长期性的系统工程。智慧海上风电场建设要实现以下目标：

（1）机组安全可靠、经济及环保运行，提升海上风电并网能力和友好性，提升风电场的经济效益和社会效益，满足电网运行和电力用户的需求。

（2）提高对系统、设备运行状况的可靠感知水平，实现海上风电场必要信息的采集，信息的数量、质量应满足过程控制和生产管理的需求，减轻员工现场工作强度，提高装备运行监控能力，提升生产和管理效率和安全防范水平，提升参与电力市场竞争的能力。

（3）具备对全部主设备、关键辅助设备、关键控制装置和设备的状态诊断与故障诊断功能，实现设备的全方位、全生命周期管理和预防性检修，合理地安排人员调配和设备检修计划，有效提高设备可靠性和寿命，降低运行和维护成本。

（4）提高抵御风险的能力，及时收集到风电场所属区域的海洋环境观测信息、气象预报信息，评估灾害性天气和盐雾腐蚀对海洋构筑物、风电机组、海上升压站设备及海上风电场运行的不利影响，便于尽早启动防灾预案，有效提升风电场抵御风险的能力。

（5）开展技术专家对海上风电场的远程服务，实现对发电设备的生产过程监视、性能监测及分析、运行方式诊断、设备故障诊断及趋势预警、设备异常报警、远程检修指导等功能，形成互联网＋电力技术服务的业务形态。

（6）积极开展试点建设多层高级监管平台（场级、集团级和科技中心级）及其相应的高层监管智能决策系统。实现发电集团对各海上风电场的实时监控、统一管控、资源共享和统筹经营管理，提升集团竞争力和效益。

（7）实现发电企业员工的智能化培训、知识高效调用和能力提升。

2.3 建 设 原 则

智慧海上风电场应以可靠的智能装置、控制系统和信息系统为基础，其建设基本技术原则如下：

（1）实效性。对建设智慧海上风电场应用的技术要进行认真评估，讲求实效，经得起实践验证，确实对海上风电场安全、经济和环保发挥明显作用。

（2）前瞻性。智慧海上风电场建设，特别是数字化物理载体建设要有前瞻性，防止由于物理载体建设限制了各种智能技术的进一步开发和应用。

（3）安全性。智慧海上风电场建设要确保设备安全，严格执行有关国家标准、行业标准和行政法规。

（4）控制要求。设备应具有自适应、故障自检能力，满足可观测、可控制及互操作能力要求。

（5）运行水平。智慧海上风电场可靠性、经济性、负荷调节性能和环保运行水平应优于传统海上风电场，应满足生产过程无人干预和少人值守的要求，并提供丰富的可视化手段。

（6）全过程。智能化系统应覆盖海上风电场的全生命周期过程。

（7）信息安全。智慧海上风电场的核心要求是实现本质安全的智能发电技术，信息安全是最基础和需要始终保持高度关注的建设内容。信息安全应作为智慧海上风电场的基础要求进行全局实施，评估新技术引入后给智慧海上风电场带来的安全隐患。智慧海上风电场应按照"安全分区、网络专用、横向隔离、纵向认证"的安全策略，建立基于智慧海上风电场的信息安全策略，合理设计、建设、维护、管理网络通信系统，确保信息高效交互。

第3章 智能设备层

智能设备层是智慧海上风电场的底层。智能装置是智能设备层的基本元素，应采用标准化的通信协议和接口，实现测量数字化、控制网络化、状态可视化；应具备综合评估、实时状态报告、故障诊断等功能，为智能控制、场级管控、集团监管奠定数据基础。

一般来说，智能设备层可综合运用智能风电机组、智能传感设备、综合保护装置、智能测控设备、无线通信与智能网络设备等技术，智能机器人、无人机、无人艇等相关设备；采用现场总线技术实现智能设备信号的数字式串行、多点通信；采用风电机组塔筒和基础沉降监测、桨叶健康监测、传动链监测、螺栓荷载监测、海上升压站及风电机组安全监测、海缆监测、主要电气设备在线监测等，实现风电场关键参数的实时测量与传输。

3.1 智能风电机组

智能风电机组包括风电机组的个体智能以及风电场的风电机组群体智能。

智能风电机组，是能够主动感知、思考、判断和决策的海上风电机组，是在风电机组上采用先进的测量技术、数据分析专家系统、决策算法、智能控制等技术，以使机组能准确地感知自身的状态和外部环境的变化，通过优化调整控制策略和运行方式，使其始终运行在最佳工况点。

3.1.1 个体智能

1. 对事件（外部环境和自身状态变化）的适应功能

智能风电机组应能胜任高温或低温环境下的启动与保护运行、低电压和高电压穿越等涉网安全控制、桨叶与风速风向仪状态判断与安全保护运行；宜将智能控制技术与先进的激光雷达测风技术相结合，把传统的基于"点风"的控制升级为基于"面风"的智能控制，在空间上识别多变的风，并预测风在未来时间上的变化趋势，加快机组的响应速度；评估真实风电场环境和风况下单个机组和整个风电场的功率和载荷水平，确定对应风况下的风电机组调整导则（偏航、变桨），提高风电机组及风电场的效益和安全。

2. 对短期可能事件的预测功能

为风电机组匹配整机振动模态测量、整机载荷测量以及齿轮箱和主轴承载荷、激光测风、桨叶变形测量等先进的状态诊断系统，使风电机组整体运行优化和子系统部件的智能化故障诊断与预测成为现实，从而准确地感知自身的状态和外部环境条件，通过控制策略优化和运行方式调整使其始终运行在最佳工况点。

3. 对于不利事件（恶劣环境和自身故障）的诊断功能（包括辨别和定位）

能根据单机运行状态对参数渐变（部件疲劳损伤等）进行诊断；根据单机运行状态对突变事件（极端阵风、部件断裂）进行诊断，将定检模式改进为预检模式。

4. 从不利事件（包括自身故障和极端环境条件）下安全逃逸的恢复功能

对于在线不可修复故障（如变桨抱死、桨叶折断、主轴断裂、联轴器与弹性支撑损坏）进行安全保护停机；对于在线可修复故障（如通信延迟和中断、偶发振动超限等）进行在线修复和重新启动运行。

5. 自动判断个体目标并自动调整自身运行模式的优化功能

能根据气象条件、机组运行状态、电网指令，判断机组当前最有利的操作模式并执行相应的操纵动作。

6. 根据风电场系统整体目标调整自身运行模式的协同功能

能根据风电场级别控制系统下发的控制任务，自动解析成相应单机运行模式并操纵执行机构完成相应动作。

3.1.2 群体智能

1. 基于风电机组群体行为记忆的学习功能

基于数据挖掘和机器学习技术，根据风电机组运行状态数据库中的海量历史记录样本，进行统计分析和推断，发现数据间的耦合规律，例如风电机组阵列发电量与机位、地形、气象条件的关联；全场历年发电量与季节变化的关系；特定风况与特定部件故障的关联性等，进而寻找风电机组集群在时间、空间、运行方式、预防性维护检修等维度上的配置，实现全场效益最优。

2. 为达成风电机组群体目标对所有风电机组个体进行动员的组织功能

风电场级控制器根据电网指令、环境条件、各机组运行状况，对各个风电机组个体发送群体协同目标而非单机目标。

风电机组个体在风电机组群体目标的指引下，通过与相邻机组的信息共享，不仅可以感知自己的工作状态，也能判断出与相邻机组的相互影响情况，并结合其他所有个体的状态信息，自动解析出自身单机目标，进而驱动单机控制系统。

风电场级控制器根据所有单机运行状态反馈信息，判断系统群体协同目标的达成情况，调整下一步的群体协同目标，并再次发送给所有风电机组个体。

以上各个步骤循环更迭。通过发送群体目标的分布式控制技术，有效提高整个系统的功能完整性，避免个体行为的失调和群体目标的失控，实现以全场发电量最优为诉求的全局优化目标。

3.2 风电机组诊断

3.2.1 风电机组诊断意义

风电机组是海上风电场重要的组成部分，也是海上风电场的故障多发区，风电机组运行中存在的故障主要有机组振动故障、桨叶故障、偏航系统故障、液压系统故障、控制柜故障五个方面。

以广东某风电场为例，3 年内故障情况统计表见表 3-1。

表 3-1 故障情况统计表（广东某风电场 3 年内的统计数据）

风电机组号	故障类型		故障原因	修理情况	停机时间/h	损失电量/kWh	修理或检测费/元	损失电量费用/元	合计/元
7号	发电机系统	定子线圈烧坏	线圈绝缘击穿	重新绕定子线圈	1123	119458	87000	88751	175751
24号				重新绕定子线圈	980	97243	87000	72247	159247
19号				更换备用发电机	287	10860	77000	8068	85068
18号				更换备用发电机	307	86000	77000	63894	140894
15号		发电机轴承磨损	轴承磨损	更换轴承	20	1000	5000	743	5743
多台		发电机温度高	满负荷及环境温度高时	待温度下降后复位运行	50	132000	0	98069	98069
22号、20号		转子电流控制器烧坏	控制器烧坏	更换控制器	10	6000	122560	4458	127018
21号	叶轮系统	叶尖破损	受雷击	开模具修补叶尖	1419	131587	172500	97763	270263
3号		叶尖开裂	质量缺陷	修补叶尖	25	4000	0	2972	2972
12号		叶尖开裂	质量缺陷	修补叶尖	52	4000	0	2972	2972
多台	齿轮箱系统	油温及轴承温度高	满负荷时出现	降温后复位运行	20	79200	0	58842	58842
多台		齿轮油铁含量及酸值偏高	齿轮或轴承有磨损	更换齿轮油	0	0	20277	0	20277
11号		油温高	冷却风扇损坏	更换冷却风扇	10	1500	7800	1114	8914
13号	液压系统	无法建压	液压总成座损坏	更换总成座	222	38748	14000	28788	42788
多台		建压超时	液压泵损坏	更换液压泵	30	10000	29000	7430	36430
合计					4555	721596	699137	536111	1235248

此外，海上风电场的风电机组基础作为水工建筑物，需要承受水的各种作用，导致其长期承受变幅巨大且反复作用的面力和体力，水作为一种溶剂可能使工程中涉及的岩体（基岩、边坡、洞室围岩）强度降低，对基础的安全稳定造成严重影响。高速水流还会对风电机组基础产生气蚀、磨损、冲刷等破坏作用。

具体来说，风电机组诊断宜主要包括机械传动链、塔筒、基础、桨叶、螺栓荷载等方面内容。

3.2.2 机械传动链

3.2.2.1 传动链振动分析

振动分析是通过对风电机组的振动监测及时发现风电机组故障的早期征兆，以便现场维护人员采取相应的措施，避免、减缓和减少重大生产事故的发生；通过对风电机组异常状态的早期分析，可以揭示故障的原因、程度、部位以及发展趋势等，为机组的在线调整、停机检修等提供科学依据。

1. 系统架构及组成

传动链振动监测系统，可实现数据采集分析、机组状态管理、运维检修决策建议等功能。在线振动分析系统架构与运维检修决策闭环过程如图 3-1 所示。

2. 传动链振动监测点布置方案

每台风电机组都配置有风机在线振动状态监测系统（condition monitoring system，CMS），形成风电机组-塔架振动监测系统，对每台风电机组的塔筒进行应力监测和垂直度监测。除具备基本的传动链振动监测功能外，还具备风电机组风塔摆动监测功能的扩展功能。振动测点配置为 12 个，见表 3-2。

表 3-2　海上风电机组的振动测点配置

测点位置	安装方式	传感器选择
主轴承（4个）	径向	低频加速度传感器
齿轮箱箱体（2个）	径向	低频加速度传感器
发电机轴承（4个）	径向	普通加速度传感器
机舱弯头（1个）	迎风向	低频加速度传感器
机舱弯头（1个）	横向	低频加速度传感器

3. 通信方案

采用光纤通信的方式，将机舱内在线分析站所采集的信号传送至塔基控制柜内的交换机，通过风电场监控系统公用的光缆环路连接至集控室服务器，将振动数据回传到集控室服务器。

系统通信采用标准 TCP/IP 协议，每台风电机组的在线分析站和中控室服务器设

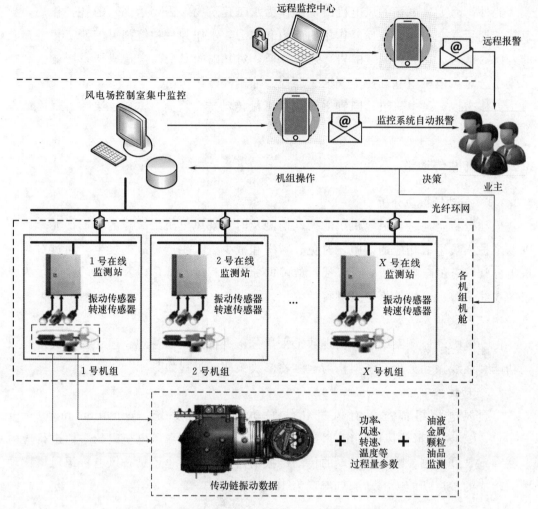

图 3-1　在线振动分析系统架构与运维检修决策闭环过程

置独立的 IP 地址，IP 地址的分配由风电场建设方统一规划，不与风电机组主控系统 IP 地址相冲突。

4. 系统功能

（1）能够连续监测风电机组传动链运行过程中的冲击、振动、转速等参数，并自动存储。

（2）能诊断传动链轴承润滑、保持架、外滚道、内滚道、滚动体（单列、双列）、碰磨故障并通过故障诊断专家系统软件进行自动报警或提示，人工辅助分析轴承早期故障与故障产生机理。

（3）能诊断齿轮箱内齿轮类故障及其扩展情况，通过故障诊断专家系统软件自动报警或提示，人工协助分析齿轮故障类型（啮合不良、断齿、偏磨等）与故障产生机理。

（4）具备对传动链各对象冲击、振动原始和趋势数据分析的功能。

（5）具备报警结果与统计分析、报表输出功能。

（6）具备轴承、齿轮参数配置以及查询功能。

（7）具备机载系统的自检功能。自检内容主要包括机载系统的存储空间信息、网络通信状态、串口通信状态、传感器状态及内部硬件信息。若自检存在异常，则给出提示信息。

（8）在具备 Internet 网络条件的情况下，可实现远程监测、数据分析等功能。

5. 系统特点

（1）采用在线故障诊断和基于综合决策的故障诊断专家系统，自动、实时地采集、分析数据，能够准确识别故障类型、故障程度并精确定位故障部件。

（2）实现故障早期预警，提前做好维修决策和维修准备，减少停机损失和多次维修带来的额外费用；通过精确定位故障，提高维修效率，减少维修损失。

（3）系统自动智能报警，减轻运维人员大量烦琐、复杂的数据分析、比对、统计和汇总工作，减少人为失误。

（4）实现故障自动诊断和实时声光报警，对公网的依赖程度相对较低，只要风电场级系统局域网正常，就可以进行实时在线故障诊断与安全监测。

（5）基于故障和设备机理的故障诊断专家系统，无须学习、培训，只需被监测轴承、齿轮的参数，便能即装即用。

6. 系统监测诊断分析能力

通过经典时域、频域分析诊断手段以及先进的声音分析、阶次跟踪分析、包络分析、滤波分析、趋势分析、3D瀑布图分析、比对分析、相位分析等手段，在早期可以准确有效地监测到典型的风电机组传动链机械故障，例如：①主轴承、齿轮箱和发电机轴承故障；②主轴承不对中；③主轴承不平衡；④主轴承机械松动；⑤齿轮磨损/崩断故障；⑥润滑不良。

风电机组在线振动监测系统可以通过振动监测的分析手段，及时监测机组传动链（包括主轴承、齿轮箱、发电机等关键大部件）的振动情况；结合历史趋势数据，及时发现可能存在的振动、冲击异常，为机组提供灵敏可靠的早期机械故障监测诊断服务，尽量将问题消灭在早期萌芽阶段，避免重大机械故障的发生，提高机组可利用率，减少非计划停机时间，有效降低运维成本。

3.2.2.2 齿轮箱润滑油质分析

在线油液监测的首要目的是对齿轮箱润滑油品劣化、污染和机械磨损的早期发现和预警，监测齿轮箱的磨损程度。

在线油液监测系统通过在齿轮箱润滑油出口和润滑系统滤芯筒入口之间安装在线取油装置获取待检测油样；取油后通过磨粒检测传感器监测油液中颗粒浓度与分布情

况，通过油液品质检测传感器和水分检测传感器检测油液黏度、介电常数和微水含量等。

具体来说，该系统能实现的功能有实时监控油液内部的金属磨损和故障颗粒，实时油液清洁度"健康检查"；识别轴承和齿轮损坏；三信道同步输出。其中：信道一，显示积聚的小磨粒，提供油清洁度可靠指标；信道二，检测较大的磨粒，表明可能的轴承或齿轮损坏；信道三，检测油液中水分和油成分的含量。

在线油液监测系统主要由现场数据采集模块（包括数据采集站、磨损检测传感器、品质检测传感器、水分检测传感器、信号传输线缆等）、本地服务器、远程诊断中心构成。

在线油质分析系统架构与运维检修决策闭环过程如图 3-2 所示。

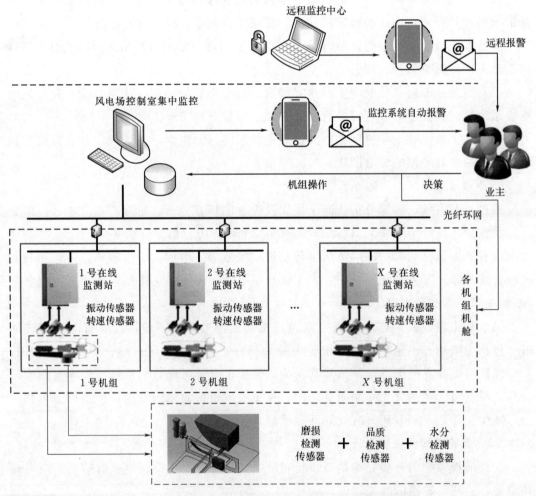

图 3-2 在线油质分析系统架构与运维检修决策闭环过程

海上风电机组润滑油传感器技术性能要求见表 3-3。

表3-3　海上风电机组润滑油传感器技术性能要求

技术性能指标	油中金属颗粒传感器	油品品质传感器
测量参数	铁磁（Fe）颗粒检出：最小$125\mu m$ 非铁磁（NFe）颗粒检出：最小$450\mu m$	综合油中水、污染、酸度等参数
测量范围	最小流量：0.5L/min 最大检出量：65个颗粒/s	0～100%油品品质
传感器类型	动态型	动态型
工作温度/℃	−40～85	−40～100
输出信号	1个方波脉冲/颗粒	4～20mA或0～5V

3.2.3　塔筒

3.2.3.1　塔筒倾斜分析

塔筒晃度、不均匀沉降对风电机组的安全有至关重要的影响。使用固定倾斜仪分别测量塔筒顶部和混凝土基础 X、Y 轴的倾斜量。测斜仪用专用制具安装在塔筒壁和塔基的混凝土内侧面。安装成功后，读取测斜仪的原始值以监测塔筒、塔基的初始状态，在长期监测过程中，读取测斜仪的值与初始值做比较，反映塔筒、塔基的倾斜程度。塔筒测点位置表见表3-4。

表3-4　塔筒测点位置表

序号	监测位置	测点位置	传感器类型	传感器数量
1	塔筒	塔筒顶部	测斜仪	1个
2	塔基	塔基平面	测斜仪	1个

通过塔筒倾斜监测，能实现沉降、应变、倾斜的在线分析，为风电机组整体安全运行提供预警信号，防止因过大振动、倾斜、腐蚀等情况影响平台正常运行。塔筒倾斜分析示意图如图3-3所示。

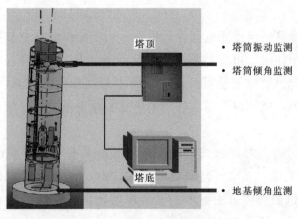

图3-3　塔筒倾斜分析示意图

3.2.3.2 塔筒振动分析

风机塔筒内传感器安装在三个关键特征部位，即塔筒底部、塔筒中部以及塔筒顶部。安装于上述三个部分是考虑到：① 塔筒底部的应力往往最大，属于易破坏的薄弱部位；② 塔筒顶部的位移最大，其最能直观反映结构静动力响应情况；③ 塔筒中部和底部、顶部数据可一起反映结构处风场和响应沿高度变化的总体趋势。

在塔筒底部和顶部均安装可测试水平向加速度、位移的装置各 1 套，在对称轴位置处沿高度向需布置应变传感器 4 套。在塔筒底部对称轴位置处沿高度向需布置应变传感器 4 套。加速度和位移传感器是直接测试塔筒静动力响应信号的装置，经数据处理后，其可反映塔筒的振动模态参数和响应大小。应变传感器数据可以直观反映薄弱部位的应力变化，可用于结构安全性评定。

上述各传感器的技术指标要求如下：加速度传感器要求为三轴向测试类型，测试精度需达到 $0.001g$，其测试频率范围为 $0 \sim 100\text{Hz}$；倾角传感器精度达到 $0.01°$，测量范围需达到 $\pm15°$；应变传感器可采用正弦式或光纤光栅式，其精度考虑达到 $1\mu\varepsilon$，其测试应变范围应在 $1500\mu\varepsilon$ 以上。$\mu\varepsilon$ 表示微应变，是应变的百万分之一。

3.2.3.3 塔筒环境分析

腐蚀是海上风电设备面临的最大问题。在风电场建设时期、风电机组停机检修时期，风电机组塔筒内部不是封闭的环境，其腐蚀性会增强；正常运行时，塔筒内部通常有除湿机与空调控制内部的环境条件，腐蚀较为轻微，但塔筒底部与海泥接触，会存在一定程度的微生物腐蚀及微生物代谢形成的硫化氢环境，硫化氢对钢构材料、电气设备造成严重威胁，且会对检修人员造成人身伤害。因此，实现塔筒环境腐蚀监测与管理十分必要。

具体做法是：将复合监测探头安装在风电机组塔筒内机舱和塔基各一面机柜内部→监测参数包括温度/湿度/气压/硫化氢、氯气及氯化氢含量/腐蚀速率等→无线通信→数据平台（腐蚀速率/腐蚀量/腐蚀等级/气体含量）→评价判定→状态报警及智能控制（新风系统的联动控制等）。

塔筒环境腐蚀监测系统采用电偶探针原理，用于监测金属材料在海洋环境中的腐蚀速率、腐蚀等级，同时还可以监测环境参数（如温度、湿度），实时显示精确度较高的腐蚀状态并报警。监测传感器及监测设备本身的稳定性较高，能够准确、连续、及时地提供监测数据，能够在严酷的环境中可靠、稳定地工作。塔筒环境腐蚀监测仪参数见表 3 - 5。

环境腐蚀在线分析与管理系统由腐蚀在线分析系统、监测数据传输系统、腐蚀数据分析评估系统组成。其可对监测数据实施定时访问，能将所有监测数据自动存储到数据库中，并以图形或者表格形式显示现场数据，在数据异常时通过监测软件报警。

表 3-5　塔筒环境腐蚀监测仪参数

探头类型	电 偶 探 针
感应电流/mA	<10
定时测量间隔/h	1~24（可设置）
响应时间/s	<0.1
防护等级	IP65
探头寿命/年	2~3（探头可更换）
测试精度	0~5nA/50nA/500nA/5μA/50μA/500μA/5mA/10mA（自动跳挡）
工作电压/V	12
分辨率/nA	0.1
本地数据存储	TF卡存储数据（8Gbit）
重复精度	±3%
零点漂移/(nA/年)	±1
使用环境	温度−40~100℃，相对湿度80%以下
仪器连续工作时间/年	≥2

（1）腐蚀在线分析系统。腐蚀监测使用的传感器可安装在海上风电机组塔筒内的二次设备上，监测数据可包括温度、湿度、腐蚀等级、腐蚀速率等参数。

（2）监测数据传输系统。监测数据传输系统采用无线网络或有线网络传输技术进行腐蚀数据传输。

（3）腐蚀数据分析评估系统。腐蚀数据分析评估系统主要实现的功能包括腐蚀数据实时数据显示、腐蚀历史趋势曲线显示、数据管理。后台可进行报警设限。监测数据通过无线/有线传输汇集到远程数据处理中心，经过权威评估模型自动进行分析评估处理（腐蚀速率/腐蚀量/腐蚀等级），可进行状态报警。

3.2.4　基础

3.2.4.1　不均匀沉降分析

风电机组的重量使地基载荷扰动，会引起基础沉降。轻微的地基不均匀沉降将使风电机组产生较大的水平偏差，在机舱、桨叶风力等荷载作用下，会产生较大偏心弯矩，从而使之前在水平方向未能保持平整度的风电机组更加倾斜，给风电机组运行带来了较大的安全隐患。

工程上对风电机组基础的沉降监测一般采用水准测量法，水准测量作为建筑物沉降观测的一种常用方法，是利用水准仪进行基准点和沉降监测点的高程测量，根据沉降监测点各周期的高程变化，分析沉降变形情况。

在风电机组基础上预设观测点，沉降观测点根据风电机组基础的形状、结构、地质条件、桩形等因素综合考虑布设，布设在最能敏感反映建筑物沉降变化的地点。一

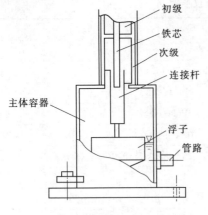

图 3-4 静力水准仪结构图

一般布设在风电机组基础最大外圈、差异沉降量大的位置、地质条件有明显不同的区段。埋设的观测点与风电机组基础进行牢固联接，以使观测点的变化能够真正反映基础的变化情况。水准点可利用已有的、稳定性好的预埋点，水准点必须经过校验是稳定的，利用水准测量观测点与水准点之间的高程差，判断风电机组基础是否发生沉降，观测点、水准点需要保证不受到环境条件及人为损坏。静力水准仪结构图如图 3-4 所示。

静力水准仪是依据连通管的原理，用差动变压器式传感器，测量每个测点容器内液面的相对变化，再通过计算求得各点相对于基点的相对沉陷量。静力水准仪测量原理图如图 3-5 所示。

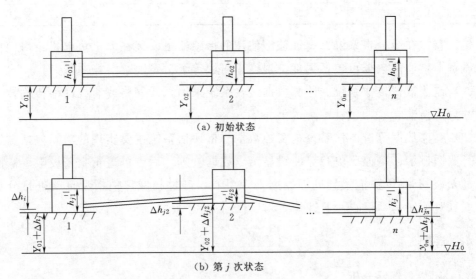

(a) 初始状态

(b) 第 j 次状态

图 3-5 静力水准仪测量原理图

设共布设有 n 个测点，1 号点为相对基准点，初始状态时各测量安装高程相对于参考（基准）高程面 ∇H_0 间的距离为 Y_{01}、Y_{02}、$\cdots$、Y_{0i}、$\cdots$、Y_{0n}（i 为测点代号，$i=0, 1, \cdots, n$）；各测点安装高程与液面间的距离则为 h_{01}、h_{02}、h_{0i}、$\cdots$、h_{0n}；各测点安装高程与液面间的距离为 h_{01}、h_{02}、h_{0i}、$\cdots$、h_{0n}，其有

$$Y_{01}+h_{01}=Y_{02}+h_{02}=\cdots=Y_{0i}+h_{0i}=Y_{0n}+h_{0n} \tag{3-1}$$

当发生不均匀沉陷后，设各测点安装高程相对于参考（基准）高程面 H_0 的变化量为 Δh_{j1}、Δh_{j2}、$\cdots$、Δh_{ji}、$\cdots$、Δh_{jn}（j 为测次代号，$j=1, 2, 3, \cdots$）；各测点容器内液面相对于安装高程的距离为 h_{j1}、h_{j2}、$\cdots$、h_{ji}、$\cdots$、h_{jn}。

由图 3-5 可得

$$(Y_{01} + \Delta h_{j1}) + h_{j1} = (Y_{02} + \Delta h_{j2}) + h_{j2} = (Y_{0i} + \Delta h_{ji}) + h_{ji} = (Y_{0n} + \Delta h_{jn}) + h_{jn}$$

$$(3-2)$$

则 j 次测量 i 点相对于基准点 1 的相对沉陷量 H_{i1} 为

$$H_{i1} = \Delta h_{ji} - \Delta h_{j1} \qquad (3-3)$$

由式（3-3）可得

$$\Delta h_{j1} - \Delta h_{ji} = (Y_{0i} + \Delta h_{ji}) - (Y_{01} + \Delta h_{j1}) = (Y_{0i} - Y_{01}) + (h_{ji} - h_{j1}) \qquad (3-4)$$

由式（3-4）可得

$$(Y_{0i} - Y_{01}) = -(h_{0i} + h_{01}) \qquad (3-5)$$

将式（3-5）代入式（3-4）得

$$H_{i1} = (h_{ji} - h_{j1}) - (h_{0i} + h_{01}) \qquad (3-6)$$

即只要用静力水准仪测得任意时刻各测点容器内液面相对于该点安装高程的距离 h_{ji}（含 h_{j1} 及首次的 h_{0i}），则可求得该时刻各点相对于基准点 1 的相对高程差。如把任意点 g（$g = 1, 2, \cdots, i, \cdots, n$）作为相对基准点，将 f 作为参考测次，则按式（3-6）同样可求出任意测点相对 g 测点（以 f 测次为基准值）的相对高程差，即

$$H_{ig} = (h_{ij} - h_{ig}) - (h_{fj} - h_{fg}) \qquad (3-7)$$

仪器由主体容器、连通管、差动变压器式传感器等组成。当仪器主体安装墩发生高程变化时，主体容器相对于液面产生位置变化，引起装有铁芯的浮子与固定在容器顶的两组线圈间的相对位置发生变化，通过测量装置测出电压的变化即可计算得到测点的相对沉陷。

海上风电机组基础的不均匀沉降传感器技术性能要求见表 3-6。

表 3-6　不均匀沉降传感器技术性能要求

指　标	内　容	指　标	内　容
测量范围	0～20cm 或 50cm	工作温度	−40～80℃
精确度	±0.1%F.S	输出信号	4～20mA 或 0～5V 或 RS485
传感器类型	静态型		

3.2.4.2　振动监测

海上风电机组基础一旦出现强迫振动，且外荷载的频率与结构任一自振频率相同时，位移幅值会无限大，即出现共振现象。当外荷载的频率与结构的自振频率接近时，会造成基础乃至整个风电机组的位移和变形。风电机组在海上工作时，受到风、波浪、海流和地震等多种动力荷载的作用，其中以波浪荷载最为重要。在波浪动力荷载作用下，整个振动体系由外力（波浪）、结构（桩）和周围介质（土）三者相互作用构成。在波浪力作用下泥面冲刷深度、土参数、波浪入射频率都会对基础本身

的内力、振动响应造成影响。在海上风电场的工程设计中，需要对振动风险和主要问题加以重视，并设计应对方案，尽量避免问题的发生。

3.2.4.3　倾斜监测

基础在平面上不均匀沉降，使得基础产生倾斜。风电机组基础的允许倾斜率一般由风电机组制造商确定，以保证风电机组的运行状况及发电功率。

工程上对风电机组基础的倾斜监测一般通过使用固定倾斜仪测量风电机组塔底基础面 X、Y 轴的倾斜量。安装成功后，读取测斜仪的原始值作为监测塔基的初始状态。在长期监测过程中，读取测斜仪的值与初始值做比较，从而反映出塔基的不均匀沉降程度，当倾角超出限值时报警。

3.2.4.4　腐蚀监测

风电机组基础多为钢结构，为了减缓由腐蚀导致的钢结构寿命的降低速度，一般采取防腐涂层、阴极保护（牺牲阳极法）作为主要防腐措施。根据水位和波浪条件，将风电机组基础和海上升压站基础分为大气区、浪溅区、水位变动区、水下区和泥下区，根据不同区域的实际环境条件进行不同的防腐蚀设计。一般大气区采用涂层防护，浪溅区和水位变动区一般采用重防腐涂层或金属热喷涂层加封闭涂层保护，水下区一般采用阴极保护；泥下区一般采用阴极保护和涂层联合保护。

根据《港工设施牺牲阳极保护设计和安装》（GJB 156A—2008）规范要求，安装牺牲阳极后，应定期测量保护电位，至少每半年测量一次，收集电位变化数据，掌握钢结构基础的防腐情况。

目前海上风电场均为人工检测，检测工作量大、周期长，很难在第一时间发现问题，尤其是海水、海泥以下的阴极保护系统和风电机组基础的腐蚀隐患，安全风险高。为降低设备及人员安全风险，实时监测保护电位，配置阴极保护在线分析系统十分必要。

1. 系统的基本要求

（1）阴极保护在线分析设备能适应所处的环境，保护壳应有很好的绝缘密封性，应能抵御海水、盐雾、雨水、紫外线和海洋腐蚀介质的侵蚀，测量导线和仪器的连接点应绝缘密封。

（2）牺牲阳极阴极保护电位在线分析系统能测量并显示钢结构的保护电位、电源设备的输出电流和输出电压等参数，当保护电位超出标准要求的电位范围时，系统发出报警；监测系统应能对长期的监测数据进行规律分析，并给出相应预测。

（3）阴极保护电位在线分析系统的参比电极的设计和布点，应能覆盖监测钢管桩不同水位，即从牺牲阳极电位到设计低潮位、设计高潮位等不同位置的阴极保护电位值，同时实现每台风电机组钢管桩周向两个不同垂直位置的数据获取。

（4）阴极保护电位在线分析系统能够实现监测数据的自动化收集、传输、通信和数据处理，远程监控数据可以反映不同点位的电位情况并进行图形分析。

2. 系统构成

阴极保护在线分析系统的主要设备构成有参比电极、电位变送器、通信设备、服务器和在线分析主控平台。根据牺牲阳极块的布置情况，将参比电极布置在钢结构基础的不同水位处，采集保护电位参数，经电位变送器进行数模转换和电气隔离处理后输出电位数据；电位数据可经光纤或无线网络通信方式上传至风电场监控中心；在监控中心的在线分析主控平台上，可用阴极保护在线分析系统软件处理实时电位信息，通过检测参比电极电位是否处于合理的保护电位范围，来判断被保护结构的状态，当电位超出限定值时，发出报警信号；阴极保护在线分析系统软件还具有生成电位趋势图的功能，帮助运维人员全面掌握钢结构基础的防腐情况。

3. 腐蚀监测点选择

阴极保护电位在线分析主要是对钢管桩组不同部位的保护电位与电流值进行监测，根据需求选择监测点和仪器数量。

参比电极组技术要求：用于测量水下钢结构阴极保护电位的参比装置，为适应海洋环境中长寿命的使用要求，应采用在海洋环境中寿命较长，性能良好的 Ag/AgCl 参比电极或高纯锌参比电极，可以稳定、精确地采集阴极保护数据。

参比电极套装包括参比电极、参比电极引出线、外部保护装置。针对每套参比电极的安装位置、安装高度，施工前需进行详细设计并出图，以确保采集的阴极保护电位数据具有代表性。

参比电极将采用支架和螺栓连接的方式进行安装，其位置应根据牺牲阳极的布置图，在钢管桩距离水面不同高度进行设置，其主要的技术参数如下：

（1）参比电极的布置方向沿每台风电机组塔筒圆周0°、180°方向径向布置，共实现6个测试点数据。对于每座海上升压站导管架的2根主腿进行阴极保护电位监测，共实现6个测试点数据。

（2）参比电极类型可采用 Ag/AgCl 参比电极或高纯锌。

（3）耐压等级大于 0.5MPa。

（4）工作温度为 -10~50℃。

阴极保护电位监测系统图如图 3-6 所示。

4. 阴极保护电位采集仪技术要求

阴极保护电位采集仪用于采集阴极保护电位与电流，对牺牲阳极的运行状态进行实时监控。阴极保护电位监测传感器技术性能要求见表 3-7。

3.2.5 桨叶

桨叶诊断系统主要由传感器、轮毂数据采集设备、轮毂与机舱的通信模块、机舱数据处理单元组成，桨叶诊断系统结构如图 3-7 所示。

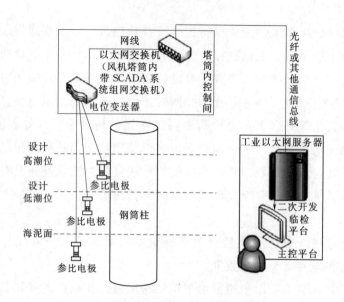

图 3 - 6 阴极保护电位监测系统图

表 3 - 7 海上风电机组阴极保护电位监测传感器技术性能要求

测量通道数	8 路（8 路差分电位）	实时误差	±1min/年（自带电池）
数据分辨率	AD 24bit	壳体材质	316 不锈钢材质
最小输出阻抗	10MΩ	电流测量范围	−2～2A
最大测量电位范围	−2.5～2.5V	最小电流分辨率	1mA
电位分辨率	1mV	波特率	115200bit/s
通信协议	隔离型 RS232	功耗	＜10W
电源	直流 12V 或交流 220V		

图 3 - 7 桨叶诊断系统结构

风电机组桨叶状态监诊断测系统采集安装于 3 个桨叶上的加速度传感器、桨叶环境温度传感器 3～6 个月的正常运行数据，轮毂与机舱通信模块将采集到的传感器数据传输给安装于机舱内的数据处理单元，数据处理单元对传感器数据进行处理，提取数据的特征值，通过人工智能预学习建立桨叶正常运行时的振动模型。通过对 3 个桨叶特征值的对比及单个桨叶历史特征值与当前特征值的对比分析，实时监测桨叶状态，尽早发现桨叶异常。

桨叶诊断系统，接收风电机组主控系统提供的以下数据用于滤除背景噪声：风速（分辨率 1Hz）、有功功率（分辨率 1Hz）、发电机或转子速度（分辨率 1Hz）、变桨角（分辨率 1Hz）。

桨叶诊断系统，至少能实现如下功能：

（1）损伤监测：桨叶前后缘开裂、分层，翼梁和襟带分离，外壳外层解体，尖端开裂（如雷击后的损伤）。

（2）运行异常：主要振动中的共振，桨叶内部、外部和轮毂内部的部件松动，不平衡探测，桨距角误差，（噪声）音调，桨叶动态过载。

（3）通信：数字接口（以太网）连接风电机组辅控系统。在危险情况下触发自动停机（如损伤、覆冰等事件）。

（4）桨叶检测系统应从多个维度提取桨叶振动的特征，如频率点偏移、单个频率的能量、整个频谱分析等，并能提供多个维度的趋势图，从多个维度分析桨叶特性的变化。

3.2.6　螺栓载荷

塔架是风电机组重要的承载部件之一，而塔架法兰连接系统又是连接机舱底座和各段塔架的重要部件，因此连接的可靠性和安全性对整个风电机组的正常运行至关重要。工程实践中，它可以同时监测不同法兰面螺栓的应力，通过分析螺栓工作载荷和应力幅值的变化，可以直接确定当前螺栓的工作状态，还可以间接计算螺栓所在法兰面的工作状态。

常见的螺栓预紧力的在线分析方法是：通过超声波检测器实时检测螺栓的长度，根据螺栓长度的变化，通过电信号传递到主控系统，用电信号换算出螺栓的预紧力，实现螺栓载荷在线分析。

螺栓在自由状态下，螺栓内部不存在预紧力；而在紧固状态下，由于预紧力的作用，螺栓将发生形变，因此此时螺栓的变形量为 ΔL，螺栓监测系统依据 ΔL 与预紧力 F 之间的数学关系，计算得到

$$F=\frac{ES\Delta L}{L} \tag{3-8}$$

式中　F——螺栓的预紧力；

　　　E——螺栓材质的弹性模量；

　　　S——螺栓截面积；

　　　ΔL——螺栓的变形量；

　　　L——螺栓副的装夹长度。

根据式（3-8），螺栓监测系统依据 ΔL 计算得到当前智能螺栓的预紧力 F。

螺栓监测系统发射和接收超声波脉冲电信号，测量并计算发射和回波电信号之间的时间差。螺栓在自由状态下，发射和接收电信号之间的时间差为 T_0，螺栓在紧固状态下，发射和接收电信号之间的时间差为 T_1，由此依据电信号收发时间差与螺栓变形量的关系，得到螺栓的变形量为

$$\Delta L = 0.5(T_1 - T_0)v$$

式中　v——机械纵波在螺栓内的传播速度，最终由螺栓监测系统依据 ΔL 并结合
　　　　　式（3-8）得到当前状态下监测螺栓的预紧力。

3.3　升 压 站 诊 断

海上平台在运行过程中受到海水冲击、泥沙冲刷、腐蚀等影响，其结构安全性会降低，因此对海上升压站平台进行结构安全、电气设备诊断十分必要。

3.3.1　结构安全分析系统

海上升压站结构安全分析系统提供应力应变、结构振动、倾斜和地基不均匀沉降4 类功能监测模块，通过在线连续测量并存储主要结构件的关键安全参数，将数据通过已有辅控系统网络发送到系统服务器数据库中。系统提供多种专业界面图谱和报表，评估并判断海上升压站的结构响应是否在安全限值内，发现早期安全隐患及主要根源，避免倒塌等灾难性事故及恶性的不可逆结构问题出现，实现结构的安全保护。

海上升压站结构安全保护系统配置表见表 3-8。海上升压站结构安全保护系统配置图如图 3-8 所示。

表 3-8　海上升压站结构安全保护系统配置表

序号	传感器类型	安 装 位 置	传感器数量	单位
1	静力水准仪	在导管架顶部外挑平台上均匀设置 4 支静力水准仪，测量 4 根钢管桩相对高度差	4	支
2	加速度计（3 向）	在海上升压站上部组块三层平台的第一层和第三层各立柱（一层平台共 4 根立柱）上布置 1 支三向加速度计	8	支

续表

序号	传感器类型	安 装 位 置	传感器数量	单位
3	倾角仪（2向）	在桩头皇冠板附近，每根桩桩身外壁同一水平面、同一位置安装1支倾角仪	4	支
4	振弦式应变计	在桩头皇冠板附近，每根桩桩身外壁对称布置4支振弦式应变计	16	支

图 3-8　海上升压站结构安全保护系统配置图

8 支加速度计
4 支倾角仪
16 支振弦式应变计
4 支静力水准仪

3.3.1.1　系统结构及组成

静力水准仪、钢板计、倾角仪、加速度计（3向）均连接到数据采集设备，最终所有数据汇集至工控机，并通过光纤连接到陆上控制室系统内。传感器布置在监测对象上，数据采集设备和工控机安放于海上升压站上部平台的机房内，现场数据服务器和显示器位于陆上控制室。海上升压站结构安全分析系统网络拓扑图如图3-9所示。

3.3.1.2　主要监测仪器设备技术指标

1. 静力水准仪

量程：200mm。

精度：±0.1F.S。

2. 加速度计

量程：±1.5g。

频率响应：0.1～10Hz。

输出方式：数字式RS485接口。

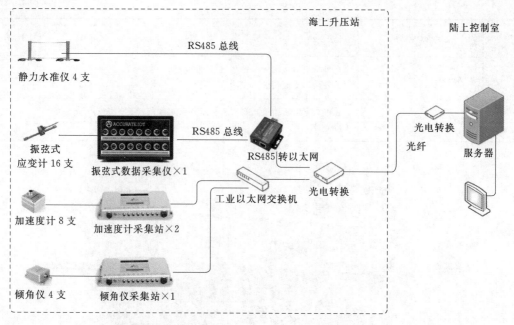

图 3-9 海上升压站结构安全分析系统网络拓扑图

3. 倾角仪

量程：±10°。

分辨率：0.005°。

输出方式：数字式 RS485 接口。

4. 振弦式应变计

精度：频率 0.1Hz。

时钟精度：1min/月。

存储空间：3Mbit。

输出：标准 RS232 输出。

工作温度：-40~80℃。

供电电压：交流 220V。

功率：20W。

3.3.2 电路板腐蚀诊断

在海上升压站继电器室保护柜内配置空气腐蚀传感器，内含两个微平衡传感器，一个镀铜，另一个镀银，用于测量由环境产生的腐蚀性薄膜，跟踪腐蚀峰值和趋势，以模拟继电器室电气二次盘柜内电路板或电子元器件损坏发生前的腐蚀程度，防止成本高昂的维修/停机时间。所有空气腐蚀传感器均借助光纤收发器连接到监控中心服务器。

测量腐蚀膜厚度并以埃（Å）记录。该测量方法直接对应于《过程测量和控制系统的环境条件：大气污染物》（*Environmental conditions for process measurement and control systems：airborne contaminants*）（ANSI/ISA 71.04—2013）。腐蚀膜厚度标准见表3-9。

表 3-9　腐蚀膜厚度标准

单位：Å/30 天

腐蚀严重级别	铜腐蚀	银腐蚀
G1-轻度	<300	<200
G2-中度	<1000	<1000
G3-严重	<2000	<2000
GX-特别严重	>2000	>2000

空气腐蚀监测仪基于《金属与合金的腐蚀-大气腐蚀性-分类、测定和评价》（*Corrosion of mentals and alloys-corrosivity of atmosphere-classification，determination and estimation*）（ISO 9223：2012）设计，专用于监测金属材料（Cu、Fe、Sn、Ag 等）在空气中的腐蚀速率、腐蚀总量，同时还可以监测环境参数（如温度、湿度和大气压）。

空气监测仪采用薄膜式电阻栅格，结合恒流激励技术和高精度电桥原理，具有极高的金属减薄分辨率（10nm），应用差分补偿原理能自动补偿环境温度漂移，保证测量结果的稳定性和可靠性，适用于精密电子材料在空气中的在线腐蚀监测。空气腐蚀监测仪参数见表3-10。

表 3-10　空气腐蚀监测仪参数

参　数	数　值	参　数	数　值
探头膜厚及材料	10μm，Cu 箔	腐蚀减薄分辨率	10nm
温度误差及量程	±0.5℃；−40～60℃	相对湿度误差	±3%
大气压强误差	±0.5hPa	AD 分辨率	24bit，双通道同步采样
电源	内置 3.6V 电池	存储数据	约 50000 组
定时测量间隔	1～24h（可设置）	日历时钟误差	±1min
仪器体积	120mm×80mm×65mm	重量	约 410g
防护等级	IP45	使用环境	温度−30～60℃，相对湿度 80% 以下
探头寿命	1～2 年	仪器连续工作时间	≥2 年

监控中心采用 Client/Server（C/S）模式，传感器采用以太网结构，海上风电机组的空气腐蚀监测点通过以太网网口接入风电机组辅控系统的交换机。在后台计算机上登录服务器网站可进行数据处理、存档，腐蚀速率、腐蚀余量、温度、湿度、大气压强等物理量的时间曲线可显示在屏幕上，在数据异常时通过本地声光或者短消息报警。

3.4　海　缆　诊　断

海缆诊断系统是智慧海上风电场智能设备层的系统之一，它通过光纤分布式传感技术对海缆的温度、断点、扰动等状态进行实时连续的监测，对故障点进行定位，并结合船舶管理系统对附近船只进行预警和管理，以实现降低海缆故障率，提高海缆维护检修效率的目的。

3.4.1　海缆在线监测的意义

在海上风电场中，海缆是海上风电机组之间、海上风电机组与海上升压站（或换流站）之间或海上升压站（或换流站）与陆上开关站之间等的连接导体，海缆将若干台海上风电机组串联为一组，多个风电机组串组接入海上升压站升压后通过 1～2 回海缆送至陆上开关站。可见，海缆是海上风电场电能传输的关键部件，对海上风电场的运行起着至关重要的作用。

若风电机组串组海缆发生故障，可导致该串风电机组断电；若送出海缆故障，可导致全场失电。高压海缆在安装和运营过程中产生的事故是全球海上风电场遭遇高成本经济损失的最大原因。

以海底光电复合缆为例，导致故障的常见原因有：

（1）因潮汐、洋流及船舶抛锚等的作用，在复杂海域环境中的海缆常因受到外界因素或内部原因而受损。

（2）海底地理结构复杂，海底岩石突起等特殊地形地貌常造成海缆局部受力异常而导致海缆故障。

（3）海缆（特别是电缆上岸段和接头处）运行时由于传输功率变化、温度异常引起海缆运行异常及相关电力设备异常。

综上可知，海缆造价高、敷设环境特殊，海缆受损后维修及维护成本高、周期长，因此海缆工程是公认的复杂困难的大型项目。为确保海缆的安全运营，提高海缆故障巡查和定位的效率，降低海缆维修及维护的成本，采用高科技实时监测海缆的温度、应变状况非常有必要。

早期，业内普遍采用绝缘电阻法或示波器法监测海缆是否受损以及故障点距某一端的距离。其中绝缘电阻法是根据电缆绝缘情况查找故障相；示波器法是借助电缆故障测距仪读取故障点的波形及位置。但两种检测方式均只能对海缆自身运行状况进行检测，对海缆所在海域的复杂性及潮汐、洋流、锚害等外界因素所引起的故障无法监测。近年来，分布式光纤传感技术在海缆监测中逐步得到应用，德国 AP Sensing 传感公司采用分布式光纤温度传感系统结合电热分析技术监测电缆安全；德国 NOVA

公司采用分布式光纤温度应变测量设备监测海缆，成功应用到海南500kV跨海供电海缆的监测中。

3.4.2 海缆在线监测技术

海缆在线监测是通过光纤分布式传感技术实现的。光纤分布式传感技术通过在海缆中内置光纤线芯，监测海缆全长范围内温度和应变的变化，从而判断海缆是否受损以及周围环境是否发生变化，并对海缆异常进行报警和定位，保障海缆安全运行。

光纤分布式传感技术的原理为当激光脉冲在光纤中传输时，由于激光和光纤分子的相互物理作用，会产生三种散射光，即瑞利（rayleigh）散射光、拉曼（raman）散射光和布里渊（brillouin）散射光，如图3-10所示。

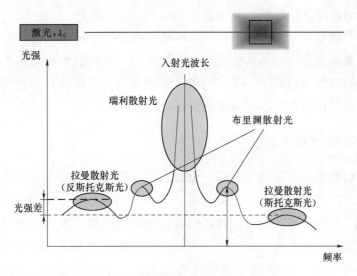

图3-10 激光在光纤中传输的三种散射

瑞利散射光对温度不敏感，拉曼散射光对温度敏感，布里渊散射光对光纤应变和温度同时敏感，因此拉曼散射和布里渊散射都可用来测量温度，布里渊散射还可用于测量应变。

基于瑞利散射光监测技术的仪器为光时域反射仪（optical time domain reflectometer，OTDR），基于拉曼散射光监测技术的仪器为拉曼光时域反射仪（raman optical time domain reflectometer，DTS），基于布里渊散射光监测技术的仪器可分为布里渊光时域反射仪（brillouin optical time domain reflectometer，BOTDR）和布里渊光时域分析仪（brillouin optical time domain analysis，BOTDA）。

几种散射的优缺点及应用场合见表3-11。

分布式光纤传感技术的性能指标包括测量距离、空间分辨率、测温重复性（多次测量后温度精度的偏差，越小越好）等。几种性能指标互相制约，测量距离越长，定

表 3 - 11　几种散射的优缺点及应用场合

名称	优　点	缺　点	检测对象	应用场合
OTDR	—	—	断点、损伤	Φ - OTDR 可被用于海缆扰动监测
DTS	较高测温精度，检测时间短，成本低	随着检测距离的增加，返回的布里渊光强会减弱，检测距离短（约 10km）	温度	可用于 35kV 阵列海缆监测（多模光纤）
BOTDR	测温精度和应变分辨率高，光纤断裂时可继续工作并定位断点	随着检测距离增加，返回的布里渊光强会减弱，检测时间长，检测距离中等	应变、温度	可用于 35kV 及 220kV 海缆监测（单模光纤）
BOTDA	信号强，测温精度和应变分辨率高，检测时间短，检测距离远	系统复杂，两端测量，不能测断点，成本较高	应变、温度	可用于 35kV 及 220kV 海缆监测（单模光纤）

位精度越低，测温重复性越高，几个指标无法同时做到最佳。

如果被测海缆较短（<60km），可在单侧采用 BOTDR 配置，海缆监测有较好的空间分辨率、测量重复性；如果被测海缆较长，为了优化长距离海缆的监测性能，可在长距离海缆的两端采用双 BOTDA 配置，利用 2 根光纤组成环路进行两端测量，并在监测后台整合优化两侧仪器的测量重复性。

3.4.3　海缆在线监测子系统

海缆在线监测系统主要部分为基于分布式光纤传感技术的海缆温度监测系统、扰动监测系统，并以海缆载流量实时监测系统、船舶自动识别系统（automatic identification system，AIS)、高频电台、高音喇叭和视频为辅助手段，将多系统、多条海缆的监测信息集成在一个平台，通过该平台可以方便地掌握各条海缆的监控信息，打造具有多功能、多业务、多信息、高效的海缆安全运营技术的综合型海缆在线监测系统。

（1）BOTDA 及 BOTDR 海缆温度监测系统。该监测系统通过对海缆温度的监测，及时发现电缆运行过程中出现的问题，具备高温度报警、温升速率报警、平均温度报警、系统故障报警、光纤断裂报警等功能，并能显示、记录测温数据、报警位置等信息；具有电缆载流能力评估功能，并能生成相应的负荷曲线（含实时负荷曲线和最大允许负荷曲线)，BOTDA 适用于 60km 以上的长距离海缆，需在海缆两侧配置；BOTDR 适用于中距离海缆，仅需在一端配置，但随着海缆长度增加，其精度会下降。

（2）Φ - OTDR 海缆扰动监测系统。该监测系统通过对海缆外部扰动进行实时监测，对海缆可能遭受的外力破坏（锚害、砾石磨损）进行预警及定位。

（3）以 AIS、高频电台、高音喇叭和视频为主的船舶交通管理系统。该系统通过 AIS 发现各种船只的运行状态，包括停航、低速运行、抛锚等，并通过风电场的视频监控系统实时显示监控区域的情况，以减少误报，实现海缆的 3D 立体监测，为使海缆免受抛锚危害提供有力的保证，同时系统根据海缆分布情况画出运行保护区域，当发现船只的行为满足报警条件时，进行报警并通知值班人员使其通过高频电台对船只喊话。

（4）GIS 系统。GIS 模块在陆地上使用谷歌地图，海上使用电子海图，能清楚地显示光缆敷设位置、走向，地图能够缩放。海图则包含了船只、海缆等的详细位置。光缆一旦发生故障，GIS 模块能通过监测系统精确显示故障的位置。

3.4.4 实施案例

某工程海上升压站拟采用无人值班方式运行，由陆上集控中心实现海上风电场的实时远程监控。该工程敷设 2 根三芯 220kV 海底光电复合缆至陆上集控中心，海上升压站至风电机组之间设置 12 回 35kV 海缆，单回 220kV 海缆长度在 30km 以内，单回 35kV 海缆长度在 10km 以内。

海缆在线综合监测系统的主要监测对象为风电场内 220kV 及 35kV 海底光电复合缆。系统主要构成如下：

1. 海缆温度在线监测装置

海缆温度在线监测装置用于监测 220kV 及 35kV 海缆的温度状态。监测系统由测量主机、探测激光器、泵浦激光器以及相应的软件等设备组成。对于中距离的 220kV 海缆，采用单台 BOTDR 装置设置于陆上集控中心，通过复合于 220kV 海缆中的单模光纤进行测温；对于短距离的 35kV 海缆，采用 DTS 装置设置于海上升压站，通过复合于 35kV 海缆中的多模光纤进行测温。

若经济条件允许，对于中长距离的 220kV 海缆，也可采用两台 BOTDA 分别设置于陆上集控中心和海上升压站，通过复合于海缆中的单模光纤进行测温。目前市面上也已有集成 BOTDA 和 BOTDR 的测温装置，可灵活切换两种模式使用。

2. 海缆扰动（振动）在线监测装置

由于海上风电场的风电机组区域标志明显，海缆主要的外力侵害发生在海上升压站送出部分。配置一套 Φ-OTDR 系统于陆上集控中心，用于监测本工程 220kV 海底光电复合缆的扰动/振动状态。监测系统由测量主机、探测激光器、泵浦激光器以及相应的软件等设备组成。

3. 船舶交通管理系统

船舶交通管理系统含 AIS、高频电台、高音喇叭等。高音喇叭及其功率放大器安装在海上升压站，其余装置安装在陆上集控中心。

4. 海缆在线监测平台及配套网络设备

在陆上集控中心配置海缆在线监测平台主机、服务器、交换机、软件等平台设备，在海上升压站配套交换机等网络设备。海缆在线监测平台设备清单见表 3-12。

表 3 – 12   海缆在线监测平台设备清单

序号	名 称	规 格	单位	数量
（一）		海缆温度监测主机系统		
1	DTS	通道数量需满足 35kV 集电海缆的回路数要求；基于 DTS 温度测量，用于 35kV 集电海缆。安装于海上升压站机柜	台	1
2	BOTDA、BOTDR	通道数量需满足 220kV 海缆的回路数要求；基于 BOTDA、BOTDR 温度测量，用于 220kV 海缆。安装于陆上集控中心机柜	台	1
3	温度分析系统软件	与主机配套	套	1
4	载流量分析系统软件	与主机配套	套	1
（二）		海缆扰动监测主机系统		
1	系统主机	通道数量需满足 220kV 海缆的回路数要求；基于 DAS 扰动测量，用于 220kV 海缆。安装于陆上集控中心机柜	台	1
2	扰动分析系统软件	与主机配套	套	1
（三）		船舶管理系统		
1	AIS 基站主机	安装于陆上集控中心机柜	台	1
2	天线及配件	安装于陆上集控中心机柜	套	1
3	助航 AIS 台站	安装于陆上集控中心机柜	套	1
4	高频电台	安装于陆上集控中心机柜	套	1
5	高音喇叭	分别安装于海上升压站四个方位	套	1
6	功率放大器	安装于海上升压站机柜	套	1
（四）		海缆在线监测平台		
1	平台主机及网络设备	服务器、交换机安装于陆上集控中心机柜；主机安装于陆上集控中心集控室；另有交换机安装于海上升压站机柜	套	1
2	平台软件系统	—	套	1
3	机柜	陆上集控中心、海上升压站各一面机柜	面	2

3.5 机 器 换 人 智 能 巡 检

针对海上风电工程水域大、环境复杂、维护人员少的特点，可融合机器人、无人机等装置，结合物联网、远程图传、AI、射频识别、三维建模等多种先进技术，从管理、安防、节能、隐患排查等多维度对海上风电场工程现场进行动态监控及预警，摸索出一套海上风电场工程智能无人巡检的技术方案，有助于海上风电工程进行高效智慧管理。

3.5.1 机器人

在海上升压站 GIS 室、配电室等主要区域，构建"机器换人"的智能巡检机器人系统，可针对海上升压站内不同区域的地形特点及监控对象，制定不同的巡检路线与巡检方案，从而解决海上升压站维护人员管理、安防、节能、隐患排查等多方面的问题，实现规范进入人员行为、减小人工成本、降低运行人员工作强度、提前知晓设备安全隐患、保证资源数据准确性等功能。

智能巡检机器人携带人机交互模块、可见光相机、红外相机、局部放电传感器、拾音器等设备，实时监测区域内的电气设备，实现设备状态的智能感知、带电检测和环境监测，有效降低高危区域人员作业强度，保障人员生命安全；有效防止设备"过维护"和"欠维护"，提高设备巡检的覆盖率、准确率及工作效率，减少设备的故障发生率，提高设备可靠性。

各区域巡检机器人不仅将监测到的实时数据传递至智能一体化数据平台，也通过各区域内的智能设备联动系统，将机器人采集到的环境信息与区域内的风电机组、空调、水泵、门禁等联动，实现异常状况的快速响应与自动处理，有效消除信息孤岛，提升生产运行、统筹管控能力；实现设备状态数据的远程实时共享、分析、诊断和故障预警，助力智慧决策和智慧海上风电场全面发展。智能巡检机器人运行方式示意图如图 3-11 所示。

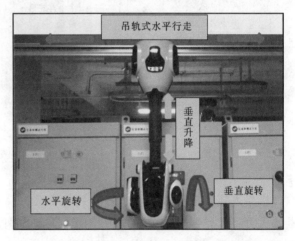

图 3-11　智能巡检机器人运行方式示意图

3.5.1.1　智能巡检机器人服务架构

智能巡检机器人服务构架主要分为如下部分：

（1）机器人。机器人包括机器人硬件、电机、嵌入式控制程序、外部设备等。

（2）应用程序。应用程序内置于机器人中，主要用于控制机器人、配置机器人相关策略及运行参数、设置巡检路线及巡检定时任务、输出日志和巡检报告、输出告警以及接入外部系统，并且对收集到的巡检数据做初步处理，将其预处理数据上报到云服务平台和客户第三方平台。

（3）云服务平台。云服务平台是部署在云服务器上的物联网服务，通过 HTTP 接口或 TCP/IP 协议等，将机器人的相关信息收集起来做进一步处理，对机器人进行管理和实时控制；生成并展示机器人的告警信息。机器人服务架构图如图 3-12 所示。

3.5.1.2　智能巡检机器人功能

1. 机器人定期例行巡检

机器人具有巡检功能。人工设置巡检路线及巡检时间并可以自动或手动启动巡

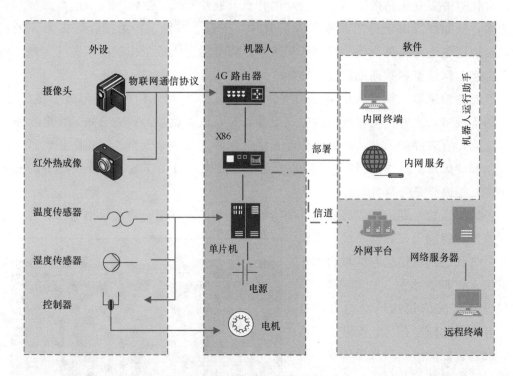

图 3-12 机器人服务架构图

检。机器人根据巡检路线运行，每到一个巡检点，将会依次执行为其设定的任务，如摄像头可见光拍照、红外热成像拍照、人脸识别、人体识别、声音异常识别、物资盘点、温度分析、危险事件分析等任务。

2. 巡检图片数据 AI 分析

拍摄照片及视频是机器人最核心的技能。通过可见光拍照、红外热成像来获取环境温度，并通过机器人进行实时视频，结合 AI 分析技术，可获取需要的分析数据。

巡检图片数据 AI 分析的相关功能还包括人脸识别、人体识别、仪表识别、其他异常行为识别等。

3. 海上升压站远程监视

机器人将拍摄到的照片和视频传输至云平台，运行人员可远程监视海上升压站内部工况。

4. 自动随工监视

机器人身上具有边缘计算能力，可对现场实时情况进行监听，发现运动物体可以开展随工监视，直至可疑目标离开现场。

5. 异常、灾害、定制规则的告警

机器人在巡检或待机的时候，如果发现异常情况，将会给予明显的告警提示，包括机器人语音告警、云平台摄像头告警和短信推送告警等多种告警提示方式。

对于现场可处理的情况，将会采用语言告警。如果发现火点、温度过高、有人入侵等异常行为，机器人会发出相应的语音警告。

在发现异常情况的同时，会通过远程接口将异常情况推送到云平台。云平台根据告警的紧急情况选择是否向相关人员发送短信告警。

6. 物资设备清点

通过为物资贴上射频识别标签，可以由机器人对在场的所有物资进行清点。

7. 数据处理

在机器人设备采集到原始数据后，对数据进行初步的基础处理。处理结束后，通过外网将数据推送到云平台，做进一步处理及展示。

3.5.2 无人机

利用无人机航测，可以对风电机组桨叶进行无人机全自动巡检，实现风电机组桨叶巡检的自动化、智能化整体解决方案；并且通过将无人机采集到的信息进行三维可视化表达，更直观地展示海上风电场的实际情况，辅助海上风电场运维人员快速有效管控现场。

通过在海上平台部署自动机场与无人机，可实现风电机组巡检全流程的自动化。风电机组桨叶无人机全自动巡检系统拓扑图如图 3-13 所示。海上风电场自动机场布设和规划方案如图 3-14 所示。

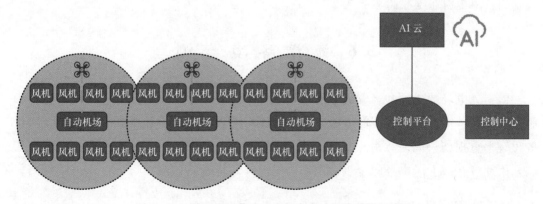

图 3-13　风电机组桨叶无人机全自动巡检系统拓扑图

风电机组桨叶无人机全自动巡检系统架构包括以下部分：

（1）自动机场。自动机场实现无人机的自动释放与回收，在此对无人机进行换电池与充电操作。

（2）无人机。无人机搭载可变焦摄像头与激光雷达，进行风电机组全自主路径规划与图像拍摄。

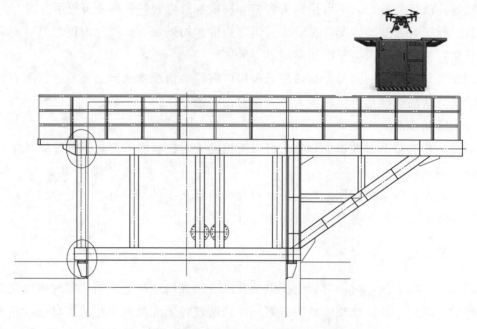

图 3-14 海上风电场自动机场布设和规划方案

（3）后端管控中心。后端管控中心自动巡检系统运行中枢，调度无人机与机场，可获得无人机实时视频。

（4）AI识别与后处理系统。AI识别与后处理系统通过深度学习进行故障检测，自动出具风电机组巡检检测报告。

3.6 海 洋 环 境 监 测

海上风电场的建设和运营面临的环境条件十分复杂，海上升压站、风电机组等面临着风、浪、流等多重载荷的考验，极端海况可能造成海上升压站、风电机组及海缆等出现严重损伤。同时，海上风电场的建设和运营也可能会对海洋环境造成不利影响，因此应在海上风电场的全生命周期内对海洋环境进行监测。

3.6.1 监测项目分类

3.6.1.1 根据《海洋观测规范》划分

根据《海洋观测规范 第1部分：总则》（GB/T 14914.1—2018），海洋观测应包括以下项目：

（1）海洋水文观测项目：潮汐、海浪、海流、海冰、海水温度、盐度、深度。

（2）海洋气象观测项目：风、气压、气温、相对湿度、降水量、海面有效能见度、云、雾、天气现象。

（3）海洋其他观测项目：海发光、水色、噪声、辐照度、海面照度、海面高度等。

在具体观测工作中，应根据观测目的和工作任务确定具体观测项目。

3.6.1.2 根据《海洋监测规范》划分

根据《海洋监测规范 第 1 部分：总则》（GB 17378.1—2007）进行划分。

1. 海洋环境质量监测要素

海洋环境质量监测要素主要包括以下内容：

（1）海洋水文气象基本参数。

（2）水中重要理化参数、营养盐类、有害有毒物质。

（3）沉积物中有关理化参数和有害有毒物质。

（4）生物体中有关生物学参数、生物残留物及生态学参数。

（5）大气理化参数。

（6）放射性核素。

2. 项目选定原则

除必测项目外，其他项目的选定原则包括以下内容：

（1）基线调查应是多介质的且项目要尽量取全。

（2）常规监测应选基线调查中得出的对海域环境质量监测敏感的项目。

（3）定点监测参数为海水的 pH 值、浑浊度、溶解氧、化学需氧量、营养盐类等，沉积物的粒度、有机质、氧化还原电位，浮游生物的体长、重量、年龄、性腺成熟度等。

（4）应急监测和专项调查酌情自定。

3.6.1.3 根据《海上风电场风能资源测量及海洋水文观测规范》划分

根据《海上风电场风能资源测量及海洋水文观测规范》（NB/T 31029—2012）进行划分。

1. 风资源测量

海上风电场应进行长期风资源测量，观测位置应具有代表性，观测持续时间应不少于两年，主要观测要素包括风速、风向、温度及气压等。全潮水文观测期间应进行短期风速、风向测量，测量位置根据水文测验要求确定。

2. 海洋水文观测

海洋水文观测要素主要包括水位、海浪、海流、含沙量、水温、盐度、海冰、水深、底质、风速、风向等。每次调查的具体观测要素根据任务要求而定。

3.6.1.4 根据监测目的划分

根据监测的目的划分，海上风电场海洋环境监测可分为以下类型：

（1）获取风、浪、流等海洋基础数据，为海上风电场建设提供基础支撑。

（2）获取水下地形冲刷、波浪及海冰对结构的作用力等方面的数据，为海上升压站、风电机组的安全评估提供实测资料。

（3）获取海洋水质环境、沉积物等方面的数据，为评判海上风电场对海洋生态环境的影响提供依据。

海上风电场海洋环境监测项目统计表见表 3-13。

表 3-13 海上风电场海洋环境监测项目统计表

序号	监测对象	监测项目
1	海洋气象	风速、风向、空气温度、相对湿度、气压、降水量
2	海洋水文	水位、水深、水温、盐度、海浪、海流、海冰
3	海底地形地貌	水下地形冲刷
4	海洋生态环境	海水的 pH 值、浑浊度、溶解氧、化学需氧量、营养盐类、含沙量、海洋底质、浮游生物、其他敏感项目

3.6.2 监测方式

（1）海洋气象监测方式有定时观测、定点连续观测、走航观测和高空气象探测等，可根据监测目的与客观条件，采用以上监测方式的一种或多种。

（2）海洋水文监测方式有连续观测、同步观测、大面观测、断面观测、走航观测等。日常监测时可根据监测目的与客观条件，采用以上监测方式的一种或多种。其中：①连续观测是在调查海区有代表性的测点上，连续进行 25h 以上的海洋观测；②同步观测是在调查海区若干站点上同时进行的相同海洋环境要素的观测；③大面观测是在调查海区布设的若干观测点上进行的船到站即测即走的观测；④断面观测中，在调查海区一水平直线上设计多个观测点，由观测点的垂线所构成的面称为断面，在此断面站点上进行的海洋观测被称为断面观测；⑤走航观测是根据预先设计的航线，使用单船或多船携带走航式传感器采集观测要素数据的观测。

（3）海底地形地貌监测主要是定期测量水下地形，以检查海上升压站、风电机组及海缆周边是否存在海床冲刷等不利现象。

（4）按照观测载体的类型，海洋生态环境监测可分为海滨监测、浮标潜标监测、雷达监测、卫星遥感监测四种。其中：①海滨监测是指在沿岸、岛屿、平台上设置的海洋观测站（点）上开展的海洋环境要素监测；②浮标潜标监测主要是指以锚系浮标、漂流浮标、潜标和海床基观测系统为载体开展的海洋环境要素监测；③雷达监测主要是指利用雷达系统开展的海洋环境要素监测；④卫星遥感监测主要是指从人造地球卫星上用遥感器感测来自海洋要素的信号，以及监视、分析和研究海洋环境等要素的监测方法。

3.6.2.1 海洋气象监测

海洋气象环境监测项目主要有风速、风向、空气温度、相对湿度、气压、降水量。一般在风电场建设前，根据相关规范要求建造测风塔，在测风塔上安装相关传感器进行海洋气象的观测；在风电场建成后，在海上升压站和风电机组上安装相关传感器，进行海洋气象的观测。

1. 测风塔

测风塔应根据相关规范的要求设置，并进行有关监测项目的测量。根据 NB/T 31029—2012，测风塔应具有代表性，单个风电场的测风塔不少于 1 座，具体数量依据风电场场址、形状和范围确定，测风塔的测量高度应高于预装风电机组轮毂高度，风电场范围内应至少有 1 座测风塔的测量高度不低于 100m。

典型海上测风塔如图 3-15 所示。

图 3-15　典型海上测风塔

测风塔及设备的安装要求如下：

（1）海上测风塔的结构可选择桁架型或其他不同型式，在现场环境下应结构稳定、风振动小，并具备防海水、盐雾腐蚀，防雷电，防热带气旋的措施。测风塔应方便海上交通工具停靠和人员攀登，并配备明显的安全标志。

（2）海上测风塔应满足航海、航空警示要求。

（3）风速、风向传感器应固定在从测风塔水平伸出的支架上，应根据区域风况特征及当地盛行风向，确定支架的朝向。

（4）同高度两套传感器支架的夹角宜为 90°，具体应根据当地风资源状况和测风塔的结构型式确定。

（5）为减小测风塔的"塔影效应"对传感器的影响，传感器与塔身的距离为桁架式结构测风塔直径的 3 倍以上、圆管型结构测风塔直径的 6 倍以上。

（6）风向标应根据当地磁北方向进行安装，并按照磁偏角进行修正。

（7）数据采集盒应固定在测风塔上，或者安装在现场临时建筑物内；安装盒应防波浪、防雨水、防冰冻、防雷暴、防腐蚀；数据传输应保证准确、及时。

（8）温度计及气压计可随测风塔安装，也可安装在海上平台的百叶箱内。

2. 海上升压站和风电机组上的气象站

海上升压站和风电机组上的气象站一般安装在顶部，海上升压站的气象站照片如图 3-16 所示。

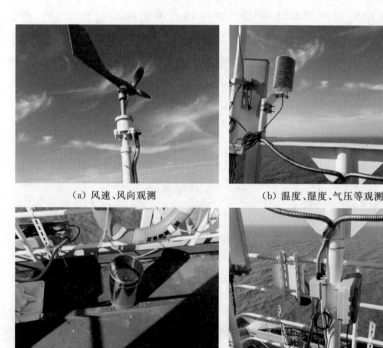

(a) 风速、风向观测　　　　　　　　(b) 温度、湿度、气压等观测

(c) 雨量观测　　　　　　　　(d) 数据采集设备

图 3-16　海上升压站的气象站照片

气象传感器安装位置应四周无障碍，不影响气象信息的采集；各传感器应与主体结构牢固连接。

3. 海洋气象监测用传感器

安装在海上升压站和风电机组上进行海洋气象监测的传感器应满足以下要求：

（1）风速传感器与风向传感器设备在现场安装前应经国家法定计量机构检验合格，在有效期内使用。

（2）风速传感器测量范围为 0~75m/s，分辨率为 0.1m/s，工作环境温度应满足当地气温条件。

（3）风向传感器测量范围为 0°~360°，精确度为 ±2.5°，工作环境温度应满足当地气温条件。

（4）温度计测量范围为 $-40\sim50℃$，精确度为 $\pm0.5℃$。

（5）气压计测量范围为 $60\sim108kPa$，精确度为 $\pm2\%$。

（6）相对湿度以百分率（%）表示，分辨率为 1%；海面至对流层顶精确度为 $\pm5\%$；对流层顶以上精确度为 $\pm10\%$。

（7）降水量以毫米（mm）为单位，分辨率为 0.1mm，当降水量不大于 10.0mm 时，精确度为 $\pm0.4mm$；当降水量大于 10.0mm 时，精确度为 $\pm4mm$。

（8）相关设备防护等级为 IP65。

当需要利用气象监测数据进行风功率预测时，宜采用激光测风雷达测量自由流风速。

4. 监测数据采集与整理

海洋气象监测用传感器应配置相应的数据采集器进行自动化采集、计算和记录，并应满足以下要求：

（1）数据采集器应具有相应监测项目的采集、计算和记录功能，具有在现场或远程室内下载数据的功能，能完整保存不低于 24 个月的采集数据量，能在现场工作环境温度下可靠运行。

（2）采集的有效数据完整率达到 90% 以上。

（3）所有的监测设备应按要求绘制设备安装示意图，标明各设备的具体安装方位，并记录现场的相关信息。

（4）所有设备应定期检查、维护，当设备出现问题时，应及时进行分析，研究提出解决的办法，并采取相应的措施进行检修。

（5）不得对原始数据进行任何的删改或增减，并及时对监测数据进行整理。

（6）定期对监测数据进行初步判断，判断数据是否在合理的范围内；判断测量参数连续变化的趋势是否合理。

（7）发现数据缺漏和失真时，应立即检查监测设备，及时进行设备检修或更换，并对缺漏和失真数据进行说明。

（8）监测设备检修、维护记录，应详细记录设备故障现象、故障原因、解决方法，并及时存档备查。

3.6.2.2 海洋水文监测

海洋水文监测项目主要有水位、水深、水温、盐度、海浪、海流、海冰等。应根据相关规范要求，在风电场内设置长期测站或短期测站。

1. 测站设置

（1）测站的布设和观测间隔的选取原则。

1）工程场区的测站布设应基于近期测绘的海床地形图进行，测图比例尺应不小于 1：50000。

2）所设测站的位置以及水文观测时段应具有代表性，使所测得的水文要素数据能够反映该要素的时空分布特征和变化规律。

3）所设测站应尽量包围海上风电场工程场区，重要水文断面应布置至少3个测站。

4）相邻两测站的站距应不大于所研究海洋水文要素空间尺度的一半；在所研究海洋水文要素的时间尺度内，每一测站的观测次数应不少于两次。如条件允许，应尽量缩小时空观测间隔。

各海洋水文要素测站数量及布设原则见表3-14。

表 3-14 各海洋水文要素测站数量及布设原则

观测要素	测站类型	数 量	布 设 原 则
水位	水位长期测站	总数应不少于2个；长期测站数量应不少于1个	①应能控制工程海域的潮汐变化情况；②相邻测站之间的距离应满足最大高潮位差不大于1m，最大潮时差不大于2h，且潮汐性质基本相同
	水位短期测站		
海浪	波浪长期测站	不少于1个	①对于开敞海域的近海风电场，测站宜布置在场区中央；②对于水深较浅、地形复杂的潮间带和潮下带滩涂风电场，测站宜布置在距工程场区较近，且对工程场区影响较大的常浪向（或强浪向）、水深较大及水面开阔的海域
水深、海流	全潮水文测站	不少于6个	①若工程场面积在100km²以内，则布置在场区内的测站数量应不少于6个；②若工程场区面积在100km²及以上，则场区面积每增加20km²，需相应增加1个测站
水温、盐度	全潮水文测站	不少于2个	选取代表性测站与海流同步观测
海冰	海冰测站	—	视工程海域海冰情况选择观测站点

注："—"表示测站数量应视具体测验项目确定，调查范围原则上应涵盖整个工程场区。

（2）各测站观测仪器的基本要求。

1）使用的观测仪器设备应经国家法定计量检定机构计量检定/校准/测试合格后方可使用。所使用的仪器设备应在检定有效期内。仪器设备应定期检查、维护保养，发生故障应及时排除或更换，并在观测记录簿备注栏注明。

2）自动观测仪器设备应性能可靠、测量准确、操作维护方便、结构坚固。

3）自动观测仪器设备应具有系统设置、数据记录、数据转换、数据通信单元和供电功能。

4）自动观测仪器设备测量准确度应满足各要素测量技术指标。

5）仪器的适用水深范围和测量范围应满足观测水深和所测要素的变化范围，同时还须满足对观测要素及其计算参数的准确度及时空连续性的要求。

6）选用的仪器应适于所采用的承载工具和观测方式。

2．水位监测

（1）测站设置。

1）水位测站分为长期测站和短期测站，测站总数应不少于2个，长期测站数量应不少于1个。水位测站布设密度应能控制工程海域的潮汐变化情况，相邻测站之间的距离应满足最大高潮位差不大于1m，最大潮时差不大于2h，且潮汐性质基本相同。对潮时差和潮高变化较大的海区，需相应增设短期潮位站。

2）水位测站应选择在与外海畅通、水流平稳、不易淤积、波浪影响较小的海域；应避开冲刷严重、易拥塌的海岸；在理论最低潮时，水深应大于1m；尽可能利用岛礁及海上测风塔、栈桥等海上建筑物。

3）对于多场区风电场工程，每个场区内均应有不少于1个代表测站。若场区内不宜设站，应在距场区较近，且潮汐特性基本相同的地方设站。

（2）技术指标。

1）观测要素。水位观测需测的要素如下：①总压强，其是气压与水压的总和，由水位计的压力传感器测得，单位为kPa；②现场水温，由水位计的温度传感器测得，单位为℃；③现场气压，由自记气压表测得，单位为kPa。

2）水位测量的准确度。水位测量的准确度规定为三级：一级为±0.01m；二级为±0.05m；三级为±0.10m。海上风电场项目水位测量的准确度应达到二级。

3）观测方法、设备。海上风电场中水位可采用压力式和声学式等水位计进行观测。

3. 水深监测

水深测量包括现场水深和仪器沉放深度的测量：

（1）水深以米为单位。记录取一位小数，准确度为±2%。

（2）大面或断面测站，船到站测量一次；连续测站，每小时测量一次。

（3）现场水深测量采用回声测深仪。如条件不具备或水深较浅，可采用钢丝绳测深法。

（4）钢丝绳测深时，若钢丝绳倾斜，应用偏角器量取钢丝绳倾角。倾角超过10°时，应进行钢丝绳的倾角订正。倾角较大时，应加大铅锤质量或利用其他方法使倾角尽量控制在30°内。

（5）仪器沉放深度，通常由仪器本身所配压力传感器测得。当仪器本身未装配压力传感器时，可参照钢丝绳测现场水深的方法进行测量。

4. 水温监测

（1）测站设置。水温测站布设方式与海流测站一致，在夏、冬季全潮水文观测期间与海流同步观测，测站总数应不少于2个，且测站应有代表性。

（2）水温观测的准确度。水温观测的准确度规定为三级：一级，准确度±0.02℃、分辨率0.005℃；二级，准确度±0.05℃、分辨率0.001℃；三级，准确度±0.2℃、分辨率0.05℃。海上风电场项目水温观测的准确度应达到三级。

（3）观测方法、设备。水温观测方法有多种，宜采用温盐深仪（conductivity

temperature depth，CTD）进行定点测温，CTD 分实时显示和自容式两大类。

5. 盐度监测

（1）测站设置。盐度测站的设置参照水温观测的相应要求。

（2）盐度观测的准确度。盐度观测的准确度规定为三级：一级，准确度±0.02、分辨率 0.005；二级，准确度±0.05、分辨率 0.001；三级，准确度±0.2、分辨率 0.05。

海上风电场项目盐度观测的准确度应采用二级。

（3）观测方法、设备。盐度宜采用 CTD 定点观测。

6. 海浪监测

（1）测站设置。工程海域应设置不少于 1 个海浪长期测站。对于开敞海域的近海风电场，海浪测站宜布置在场区中央；对于水深较浅、地形复杂的潮间带和潮下带滩涂风电场，波浪测站宜布置在距工程场区较近，且对工程场区影响较大的常浪向（或强浪向）、水深较大及水面开阔的海域。

（2）海浪观测的准确度。海浪的主要观测要素为波高、波周期、波向、波型和海况，辅助要素为风速和风向。

波高的测量单位为米（m），记录取一位小数。准确度规定为两级：一级为±10%，二级为±15%。海上风电场项目准确度应采用一级。

波周期测量单位为秒（s），准确度为±0.5s。

波向测量单位为度（°），准确度为±5°。

（3）观测方法、设备。海上风电场项目宜采用锚碇测波方式进行海浪观测，通常采用声学测波仪、重力测波仪和压力式等带波向的测波仪。

典型测波仪安装照片如图 3-17 所示，其是利用铁链悬浮固定的。

7. 海流监测

（1）测站设置。海流测站的布设应包围工程场区，在对工程区潮流特性影响较大的各水道、海湾、河口处应布设测站，测站总数应不少于 6 个。对于海底地形地貌、岸线及动力环境复杂的风电场，应适当增加测站数量。

图 3-17　典型测波仪安装照片

若工程场区面积在 100km² 以内，则布置在场区内的测站数量应不少于 2 个；若工程场区面积在 100km² 以上，则场区面积每增加 20km²，需相应增加 1 个测站。

（2）海流观测的准确度。海流的主要观测要素为流速和流向，辅助观测要素为风速和风向。

流速的准确度：在流速小于 100cm/s 时，准确度为±5cm/s；在流速不小于 100cm/s 时，准确度为±5%。

流向的准确度：5°。

（3）观测方法、设备。海流观测方式有多种，海上风电场项目宜采用定点连续观测方式。

海流常用观测方法有船只锚碇测流、锚碇潜标测流、锚碇明标测流等。常用测流仪主要有直读海流计、安德拉海流计以及声学多普勒测流仪等。

典型海流计照片如图 3-18 所示。

8. 海冰监测

（1）观测要素。观测要素包括主要观测要素和辅助观测要素，具体如下：

1）浮冰观测的主要要素为冰

图 3-18　典型海流计照片

量、密集度、冰型、表面特征、冰状、漂流方向和速度、冰厚及冰区边缘线。

2）固定冰观测的主要要素为冰型、冰厚和冰界。

3）海冰观测的辅助要素为海面能见度、气温、风速、风向及天气现象等。

如有必要，还应监测海上升压站、风电机组等结构的冰激振动响应及应力变化。

（2）观测要素的单位与准确度。漂流方向的准确度为±5°，漂流速度的准确度为±0.1m/s，冰厚的准确度为±1cm。

（3）观测方法、设备。在海冰现场监测中，海冰厚度、密集度和速度是三个最重要的海冰参数。目前，冰厚的测量技术主要包括船基雷达、仰式声呐、电磁感应、数字图像测量等，密集度的观测方法主要包括目测、卫星遥感、数字图像测量等，海冰速度一般采用航海雷达、浮标和卫星遥感技术进行监测。

在海上风电场中，海冰厚度、密集度和速度等建议采用摄像（数字图像测量）监控系统自动观测。针对海上升压站、风电机组等结构的冰激振动响应及应力变化，采用安装加速度计及应变计等传感器的方式进行监测。

3.6.2.3　海底地形地貌监测

海上升压站、风电机组的水下地形测量范围，主要在桩基础 50m 范围之内；海缆的水下地形测量范围，主要在海缆中心线两侧 30m 范围之内。施测比例为 1:100，地形图采用 50cm×50cm 的独立分幅，监测频率一般为每年 2～4 次，风电场建成初期测次稍密，后期可根据测值发展情况适当调整测试频率。

水下地形测量采用全球卫星导航系统（global navigation satellite system，GNSS）

定位、测深仪测量水深的方式进行。水下地形主要测量设备如图 3 - 19 所示。

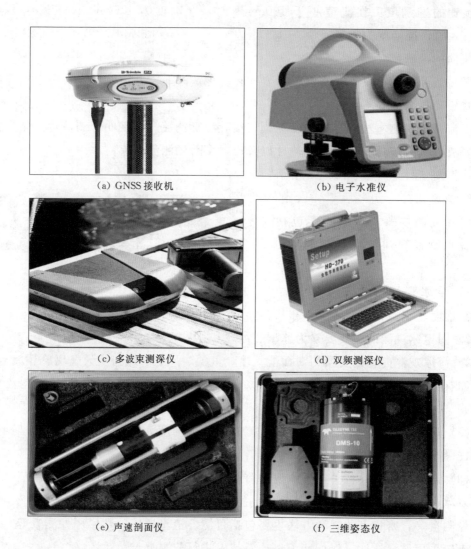

　(a) GNSS 接收机　　　　　　　　　(b) 电子水准仪

　(c) 多波束测深仪　　　　　　　　　(d) 双频测深仪

　(e) 声速剖面仪　　　　　　　　　　(f) 三维姿态仪

图 3 - 19　水下地形主要测量设备

3.6.2.4　海洋生态环境监测

海洋生态环境监测项目主要有海水的 pH 值、浑浊度、溶解氧、化学需氧量、营养盐类、含沙量，海洋底质，浮游生物及其他敏感项目。

海洋生态环境监测长期以来主要是通过船只在不同时间对个别点进行现场取样和在实验室内进行化学分析的方法监测各种有害物质，但此种方式得到的数据量有限。随着传感器技术的发展，部分海洋生态环境监测项目可采用在海洋浮标潜标上安装专用传感器的方式进行监测，部分监测项目如需进行大范围监测时，也可采用卫星遥感的方式进行。

典型的海洋生态环境监测用传感器及浮标系统如图 3-20 所示。

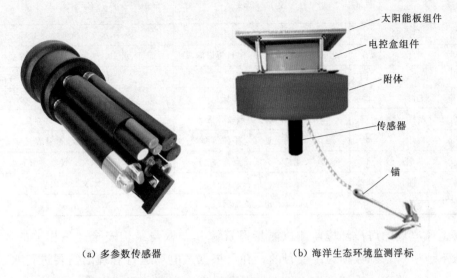

（a）多参数传感器　　　　　　　　（b）海洋生态环境监测浮标

图 3-20　典型的海洋生态环境监测用传感器及浮标系统

相比陆上风电场，海上风电场对环境的影响较小，影响主要有五个方面：①对迁徙鸟类的影响；②对海洋渔业资源的影响；③对自然景观的影响；④对声环境的影响；⑤电磁辐射对环境的影响。

因海上风电场对环境的影响较小，目前海上风电场还未广泛开展海洋生态环境监测工作。进行海洋生态环境监测时，宜根据监测目的在海上风电场内均匀设置监测点和监测仪器设备，定点定期进行监测，必要时部分监测项目可设置为自动化监测。

3.6.3　自动化监测系统

海洋环境监测通过船只走航调查的方式，只能获取一定时期的数据，且监测活动会受到气象条件的显著影响。自动监测系统即使在恶劣天气下仍能有效工作，具有自动、长期、连续收集海洋环境资料的能力，因此逐渐受到国家及沿海省市的重视并得到长足发展。

2004 年以来，福建、山东、广西、海南、浙江、广东、河北等省（自治区、直辖市）先后开展了近岸海域水质浮标在线监测系统建设，全国沿海省份海洋水质自动监测系统建设情况见表 3-15。

目前，我国已建成的海洋环境自动监测系统主要应用于水质监测，是以海洋自动浮标定点监测为基础，以调查船开展的线状监测以及遥感卫星、巡航飞机等开展的大面监测为辅助的全方位立体监测。

表 3–15　全国沿海省份海洋水质自动监测系统建设情况

序号	省（自治区、直辖市）	数量	投放海域	监测参数
1	辽宁	1	大连红沿河核电站周边海域	水文、气象、水质
2	河北	5	北戴河、金山嘴、洋河口近岸海域	水文、气象、水质、营养盐
3	山东	16	沿海各港湾	水文、气象、水质、营养盐、海浪
4	上海	2	长江口、奉贤海域	水质、气象、营养盐、水面油、水文、波浪
5	浙江	18	浙江近岸海域生态敏感区	水质、气象、营养盐
6	福建	8	福鼎、霞浦、连江、平潭等海域	水质、气象、营养盐
7	广东	15	大亚湾、大鹏湾等海域	水质、水文、气象、营养盐
8	广西	32	沿海各港湾以及入海港口	水质、水文、气象、营养盐
9	海南	4	海口湾、澄迈湾等海域	水质、水文、气象

　　海上风电场的海洋环境监测以测量风资源和获取与结构安全评估相关的风、浪、流及水下地形等基础数据为主要目的，并可根据风电场运行管理的需要进行水质等海洋生态环境的监测，为评判海上风电场对海洋生态环境的影响提供依据。

　　自动化监测系统由传感器、数据采集装置、通信网络、存储设备、服务器及软件等组成，具备对各项监测参数进行采集、存储、传输、统计、分析、展示等功能。监测传感器和配套的数据采集装置一般安装在风电机组和海上升压站上，部分传感器和数据采集装置可安装在海洋浮标、潜标上。

　　为实现实时可靠的海洋环境监测，需要采用高效可靠的通信网络技术，风电机组和海上升压站上的数据采集装置可通过海底光缆等有线通信方式和服务器进行通信，海洋浮标上的数据采集装置可通过卫星或附近风电机组（海上升压站）上的无线设备将数据传输到服务器，潜标上的数据采集装置可通过声学换能器将声信号发射到海面接收设备进行通信。

　　自动化监测系统结构应力求简单、稳定、维护方便，易于改造和升级，系统的关键技术和设备应根据工程的实际需要和运行环境，采用成熟、可靠的技术和满足国家或行业标准并易维护的产品，必要时应进行冗余设计。

3.7　智慧海上风电场无线通信

　　海上风电场结构的特殊性使海上平台和陆上控制中心隔海而建，带来了信息传递的不便，使得无线通信设备无论是在海上风电场的建设阶段还是在运维阶段，都成了智慧风电场必不可少的组成部分。海上风电场无线通信设备主要功能包括实现海、陆工作人员之间的语音通信，实现海上平台（包括风电机组平台、海上升压站平台以及海上工作船只）之间的语音通信，实现直升机导航，实现风电场大数据传输等。同时，需实现遇险、紧急和安全通信，满足全球海上遇险与安全系统（global maritime distress and safety system，GMDSS）要求。

根据各种无线通信技术的特点，针对所需功能，海上风电场配置的无线通信设备可分为微波通信系统、甚小口径卫星终端站（very small aperture terminal，VSAT）卫星通信系统、对船甚高频调频（very high frequency - frequency modulation，VHF - FM）通信系统、特高频调频（ultra high frequency - frequency modulation，UHF - FM）移动通信系统、直升机导航系统、应急通信系统、移动通信系统。

3.7.1 微波通信

3.7.1.1 系统功能

海上风电场微波通信系统是主要用于海上升压变电站与陆上集控中心之间的数据传输备用通道。

海上风电场微波通信系统是作为海底光纤通信的备用通信方式，海上风电场通信系统应能自动实现微波通信和光纤通信的切换。海上风电场海底光纤通信故障时，微波通信系统可传输海上和陆上的部分信息，实现海上风电场重要设备状态信息的监视和应急通信功能，传输的数据量在 50Mbit 以上。传输的数据主要包括风电机组主控系统、风电机组辅控系统、升压站及陆上控制中心电气监控系统、电能量采集系统、直流系统、故障录波、风功率预测系统、海事通信系统、设备状态运行监视系统（海上升压站基础监测系统、主变压器状态监视系统、GIS 状态监视系统）、船舶交通管理以及海缆监测系统、火灾自动报警及消防控制系统、公共广播及语音系统、通风空调监控系统等的数据。

3.7.1.2 设备配置

海上风电场微波系统通常由 1 个中心站，1 个或多个远端站构成，中心站为陆上集控中心，远端站为海上升压站。

（1）陆上集控中心站设备配置：①V/H 双极化天线 1 面；②室内接入单元 1 台；③室外发射单元 1 台，支持 MINO 天线；④路由器 1 台，网络交换机 1 台，实现业务接入和切换；⑤机柜 1 套；⑥其他安装附件 1 套。

（2）海上升压站远端站设备配置：①V/H 单极化天线 2 面；②室内接入单元 1 台；③室外发射单元 1 台，支持 MINO 天线；④路由器 1 台，网络交换机 1 台，实现业务接入和切换；⑤电源及蓄电池 1 套；⑥机柜 1 套；⑦其他安装附件 1 套。

（3）微波通信设备应取得信息产业部的电信设备入网许可证。

（4）设备应具有高质量、稳定、可靠、便于操作维护、适应环境条件等特点。

（5）设备应具有稳定可靠的独立网络监控管理系统，监控信息的类型和数量应满足通信运行管理的要求。

（6）系统组网结构应符合电力系统信息传输体制，可以提供灵活的通信解决方案，支持多种业务混合网络。

（7）系统支持多种业务，不仅支持低速数据和话音业务，也支持高速业务（如视频图像业务）传输。

（8）系统应具有高可靠性，可用度达到 99.8% 以上，误码率低于 10^{-7}。

（9）系统应具有较高的可扩展性，设备容量应以近期为主，兼顾远期发展和扩容可能，为系统以后的站点扩展、传输带宽扩展和应用扩展等提供方便。

（10）各站点动态调整业务量时不会对现有业务运行产生任何中断或影响。

3.7.2　VSAT 卫星通信

3.7.2.1　系统功能

VSAT 卫星作为海上风电场海上建设阶段的主要通信手段，用于海上升压站与陆上集控中心间的语音通信。

VSAT 卫星通信作为海上风电场运行阶段中光纤通信的备用传输通道，用于海上升压站与陆上集控中心间的信号数据传输。

3.7.2.2　设备配置

海上风电场 VSAT 卫星通信系统由中心站和远端站组成。中心站为陆上集控中心，远端站为海上升压站。

1. 陆上集控中心中心站设备配置

（1）卫星天线 1 座，Ku-3.7m 双向通信天线。

（2）室外功率放大器 1 套，提供 L 波段到 Ku 波段射频信号的频率变换及功率放大。

（3）带锁相环低噪声放大器 1 套，提供低噪声放大和 Ku 波段射频信号到 L 波段信号的下变频。

（4）卫星基带设备 1 套，支持网状网 MODEM（含 TCP 加速）。

（5）卫星功放切换开关 1 套，提供功放的自动切换。

（6）卫星 LNB 倒换开关 1 套，提供 LNB 的自动倒换。

（7）VoIP 网关 1 套（含 E1 中继接口），完成 IP 网络和 PSTN 网络的信令协议转换。

（8）网管系统 1 套，用于全网的监控和控制。

（9）网络交换机（三层）1 套。

（10）其他安装附件 1 套。

2. 海上升压站远端站设备配置

（1）卫星天线 1 座，Ku-2.4m 双向通信天线。

（2）室外功率放大器 1 套，提供 L 波段到 Ku 波段射频信号的频率变换及功率放大。

（3）带锁相环低噪声放大器 1 套，提供低噪声放大和 Ku 波段射频信号到 L 波段信号的下变频。

（4）卫星基带设备 1 套，支持网状网 MODEM（含 TCP 加速）。

（5）VoIP 网关 1 套，完成 IP 网络和 PSTN 网络的信令协议转换。

（6）网络交换机（三层）1 套。

（7）其他安装附件 1 套。

卫星通信设备应取得电信设备入网许可证。

设备应具有高质量、稳定、可靠、便于操作维护、适应环境条件等特点。

所有通信设备应具有稳定可靠的独立网络监控管理系统，监控信息的类型和数量应满足通信运行管理的要求。

系统组网结构应符合电力系统信息传输体制，可以提供灵活的卫星通信解决方案，支持多种业务混合网络，网络结构可以根据需求配置为星状网、网状网、多级星状网、多级子网等拓扑结构。

网络应当易于扩展，而且能够提供由若干独立的共享主站的子网络合成的网中网。每个子网络可以配置独立的计算机来进行本子网络呼叫处理。子网络内的通信可以由独立的管理控制计算机授权来进行控制与管理。

系统支持时分多路复用/时分多路访问（time division multiplex/time division multiple address，TDM/TDMA）体制，不仅支持低速数据和话音业务，也支持高速业务（如视频图像业务）传输。

系统应具有高可靠性，可用度达到 99.8% 以上，误码率低于 10^{-7}。

系统应满足经济性原则，能够充分利用现有卫星转发器资源和设备功能，使系统投资最小化。

系统应具有较高的可扩展性，设备容量应以近期为主，兼顾远期发展和扩容的可能，为系统以后的站点扩展、传输带宽扩展和应用扩展等提供方便。

各站点动态调整业务量时不会对现有业务运行产生任何中断或影响。

系统主站功率放大器配置"1＋1"工作方式；低噪声放大器宜配置"1＋1"工作方式；基带设备采用"1＋1"工作方式。

3.7.3 对船甚高频调频通信

3.7.3.1 系统功能

VHF－FM 通信系统主要用于海上升压站与附近工作船舶之间的语音通信，也可用于海上升压站站内工作人员之间的点对点的语音通信。

VHF-FM 通信系统应能进行遇险、紧急和安全通信,满足 GMDSS 要求。

3.7.3.2　设备配置

VHF-FM 通信系统包括 VHF-FM 无线电台、VHF-FM 便携式无线电话、天线及附属设备。海上升压站平台 VHF-FM 无线电台应按主、备用各配置 1 台,主无线电台装载数字选呼功能(digital selective calling, DSC);配置不少于 3 台便携式无线电话,用于与平台附近的工作船只保持通信。

1. VHF-FM 无线电台

设备必须满足 GMDSS 的相关要求,应具有水上通信的特殊功能,如安全遇险频道的快捷键、多频道守听、功率转换等,为海上船舶安全提供保障。

无线电台可以和船用无线电所有信道保持通信。

双频监视设备可以在无线电话遇险和安全频率信道以及工作信道上工作。当通话完毕电话挂断时,设备可自动地重新设定在被指定为安全通信的无线电话遇险和安全频率信道上。

主用电台应该能通过 DSC 工作于 VHF 波段 DCS 的专用信道。

设备通过 220V 交流 50Hz 逆变电源和 24V 直流电源供电。当 220V 交流电源消失,可以自动切换为 24V 直流电源。

2. VHF-FM 便携式无线电话

便携式无线电话及其配件要完全适应海上的工作环境并具有本安认证。

设备必须持久耐用,工作时不受天气影响,同时应备有挎带和外罩。

消噪耳机和麦克风、适配器分开,以便人员穿着海洋工服、戴安全帽时使用。

手提式电话应配有天线。

便携式无线电话由它内部的可充电密封电池供电。电池充电时,只需将便携式无线电话放在充电架上即可,不用将电池从电话里取出。

3.7.4　特高频调频移动通信

海上升压站平台配置不少于 3 台 UHF-FM 无线对讲机,用于海上升压站各区域工作人员保持通话联系。

无线对讲机应具有防爆认证。

无线对讲应具有外接喇叭/话筒,允许半免提操作。

无线对讲应配有专门机架,用于放置对讲机充电器。

充电器必须是快速充电型的。

3.7.5　直升机导航系统

有直升机起降要求的海上风电场对空通信系统的配置应符合民航局第 67 号令

《民用直升机海上平台运行规定》及第 151 号令《小型航空器商业运输运营人运行合格审定规则》的要求，至少配置：

(1) 1 台对空 VHF-AM 无线电装置。

(2) 1 台无方向性无线电信标发射机（non-directional beacon，NDB）。

(3) 1 台气象台站，包括风标、计风仪、场压计、温度计等。

VHF-AM 无线电装置包括无线电台、控制器、电话机及其他附属设备，用于海上升压变电站与直升机的语音联络。

NDB 用于海上升压站的海面定位，从而辅助直升机完成航路。

3.7.6 应急通信

海上风电场应急通信系统在紧急情况下提供通信，并应能提供遇险和安全服务，满足 GMDSS 要求。

海上升压站应急通信系统配置 1 套应急无线电设备及 1 台奈伏泰斯（NAVTEX）航行警告接收机。

应急无线电设备至少包括：

(1) 2 台应急无线电示位标（emergency position indicating radio beacon，EPIRB），对于 A1 海区外的风电场，其中至少有一台为极轨道或静止卫星应急无线电示位标。

(2) 2 台搜救雷达应答器（search and rescue radar transponder，SART）。

(3) 4 台 VHF 双向无线对讲机。

(4) 1 台甚高频调频无线电话。

(5) 对于 A1 海区外的风电场，需配置 2 套中/高频（middle frequence/high frequence，MF/HF）无线电装置。

配置 2 台海事卫星（international maritime satellite organization，INMARSAT）电话，作为全球海上遇险安全系统的一部分，并作为公众通信的补充。

海上风电场应为每位出海工作人员配置个人位置示位标（personal locator beacon，PLB），提供遇险搜救协助。

配置 1 台单边带无线电台（single side band，SSB），作为海上升压站与陆上集控中心通信的应急迂回路由。

3.7.7 移动通信

由于海上风电场 3G、4G 信号的质量较差，无法实现工作人员在风电机组中与项目指挥部或者其他工作人员通话的需求，也无法实现现场故障图像、照片的回传，无法进行远程指导。为了实现风电场所有风电机组端网络无线覆盖，给信息系统提供数据传输通道，并承载移动应用，实现如免费网络电话、即时通信、工作日志、远程协助等功能，为智慧海上风电场的建立提供网络保障，需要建立风电机组内部的移动通信网络。

风电机组移动通信网络系统宜采用当今流行的网络技术，要求该系统不仅能体现当今先进技术水平，而且具有高度开放性，可以提供一个高效、标准和开放的基础平台。

（1）先进性和实用性：采用先进的网络技术以适应更高的数据、视频传输需要，并能适应未来信息化风电场的发展需要。

（2）安全性和可靠性：网络必须具有高可靠性，尽量避免系统的单点故障，采用冗余等可靠性技术。

（3）灵活性和可扩展性：能够根据不断深入发展的需要，方便地扩展网络覆盖范围、扩大网络容量，具备支持多种应用系统的能力，提供技术升级、设备更新的灵活性。

具体实施方案如下：

（1）整体组网拓扑。网管服务器实现监控工业交换机的状态集中管理；定位服务器实现人员定位，显示人员位置及运动轨迹；无线控制器用来控制整个网络的无线访问接入点；海上升压站无线访问接入点负责升压站内的无线网络覆盖。

（2）单个风电机组组网拓扑。单个风电机组组网拓扑图如图 3-21 所示。

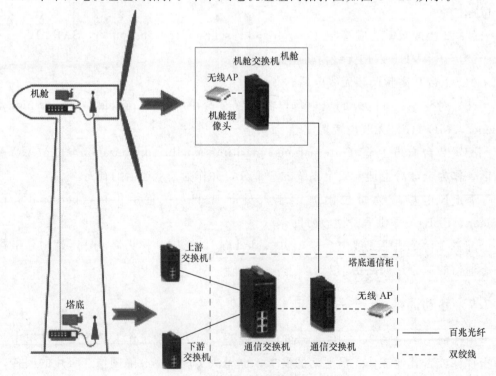

图 3-21　单个风电机组组网拓扑图

塔底工业交换机接入塔底工业无线访问接入点，通过网线链接机舱中的工业交换机，机舱工业交换机接入机舱中的工业无线访问接入点。当维护人员进入风电机组中，可通过手持终端（手机）无线链接塔底的工业无线访问接入点及机舱中的工业无线访问接入点实现无线通信功能。借用无线通信网络，还可以实现远程协助、语音通话等功能。

第4章 智能控制层

智能控制层是智慧海上风电场的中间层，连接了智能设备层与场级管控层，应采用智能优化控制算法及智能控制策略，实现风电场生产过程的智能控制，适应电网对负荷控制的要求，确保风电机组在不同条件下达到最佳运行状态。

一般来说，智能控制层包括风电机组主控系统、风电机组辅控监控系统、海上风电场电气监控系统、风电机组能量管理系统、风功率预测系统等。

4.1 风电机组主控系统

主控系统，即监视控制与数据采集（supervisory control and data acquisition，SCADA）系统。SCADA 系统是以计算机、控制和通信技术为基础的生产过程控制与调度自动化系统。它可对现场的运行设备进行监视和控制，以实现数据采集、设备控制、测量、参数调节以及各类信号报警等功能。风电机组 SCADA 系统具备数据信息存储传输、综合报表生成、数据分析、机组运行监控等功能，是安全、高效、稳定的风电场专业监控系统。

4.1.1 系统构成

风电场一般由几十台风电机组组成，每台风电机组之间通过光纤连接，完成控制通信功能。风电场 SCADA 系统层级结构图如图 4-1 所示，风电场 SCADA 系统是一个典型的工业控制系统结构，呈三层结构。

（1）现场设备层。现场设备层包含在风电机组现场环境中直接连到过程和过程设备的传感器和执行器等，例如传感器、电机驱动器、I/O 设备

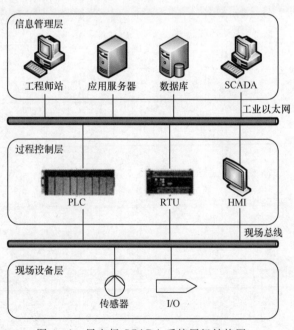

图 4-1 风电场 SCADA 系统层级结构图

等。这类设备通过现场总线与上层控制器和数据采集设备进行数据交换。风电场SCADA系统报表中所采集上报到的风速、温度、电压、电流以及功率等信息的原始采集都是由这一层的设备来完成的。

（2）过程控制层。实现对现场设备层的精确控制和数据采集。PLC通常是一个硬实时系统，有多点的模拟数字输入输出处理，可以满足工业控制流程中的对系统实时性的高要求。RTU则是负责对现场数据进行收集，并上传至SCADA系统作为现场情况监测与风力预测的依据。HMI负责对PLC进行调试和检修时的直接控制。

（3）信息管理层。对控制层的信息进行收集与存储，并对风电机组整体状况监视和控制，保证风电机组安全发电。一方面，与电力调度中心通信，获取发电计划；另一方面，通过检测风速、环境温度等发电信息控制风电机组进行最大风能捕获，提高经济效益。

4.1.2　系统功能

风电机组主控系统的功能有如下方面：

（1）整个风电场进行在线监测，对整个风电场进行远程中央控制，使运行和维护更为容易。

（2）以图表形式显示发电量，如瞬时发电量以及日、月、年发电量等，使使用者感到更为亲切，不需要专门的人员进行数据的收集和记录。

（3）对单台风电机组的运行数据，如风速、叶轮转速、发电机转速、偏航角度、电流、电压、功率因素等进行监测，使维护和故障排除更为容易，停机时间最短。

（4）对风电机组的主要部件参数，如发电机绕组温度、齿轮箱油温、机舱内部温度、液体连轴器温度、油冷器进口和出口温度，控制面板相关参数等进行监测，使维护和备件储备简单化。

（5）历史运行数据的保存、查询及维护。

（6）风电机组故障报警、故障现场数据的保存与显示，能较早发现问题，以缩短停机时间。

（7）风电机组运行数据统计，包括日报表、月报表、年报表的自动生成，以提高效率和管理水平。

（8）风电机组的远程控制，包括远程开机、停机、左右偏航、复位等，简化维护管理流程，缩短反应时间。

4.1.3　系统网络结构

风电场SCADA系统组网包括数据采集网络和数据通信网络。

4.1.3.1 数据采集网络的主要功能

数据采集网络是风电机组主要设备运行数据的采集，由各设备可编程逻辑控制器（programmable logic controller，PLC）直接将数据上送至交换机，通过交换机与风电场光纤以太网环路相连接，保证风电场内部的集中监控和数据传输。

风电场 SCADA 系统组网常用的网络结构有总线形、星形、环形和树形四种，如图 4-2 所示。

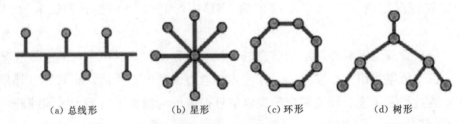

图 4-2 风电场 SCADA 系统组网常用的 4 种网络结构

（1）总线形网络是各网络结点通过线路依次串联的网络。总线形网络的特点是组网简单，但信息传输占用同一物理链路，信号传输速率受到限制。

（2）星形网络是指某一结点与其他结点均有物理链路连接的网络，其特点是主结点与其他结点均有独立的传输链路，信息传输速率高，信息独立，保密性好，但组网复杂，成本高。

（3）环形网络是依次将各网络结点连接，且链路首尾结点也连接的网络，它使数据传输的物理链路有 2 个方向，在数据传输过程中，必须考虑数据冲突问题。这种组网方式由于可靠性高，故通常被海上风电场采用。

（4）树形网络是一种网络结点呈树状排列的层次结构。此种结构包含多个分支，每个分支又可以包含多个结点，结点按层次连接。其优点是：网络连接简单，维护方便，易于扩展，故障容易分离和处理；但是结构可靠性不高，其中任何一个工作站或者链路的故障都会影响整个网络的运行。

4.1.3.2 数据通信网络

海上风电场通信网络为光纤以太网，多环网结构，根据风电场的规模和实际地理位置，综合考虑网络的可靠性和经济性，可将通信网络划分为多个环网，每个环网包含数台风电机组。风电场 SCADA 通信网络组网示意图如图 4-3 所示。

风电场的整个监控网络可以分为就地监控部分、中央监控部分、远程监控部分三个层次，风电场 SCADA 网络组网层级图如图 4-4 所示。

（1）就地监控部分：就地监控布置在每台风电机组塔筒的控制柜内，每台风电机组的就地控制能够对此台风电机组的运行状态进行监控，并对其产生的数据进行采集。

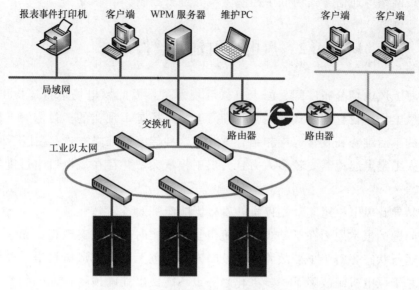

图 4-3 风电场 SCADA 通信网络组网示意图

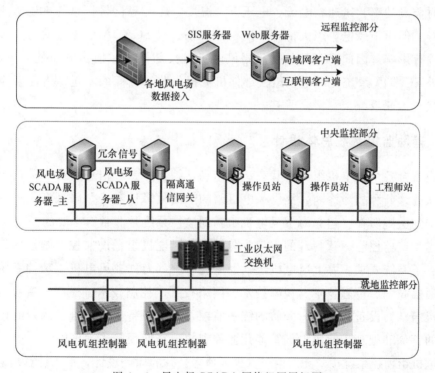

图 4-4 风电场 SCADA 网络组网层级图

（2）中央监控部分：中央监控一般布置在风电场控制室内。工作人员能够根据画面的切换随时控制和了解风电场同一型号风电机组的运行和操作。

（3）远程监控部分：远程控制根据需要布置在不同地点，远程控制目前一般通过光纤或无线网络等通信方式访问中控室主机并进行控制。

4.2　风电机组辅助监控系统

由于海上风电场分布广阔、海上气候环境恶劣，因此风电场运行巡检工作困难，按照陆上风电场运行管理模式来运营管理海上风电场是不现实的。目前海上风电场多采用传统的事后维修和日常巡检相结合方式，这种传统检维修方式存在以下问题：

（1）人工定点巡检需要较多人力且人工工作量大，并存在风电机组过度维修和失修风险。

（2）易导致风电机组非计划停机，直接影响经济效益。

上述问题的根本原因在于缺少风电机组全面的实时运行状态数据，无法了解风电机组历史运行状态。对于早期故障不能及时发现，也无法知晓风电机组当前故障程度和部位，对于风电机组故障下一步劣化趋势也不能做出准确预测。

风电机组虽然都配有风电机组 SCADA 系统，通过该系统可以远程操控风电机组，同时监测功率、风速、电流、电压以及温度、压力等信号，总的来讲监测更偏重电气信号。但由于风电机组大部件早期机械损伤，对 SCADA 系统监测的众多电气信号基本没有影响，因此 SCADA 在监测风电机组大部件机械损伤方面处于失灵状态。为了弥补 SCADA 系统在风电机组大部件机械损伤监测方面的不足，需配置完善的风电机组状态诊断系统。

4.2.1　辅助监控系统总体设计

全面整合各个风电机组部件状态诊断信息，综合多参数信息对多个关键部件进行全面的状态诊断和故障诊断，提供风电机组的全面故障诊断，是降低海上风电场运营维护成本的关键所在。建立海上风电机组辅助监控系统是非常有必要的。

考虑生产监控与运营管理的需求，分析海上风电机组辅助监控系统总体设计、功能要求、子系统要求。海上风电机组辅助监控系统（简称"风电机组辅控系统"）应用远程通信技术、传感技术、视频技术、网络技术、控制技术、遥测、遥视技术，实现风电机组动力设备、环境、安防的统一监控，提高设备、系统维护的及时性和对准确数据的存储和处理，使风电场智能化监控和故障早期预警成为可能。

风电机组辅控系统按"无人值班（少人值守）"的原则设计，采用计算机监控，在陆上集控中心控制室设置操作员站，可实现对整个风电场每台风电机组状态的集中监视和控制。辅控系统还具有远动功能，为风电场一体化监控系统、风电机组（SCADA）系统提供相关运行数据和设备状态，为调度机构和远方监控中心实时掌握各大型设备状况提供可靠保证。海上风电机组辅助监控系统结构示意图如图 4-5 所示。

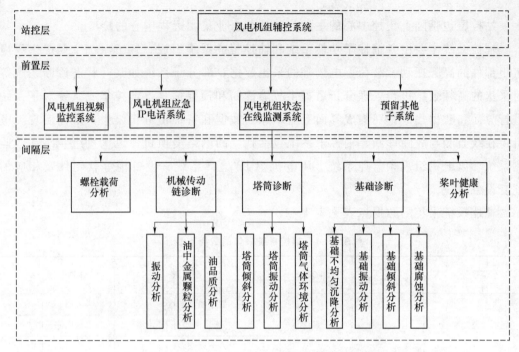

图 4-5 海上风电机组辅助监控系统结构示意图

风电机组辅控系统纵向贯通调度、生产等站控层，横向联通风电机组内各自动化设备，是海上风电场一体化监控的重要组成部分。风电机组辅控系统由间隔层、前置层、站控层三个相互衔接的部分组成，三者缺一不可。

1. 间隔层

间隔层对站内风电机组状态诊断包括机械传动链诊断（振动分析、油中金属颗粒分析、油品质分析）、塔筒诊断（塔筒倾斜分析、塔筒振动分析、塔筒气体环境分析）、基础诊断（基础不均匀沉降分析、基础振动分析、基础倾斜分析、基础腐蚀分析）、桨叶健康分析、螺栓载荷分析。

2. 前置层

前置层包括风电机组视频监控系统、风电机组应急 IP 电话系统、风电机组状态在线监测系统、预留其他子系统，可以进行数据整合，负责对风电机组视音频、状态测量量、环境量、开关报警量等信息进行采集、编码、存储及上传，并根据制定的规则进行自动化联动。

风电机组辅控系统的网络承载在前置层通信交换机数据网中，用于风电机组与陆上集控中心、海上升压站之间的通信。前置层可以对间隔层进行监控，实时了解前端风电机组的运行情况。海上升压站与陆上集控中心之间通过同步数字体系（synchronous digital hierarchy，SDH）光端机进行通信。

3. 站控层

站控层包括陆上集控中心的主站，并预留企业集团远程中心的接口。

辅控系统主要由各辅控子功能系统和辅控集成系统组成。各子系统主要提供风电机组部件的高频振动、载荷、电气等的采集数据；部分子系统如桨叶状态诊断系统等对采集的高频数据进行处理分析后提供故障诊断和预警信息。辅控集成系统对子系统进行界面和数据集成，在集成界面上显示原始数据和特征值分析结果，从而实现风电机组在线监测与故障诊断。辅控子系统包括独立的网络交换机、风电机组状态在线监测系统、风电机组视频监控系统、风电机组 IP 电话系统、设备柜等软硬件及相应的配套设备。

辅控系统采集的数据点表见表 4－1。

表 4－1 辅控系统采集的数据点表

子系统	子系统数据类型	数据来源	数 据 点	计算数据类型
润滑油监测系统	原始数据	子系统	齿轮油清洁度	FLOAT
			齿轮油水分	FLOAT
			金属颗粒	FLOAT
塔筒及机舱应力监测系统	原始数据	子系统	塔筒及机舱应力	FLOAT
		子系统	塔筒及机舱应力数据文本	txt/csv
螺栓载荷在线监测系统	原始数据	子系统	螺栓载荷	FLOAT
		子系统	短路告警信息	BOOL
	计算结果	集成系统	预紧力告警信息	BOOL
	高频数据	子系统	螺栓载荷	txt/csv
在线振动监测系统	原始数据	子系统	加速度	FLOAT
	计算数据	子系统	报警	BOOL
	高频数据	子系统	加速度数据文本	txt/csv
桨叶状态诊断系统	原始数据	子系统	振动数据等	FLOAT
	计算数据	子系统	桨叶损坏轻度预警	BOOL
			桨叶损坏故障报警	BOOL
			桨叶不平衡轻度预警	BOOL
			桨叶不平衡故障报警	BOOL
			桨叶载荷异常轻度预警	BOOL
			桨叶载荷异常故障报警	BOOL
	高频数据	子系统	高频振动数据	txt
视频监控系统	原始数据	子系统	视频信息	视频流
	历史数据	子系统	视频信息	视频流
IP 语音电话系统	历史数据	子系统	语音通话信息等	txt

4.2.2 辅助监控系统整体要求

4.2.2.1 功能要求

风电机组辅控系统应具备如下功能：

（1）实时视频监视。通过视频监视可以实时了解风电机组内设备的信息，了解被监控风电机组内主设备的一切情况，确定风电机组运行状态，如断路器、隔离开关等分/合闸状态。

（2）实时振动及基础状态诊断。通过机舱及基础的采集设备（包括加速度传感器、数据采集器、光电转换器、环网交换机等）实现振动及基础的状态实时诊断。

（3）齿轮箱润滑油油质监测。实时监测齿轮箱润滑油的电导率、介电常数、酸值、氧化度、非正常磨损等反映齿轮箱运行状态的关键参数，及早发现油质变化预兆，可实现载荷优化和及时的预防性维护。

（4）其他功能。其他功能包括风电机组的视频监控、火灾报警、IP 应急等子系统实现的功能。间隔层中，风电机组在线监测包括机械传动链监测（振动分析、油中金属颗粒分析、油品质分析）、塔筒监测（塔筒倾斜分析、塔筒振动分析、塔筒气体环境分析）、基础监测（基础不均匀沉降分析、基础振动分析、基础倾斜分析、基础腐蚀分析）、桨叶健康监测、螺栓载荷分析、视频监控和 IP 网络电话等通过以太网接入风电机组交换机中，并进行处理、上传，工作人员可通过客户端向子系统发送一系列的控制指令。

风电机组辅控系统的数据通过光纤经风电机组、海上升压站，回传至陆上集控中心的服务器后台，进行全面的状态分析和故障诊断。此外，系统还应提供完备的数据分析工具，包括但不限于：趋势分析、关联分析、统计分析、轨迹分析、频谱分析、包络分析等。

4.2.2.2 故障诊断

系统提供的分析工具能够辅助用户诊断风电机组故障。辅助监控系统能诊断的风电机组故障见表 4-2。

表 4-2 辅助监控系统能诊断的风电机组故障

监测部位	故 障 类 型
主轴承	主轴轴承损伤
齿轮箱	轴承故障、齿轮磨损、断齿
发电机	轴承故障、轴不对中、转子不平衡、发电机电气故障、结构共振
桨叶	结构不平衡（鼓包、开裂、变形、断裂）、空气动力学不平衡、覆冰
塔筒	结构共振、倾斜量过大、螺栓松动
基础	结构共振、不均匀沉降、结构腐蚀

风电机组辅控系统整合各个状态的诊断后,可实现以下两方面的故障诊断。

(1) 基于电气及机械特征量的风电机组故障诊断。对于机电耦合性较强的风电机组,任何机械和电气故障,都会在电气及机械特征量中有所反映。当发生齿轮箱齿轮的轴承损坏或发电机定子和转子的匝间短路等故障时,这会引起发电机转轴振动的机械特征量发生变化。同时,由于改变了气隙分布情况,也改变了定子和转子的电气特征量。

因此,充分挖掘各个状态诊断之间电气及机械特征量的关联,可对风电机组进行全面综合分析。

(2) 基于多参数信息融合的关键部件故障诊断。目前,单一参数信息含量有限,较难准确反映关键部件的异常状态,尤其是早期的潜在故障。可充分利用多类型参数信息(如频谱、时域等信号),获取更为准确的关键部件状态诊断和故障诊断结果。

4.3 风电场电气监控系统

4.3.1 网络结构要求

作为智慧海上风电场智能控制层的一部分,海上风电场电气监控系统在陆上集控中心内实现对海上风电场电气部分(路上集控中心、海上升压站电气设备)的监视与控制,并进行各类数据的统一管理,建立与电力调度系统的传输通道,将海上风电场各远动信息上送电力系统,接受电网调度的统一调度指令(包括 AGC、AVC 控制),实现海上风电场整体数字化和智能控制。

海上风电场电气监控系统采用开放、分层、分布式网络结构,双网、双冗余配置,双网均应同时进行数据通信,采用星型网络拓扑。

整个系统从纵向上分成站控层和间隔层。站控层实现整个系统的监控及管理功能。间隔层由计算机网络连接的若干个二次子系统组成,在站控层及网络失效的情况下,应能独立完成间隔层设备的就地监控功能。

整个系统从横向上看,应按照电力系统二次安全防护的有关规定,设置 3 个安全防护分区。安全区Ⅰ为实时控制区;安全区Ⅱ为非控制生产区;安全区Ⅲ为生产管理区。单个风电场业务系统安全区架构示意图如图 4-6 所示。

全厂电气监控管理系统应组态灵活,具有较好的可维修性和可扩展性,应采取有效措施防止由于各类计算机病毒侵害造成的系统内存数据丢失或系统损坏。

海上风电场电气监控系统从功能上看主要涉及运行监视、操作与控制、信息综合分析与智能告警、运行管理、辅助决策五大应用,具体如下:

(1) 运行监视功能,包括运行状态监视、设备状态诊断、远程浏览等。

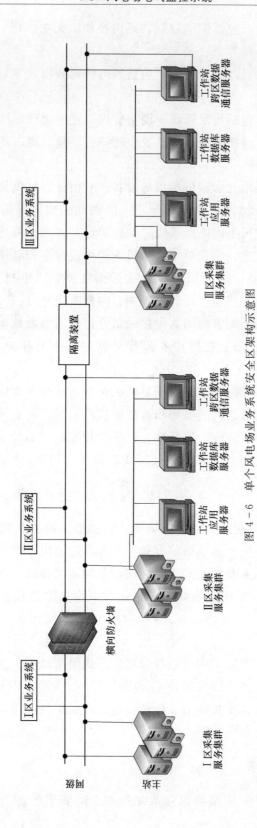

图 4-6 单个风电场业务系统安全区架构示意图

（2）操作与控制功能，包括调度控制、站内操作、无功优化、负荷操作、顺序控制、防误闭锁、智能操作票等。

（3）信息综合分析与智能告警功能，包括风电场内数据辨识、故障综合分析、智能告警等。

（4）运行管理功能，包括权限管理、设备管理、定值管理、检修管理等。

（5）辅助决策功能，包括电源监控、安全防护、环境监测、辅助控制等。

1. 间隔层

间隔层设备包括测控单元和微机保护等设备。它由计算机网络连接的若干个二次子系统组成，在站控层及网络失效的情况下，能独立完成间隔层设备的就地监控功能。测控单元及微机保护按不同电压等级、安装单位，并充分考虑电气接线特点及电气一次设备的布置进行配置，测控单元及微机保护可按以下安装单位按不同电压等级分别配置：①每台变压器；②每回海缆（或送出线路、风电机组串组集电线路）；③每段母线；④每台母联断路器（或分段开关、内桥断路器）；⑤公用部分。

测控单元的数量与功能配置原则为硬接线信号传输通道数量能满足海上升压站的无人值守要求，即能通过陆上集控中心操作员站对海上升压站所有设备实现四遥功能。

微机保护的数量与功能配置原则为满足相关标准，综合考虑电力设备和电力网的结构特点和运行特点、故障出现的概率和可能造成的后果、海上风电场的近期发展规划等因素，其配置应符合可靠性、选择性、灵敏性和速动性的要求。典型的微机保护可包括升压/降压/接地变保护、高/中/低压线路保护、母联/分段/内桥断路器保护、电抗器保护。

2. 站控层

站控层实现整个系统的监控及管理功能，它包括系统主机或/及操作员工作站、工程师工作站、五防工作站、远动通信设备、服务器、公用接口设备等。站控层设备设置在陆上集控中心集控室及海上升压站二次设备间，工作站、服务器等数量及配置在满足系统可用性的基础上根据系统规模、运行规程、维护规程、班组配置等需求确定。

3. 通信网络

海上风电场电气监控系统采用开放性分层分布式网络结构，通过冗余的通信网络连接站控层和间隔层各设备。网络拓扑可采用星形、总线形、环形或上述网络的组合形式且应为冗余网络。其抗干扰能力、传送速率及传送距离应满足系统监控和调度要求，各个节点设备宜相互独立。

4.3.2　间隔层功能要求

间隔层设备以 TCP/IP 网络协议接入站控层。间隔层设备基于微机技术实现保护、测量、（自动）控制功能。间隔层设备上应有当地显示、操作功能。间隔层设备可与便携调试装置通信，以实现间隔层单元的参数设置、故障诊断、日常维护等。

间隔层单元借助网络通信能实时上传事故、状态、告警、事件信号；能实时上传站内设备运行状况的变化；能实时上传测量值；能实时上传简要的保护动作信息，并能根据要求查询历史报告；能存储两套或以上继电保护定值，站级或远方调度中心可以实现保护定值修改、保护投退、定值切换选用、保护信号复归等操作。

以 35kV 风电机组升压至 220kV 为例，间隔层设备需要传输的信号应以项目所在地电力调度单位要求为准。

4.3.2.1 高压设备遥信量

高压设备遥信量见表 4-3。

表 4-3 高压设备遥信量

信号类型	220kV 线路位置	220kV 主变压器	220kV 母线 TV
双态信号	断路器位置	220kV 断路器位置	220kV 接地刀闸位置
	隔离刀闸位置	220kV 隔离刀闸位置	
	接地刀闸位置	220kV 接地刀闸位置	
		主变压器 220kV 中性点隔离开关位置	
		35kV 侧接地刀闸位置	
		35kV 侧断路器位置	
		35kV 侧手车柜工作/试验位置	
单态信号	SF$_6$ 泄漏	断路器报警第一阶段漏气	GIS 柜直流电源故障
	SF$_6$ 总闭锁	断路器报警第二阶段漏气	GIS 柜交流电流故障
	弹簧未储能	GIS 柜直流电源故障	GIS 柜电压互感器故障
	储能电机失电	GIS 柜交流电流故障	弹簧未储能
	就地/远方位置	GIS 柜电压互感器故障	储能电机失电
	加热器失电及故障	弹簧未储能	地/远方位置
	保护动作	储能电机失电	加热器失电及故障
	装置报警闭锁	地/远方位置	220kV 母线压变二次回路失压
	装置异常	加热器失电及故障	
	控制回路断线	装置报警闭锁	
	TV 断线失压	装置异常	
	线路侧无压	装置直流失压	
	线路 TV 空气开关动作	控制回路断线	
	220kV 线路压变二次回路失压	35kV 储能电机失电	
		35kV 弹簧未储能	
		35kV 开关远方/地切换	

续表

信号类型	220kV 线路位置	220kV 主变压器	220kV 母线 TV
单态信号		主变压器重瓦斯	
		主变压器轻瓦斯	
		主变压器有载调压重瓦斯	
		主变压器有载调压轻瓦斯	
		主变压器压力释放	
		主变压器有载调压开关位置 （BCD 码及所有挡位）	
		有载开关电机交流消失告警	
		有载开关调压中	
		有载开关远方控制	
		主变压器温度升高	
		主变压器温度过高	
		主变压器低压侧控制回路断线	
		主变压器保护装置故障	
		主变压器保护装置直流消失	
		TV 失压	
		主变压器过负荷	
		主变压器油位异常	
		保护动作	

4.3.2.2　中压设备遥信量

中压设备遥信量见表 4 - 4。

表 4 - 4　中 低 压 设 备 遥 信 量

信号类型	35kV 断路器	35kV 母线 TV	其他公共信号	低压综合保护
双态信号	断路器位置	手车柜工作/试验位置	场用电低压断路器位置	
	隔离刀闸位置	隔离开关位置		
单态信号	弹簧未贮能	母线 TV 二次回路失压	场用电自动切换动作	远方控制
	就地/远方位置		场用电失压	运行反馈
	储能电机失电		通信故障	保护动作
	保护装置电源故障		通信电源故障	综合故障
	保护装置故障		火灾自动报警及图像监控装置故障	
	控制回路断线		直流电源模块故障	
			直流母线绝缘下降	
			直流电源充电交流电源故障	
			直流电源母线电压异常	
			全场总事故	

4.3.2.3 遥测量

遥测量见表4-5。

表4-5 遥 测 量

来源	测量对象	遥 测 量
直采量	220kV 线路	三相电流 I_a、I_b、I_c； 母线三相电压 U_a、U_b、U_c； 线路三相电压 U_a、U_b、U_c
计算量		线电压 U_{ab}、U_{bc}、U_{ca}； 双向有功功率、无功功率； 频率
直采量	220kV 主变压器	主变压器 220kV 侧三相电流 I_a、I_b、I_c； 主变压器 220kV 侧母线三相电压 U_a、U_b、U_c； 主变压器 35kV 侧三相电流 I_a、I_b、I_c； 主变压器 35kV 侧母线三相电压 U_a、U_b、U_c
计算量		主变压器 220kV 侧线电压 U_{ab}、U_{bc}、U_{ca}； 主变压器 220kV 侧双向有功功率、无功功率； 主变压器 220kV 侧功率因数； 主变压器 35kV 侧线电压 U_{ab}、U_{bc}、U_{ca}； 主变压器 35kV 侧双向有功功率、无功功率； 主变压器 35kV 侧功率因数
直采量	220kV 母线 TV	三相电压 U_a、U_b、U_c； 零序电压 $3U_o$
计算量		线电压 U_{ab}、U_{bc}、U_{ca}
直采量	35kV 断路器	三相电流 I_a、I_b、I_c； 三相电压 U_a、U_b、U_c
计算量		线电压 U_{ab}、U_{bc}、U_{ca}； 有功功率、无功功率； 有功电度、无功电度
直采量	35kV 接地变压器 /场用变压器	高压侧三相电流 I_a、I_b、I_c； 高压侧三相电压 U_a、U_b、U_c； 低压侧三相电流 I_a、I_b、I_c； 低压侧三相电压 U_a、U_b、U_c
计算量		高压侧线电压 U_{ab}、U_{bc}、U_{ca}； 高压侧有功功率、无功功率； 低压侧线电压 U_{ab}、U_{bc}、U_{ca}； 低压侧有功电度
直采量	35kV 母线 TV	三相电压 U_a、U_b、U_c； 零序电压 $3U_o$
计算量		线电压 U_{ab}、U_{bc}、U_{ca}
直采量	直流系统	直流电源母线电压
直采量	低压综保	电流

4.3.2.4 遥控量

遥控量主要有 220kV 断路器、220kV 隔离开关主刀、220kV 接地刀闸、主变压器中性点接地闸刀、主变压器有载调压分接头挡位调节、35kV 断路器、0.4kV 断路器、全场信号总复归。

4.3.3 站控层功能要求

站控层通过工作站对海上升压站和陆上集控中心内电气设备实现监视和控制。站控层工作站可以根据电网运行方式的要求，实现各种闭环控制功能。海上风电场电气监控系统远动工作站设置于陆上集控中心，具备与调度部门、场级管理层进行数据通信所需的各类接口。

1. 数据采集与处理

通过间隔层设备采集来自现场的模拟量、数字量、脉冲量及温度量等，生产过程参数包括 TA 参数、TV 参数、保护参数、直流系统参数、场用电系统参数、状态诊断设备量数据等。对所采集的输入量进行数字滤波、有效性检查、工程值转换、故障判断、信号接点抖动消除、刻度计算等加工，从而生产出可供应用的电流、电压、有功功率、无功功率、功率因数等各种实时数据，供数据库更新。系统应形成分布式数据库结构，在地控制单元中保留本地处理的各种实时数据。

2. 统计计算

对实时数据进行统计、分析、计算，例如通过计算产生电压合格率，有功功率，无功功率，电流，总负荷，功率因数，电量日、月、年最大值、最小值及出现的时间、日期、负荷率，电能分时段累计值，数字输入状态量逻辑运算值，设备正常、异常变位次数并加以区分等，并提供一些标准计算函数，用来产生用户可定义的虚拟测点进行平均值、积分值和其他计算统计。

3. 画面显示

通过主机的彩色屏幕和人机联系工具显示屏幕显示各种信息画面，显示内容主要包括全部设备的位置状态、变位信息、保护设备动作及复归信息、直流系统及所用电系统的信息、各测量值的实时数据、各种告警信息、自动化系统的状态信息等。

显示器上显示的各种信息以报告、图形、声光等形式及时提供给运行人员。

（1）报告显示：报告显示内容包括报警、事故和正常运行所必要的全部数据。

（2）图形显示：图形分为过程图形和表格等，图形由图形元素、对象标号、特性参数、文字和便笺等组成。

（3）显示画面的调用：运行人员在工作站上通过控制键盘、鼠标实现对监视画面的调用。

4. 打印记录

记录功能指计算机站控系统通过打印机将各种要求的信息按指定的格式输出到打印纸上。

（1）状态变化记录：状态变化记录包括事故状态变化记录，响应状态变化记录和风电场一体化监控系统异常状态记录，当状态发生变化时，应立即打印出变化时间和变化信息。

（2）数据记录：将测量值按随机、定时、日报、月报等不同形式打印输出。

（3）画面记录：对于在工作站上显示的画面可按运行人员的要求，用打印机打印出相应画面。

（4）其他记录：其他还有一些记录，如保护动作记录、控制操作记录等，也应打印输出。

（5）事件顺序记录：事件顺序记录的内容为快速发生的事故状态变化记录，应能按要求的报告形式打印输出。

5. 告警处理

告警处理分两种方式：一种是事故告警；另一种是预告告警。前者包括非操作引起的断路器跳闸和保护装置动作信号；后者包括设备状态变位、状态异常信息、模拟量越限、越复限、计算机站控系统的各个部件、间隔层单元的状态异常等。

（1）事故告警。

1）事故发生时，公用事故告警器立即发出音响告警（告警音量可调），LCD画面用颜色改变和闪烁表示该设备变位，同时显示红色告警条文，打印机打印告警条文，数据转发装置向远方控制中心发送告警信息。

2）事故告警通过手动或自动方式确认，自动确认时间可调。告警一旦确认，声音、闪光立即停止，告警条文颜色变化，向远方控制中心发送信息，告警信息保存。

3）在第一次事故告警发生阶段若发生第二次告警，应同样处理，不覆盖第一次。

4）告警装置可在任何时间进行手动试验，试验信息不予传送、记录。

5）告警处理可以在工作站上予以定义或退出，这种改变可以查询，并打印记录。

（2）预告告警：预告告警发生时，其处理方式除与事故告警处理相同外，音响和提供信息颜色应区别于事故告警，能有选择地向远方发送信息。

设备在检修调试时，闭锁检修单元遥信。

6. 控制功能

对各电压等级断路器、隔离开关、接地开关，主变压器有载调压开关，主变压器中性点隔离开关等采用就地和远方控制方式。站内操作控制分为五级，具体如下：

第一级控制：设备就地检修控制。具有最高优先级控制权。当操作人员将就地设备的远方/就地切换开关放在就地位置时，将闭锁所有其他控制功能，只能进行现场操作。

第二级控制：海上升压站内的站控层控制。该级控制在海上升压站操作员站上完成。

第三级控制：陆上集控中心站内的远程控制。本级控制在近陆集控中心操作员站上完成，其与第五级控制的切换在本操作员站上完成。

第四级控制：电网调度部门控制。

第五级控制：发电集团远程中心控制，优先级最低。

原则上监控系统间隔层和现场智能设备层只作为后备操作手段或检修操作手段。为防止误操作，在任何控制方式下都需采用分步操作，即选择、返校、执行，并在站控层设置操作员、监护员口令及线路代码，以确保操作的安全性和正确性。对任何操作方式，应保证只有在上一次操作步骤完成后，才能进行下一步操作。同一时间只允许一种控制方式有效。对于遥控，需要设置各个控制源的遥控投退压板，当遥控投退压板投入时则允许当前控制源对站内可控设备的操作权，否则取消操作权。

具体来说，五级控制功能的工作方式为：前一种属于就地手动操作，后四种属于计算机操作。控制方式切换依靠就地/远方选择开关进行。当切换到就地时，站控层工作站对现场设备不产生任何控制作用，当切换到远方操作时，就地手动控制不产生任何控制作用。站控层工作站对一台设备同一时刻只能执行一条控制命令，当同时收到一条以上控制命令或与预操作命令不一致时，系统应拒绝执行，并返回出错信息。每个被控对象只允许以一种方式进行控制。

运行人员在站控层工作站上调出操作相关的设备图后，通过操作键盘或鼠标，可对需要控制的电气设备发出操作指令，实现对设备运行状态的变位控制。工作站应提供必要的操作步骤和足够的软、硬件校核功能，以确保操作的合法性、合理性、安全性和正确性。

7. 操作权限

站控层具有操作权限等级管理，当输入正确操作口令和监护口令时才有权进行操作控制，参数修改，并将信息予以记录。站控层具有记录操作修改人、操作修改内容的功能。

8. 时钟同步

由于陆上集控中心和海上升压站距离较远，如采用常规的对时主机＋时钟扩展装置方式，对时信号经过长距离海缆传输后将产生延时。故需要在陆上集控中心和海上升压站分别设置卫星时钟同步对时系统。

对时主机采用主备冗余配置，同时每套时钟具备接收 GPS 与北斗系统时间信号的功能，可切换运行，并配有接收天线及具有计算机接口的高精度时钟装置，用来同步后台监控主机时钟，间隔层设备时钟及各工作站、服务器的时钟，包括和主电源接口的传感器，以获取电力系统的时间，系统内时钟误差应小于 1.0×10^{-6} s/天，同步接收精度误差小于 1.0×10^{-9} s/天。

4.3.4 系统性能要求

1. 系统的可用性

电气监控系统保证在现场安装后能立即适用并稳定可靠运行，系统年可用率应大于 99.9%，维护响应时间小于 12h。

2. 系统的可维护性

系统的硬件、软件设备应便于维护，各部件都应具有自检和联机诊断校验的能力，应为工程师提供完善的检测维护手段及仿真程序软件，包括在线的和离线的，以便于准确、快速进行故障定位。软件应有备份，便于工程师安装启动，应用程序应易于扩充，数据库存取为用户程序留有接口并提供开发平台的源程序和界面条件。

3. 系统的可靠性

海上风电场电气监控系统在工程现场运行必须具有很高的可靠性，其平均无故障时间（mean time between failure，MTBF）要求为：站控层 $MTBF$ 不小于 20000h，间隔层 $MTBF$ 不小于 40000h。

4. 系统的容错能力

软、硬件设备应具有良好的容错能力，当各软、硬件功能及其与数据采集处理系统的通信出错，以及当运行人员或工程师在操作中发生一般性错误时，均不影响系统的正常运行。对意外情况引起的故障，系统应具备恢复能力。

5. 系统的安全性

除不可抗拒因素外，在一般情况下，硬件和软件设备的运行都不应危及升压变电站的安全稳定运行和工作人员的安全。

6. 系统的抗电磁干扰能力

系统应具有足够的抗电磁干扰能力，确保在升压变电站中的稳定运行。

7. 系统功能的主要技术指标

（1）画面响应时间：操作员发出画面调用请求到屏幕显示完毕的响应时间应小于 2s。

（2）系统响应时间：操作员控制命令从生成到输出的时间小于 1s，站内遥测信息相应时间小于 3s，站内遥信变化相应时间小于 2s。

（3）数据更新周期：自动化系统采集处理数据并用以实时更新的周期应为：开关量更新周期不大于 2s，模拟量更新周期不大于 3s。

（4）CPU 的负载率：在正常运行（考虑模拟量更新处理 30%，同时数字量变位处理 40%）情况下，任意 30min 内 CPU 的负载率应小于 30%；电力系统故障时，

10s内CPU的负载率应小于50%，确保电力设备事故情况下各项功能的顺利执行和较高的实时性。

（5）网络平均负荷率：在正常运行（考虑模拟量更新处理30%，同时数字量变位处理40%）情况下，任意30min内自动化系统网络平均负荷率应小于30%；电力系统故障时，10s内自动化系统网络平均负荷率应小于50%，确保电力设备事故情况下各项功能的顺利执行和较高的实时性。

（6）存储器容量：主存储器容量在正常运行情况下，其占用率应不超过40%。辅存储器容量在正常运行情况下，其占用率应不超过30%。

（7）数据库容量：数据库系统除应保证监控信息的足够容量外，还应具备不低于30%的余量，供用户扩充。

4.4 风电机组能量管理系统

4.4.1 控制原理

能量管理系统自动接收来自远程调度主站定期下发的调节目标或当地发出的预定调节目标，按照事先既定的控制策略自动调整和控制风电场每台机组的能量输出，从而实现风电场有功功率、无功功率、并网点电压等的监测和控制，最终达到风电场并网技术要求。能量管理系统除可以自动接收调度指令外，还可以通过系统人机界面和机组控制器人机界面进行手动调节。

能量管理要综合考虑风电场的各种制约因素，统筹群体发电量与机位、海域、气象条件、风电机组状态的关联，寻找风电机组集群在时间、空间、运行方式、有功出力等多个维度上的配置，进行协调控制，既要实现机组功率的自动控制与安全运行，又要保证效益的最大化。能量管理系统主要通过对有功功率和无功功率的控制来实现对整个风电场的调度及控制。同时，自动发电控制（auto generation control，ACC）是能量管理系统中的一项重要功能，负责控制风机的出力。能量管理系统控制示意图如图4-7所示。

电网根据风电场出力情况、功率变化率要求、并网点电压以及频率等信息，制定发电计划，下发给风电场，风电场再根据风速、电压等信息，按照一定的功率分配规则向各风电机机组下达指令，具体如下：

风电场是多台风电机组单元的集成，风电场控制系统直接与每台机组相连，实时采集风速，通过功率预测模块预测在无调度情况下各台风电机组下一周期的发电功率，累加算出整个风电场下一周期的预测发电功率，同时与电网调度下发的功率目标值进行对比，设定整个风电场的功率预设值。通过能量管理系统的有功功率模块将电

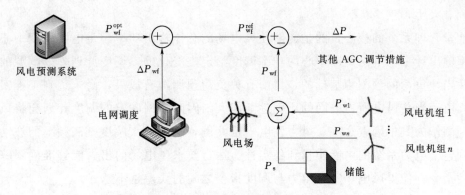

图 4-7　能量管理系统控制示意图

网调度功率 P_{ref} 转换成单台风电机组的有功功率参考信号（$P_{\text{w}i}$，$i=1$、2、3、…），下发指令至各台风电机组。

无功功率控制是通过每周期有功功率设定值确定风电场中机组的无功功率极限，通过修正电网无功调度值 Q_{ref} 得到风电场无功功率预设值，在无功斜率的限制下得到风电场无功功率设定值，采集公共连接点（point of common coupling，PCC）无功功率测量值，通过能量管理系统的无功功率模块计算出每台机组的无功功率设定值。

各风电机组获得下发的有功功率、无功功率参考值，通过桨距角或者启停机的方式调节输出的有功功率，同时参与系统电压调整或者通过调节风电场无功补偿装置以及升压分接头调节其无功功率。每台风电机相应把实时运行信息返回给风电场系统，做到及时调整并制定相应的优化策略。

风电场功率优化控制必须与风电机组控制相协调。若整个风电场采用相同型号的风电机组，并且所有风电机组处于相同的运行状态，则整个风电场的特性与单机相同，因此风电机组可以采用相同的控制策略。如果采购的风电机组类型不相同，并且分布比较广泛，则风电机组处于不同的状态。在这种情况下，风电场需根据其排列位置和风速情况对风电机组进行分组控制，同一组别的机组可以采用相同的策略。整个系统通过控制有功和无功功率使风电机组改变当前运行状况，从而满足整个风电场的电网调度。

在控制过程中，针对各个风电机组的运行状态、发电裕度等对风电机组进行分类控制（分为升功率类、降功率类、起机序列类、停机序列类），实现最小频度的风电机组调节，在保证调节速率和精度的前提下，尽量减少参与调节风电机组的数量和调节频次，以增加风电机组的运行寿命。

4.4.2　控制目标

能量管理系统的控制目标主要有：

1. 满足电网调度指令

能量管理系统的核心目的是能够使风电场的总体输出功率满足电网调度中心下达的功率输出计划。电网调度中心的功率调度给定是变化的，调度计划是以电源的可靠性以及当地负荷的预测为基础的，目前有关负荷预测鲜有成果，尚未达到工程实用性要求，由于当前风电所占电网的比例逐渐偏大，因此电网制定的调度计划会将风电场出力预测作为其中因素之一，风力发电一旦并网，会造成大幅度、高频率的波动，会影响到整个电力系统的电能质量和稳定性。运行要求风电场的出力能够准确跟踪变化的调度指令，使得风电场实际出力与调度指令之间的误差越小越好。

因而通过功率控制使得风电场整体出力情况最大程度满足电网调度指令的重点是需要考虑控制目标。

2. 功率损耗最小

一个大型风电场包含若干风电机组，为了更有利地采集风资源，其占地面积较广，单台机组发电功率需要通过集电线路汇集，然后通过升压器输送给电网，在此过程中线路损耗不可避免。此外，风电场内包含的风电机组、变电站和变压器，也属于电力电子器件，在运行过程中，必然会产生无功损耗。为了保证功率优化分配的裕度，因此将功率损耗最小作为优化目标。

3. 风电场功率输出变化幅度最小

风电场功率输出的变化幅度除了与风电场实时波动的风速有关，还与控制策略有关。

单台风电机组的控制指令变化幅度波动过大会导致风电机组系统频繁动作。除此之外，频繁地切换机组运行状态，会导致整个风电场的出力波动剧烈，从而大大降低整个风电场输出功率的稳定性、平滑性以及可靠性。

4. 风电机组执行机构动作频率最小

风电机组的执行机构主要是变桨系统以及并网变频器等控制系统。变桨系统的频繁动作会使桨距角变化范围变大，同时会使蓄电池的寿命降低，并对变频器本身造成损伤，对电网也会造成较大的冲击。应把风电机组执行机构动作频率最小作为一个控制目标，以减少风电机组的机械损失和提高机组使用寿命。

4.4.3　控制方式

能量管理系统有以下控制模式：

（1）远方控制模式：能量管理系统接收到电网下发的有功目标指令，并以此为控制目标对每台风电机组进行控制。

（2）人工控制模式：能量管理系统接收人工输入的控制目标，并以此为控制目标对每台风电机组进行控制。

（3）就地计划控制模式：能量管理系统按照调度前期下发的计划曲线或前期人工设置的发电计划进行自动控制。

4.4.4 控制策略

在能量管理系统中，控制策略是重中之重，它直接影响到功率控制的效果，从而影响到整个风电场的输出稳定性。为了满足电网调度功率指令，能量管理系统需要对有功功率、无功功率进行合理分配，制定合理的功率分配算法。

4.4.4.1 有功功率分配算法

有功功率分配算法主要有固定比例分配算法和变比例分配算法。固定比例分配算法根据额定容量大的风电机组分配有功功率多的原则进行分配，该类方法粗略地计算有功功率设定值。实际上，在风电场运行时，每台机组实际的发电功率与风速有关，因此机组所发的功率可能达不到给定值。变比例分配算法主要是根据实时风速预测风电机组的有功输出功率值，按照出力大的机组分配多的原则进行分配。采用变比例分配算法进行有功功率分配，能够根据机组的实际运行状态、实时功率、风速等信息，进行合理精确的有功功率分配。

调节精度控制系统通过死区设置，对目标指令进行 PID 控制，时刻对目标值和当前实发值进行监视控制，使实发值与目标值的差值在死区范围内，以达到有功功率调节精度要求。根据现场风电机组的反应速率，可进行调节死区和调节步长的设置。

有功控制精度要求：

|实发有功－目标有功|≤0.3MW（精度可根据死区定值进行调整）。

调节速率控制风电场有功功率的调节速率为每分钟上升或者下降占全场总有功功率的比例及 10min 上升或者下降占全场总有功功率的比例，可满足不同电网对调节速率的要求，同时具备风电机组调节上限、调节下限、调节速率、调节时间间隔等约束条件限制，以防止功率变化波动较大时对风电机组和电网的影响。有功功率分配要求见表 4-6。

表 4-6   有 功 功 率 分 配 要 求   单位：MW

风电场装机容量	10min 有功功率变化最大限值	1min 有功功率变化最大限值
<30	10	3
30~150	装机容量/3	装机容量/10
>150	50	15

注：有功功率调节精度和有功功率调节速率变化率必须满足相应国家标准及各地调度的实际要求。

4.4.4.2 无功功率分配算法

无功功率分配算法中目前主要以比例分配为主，主要有两种形式：一种是等功率分配因素分配，该分配算法能保证每台机组功率因素相等，避免了出现某些机组有功功率、无功功率输出不协调超出极限的可能性；另一种分配算法是根据无功容量比例分配至机组，利用各台风电机组实时状态信息计算当前无功功率调节范围，根据所得值进行等比例分配，尽可能使每台机组发出或者吸收的无功功率在机组的无功功率发生极限范围内，并能充分发挥每台机组的无功功率调节潜力。

风电场能量管理系统能控制风电场的无功功率输出保持其在一定范围之内，系统能自动智能控制无功功率，确保母线公共连接点上的无功输出达到风电场稳定并网点电压的无功需求，在线路损耗最小的情况下，动态调节机组的无功输出，确保以风场为单位的动态无功功率输出特性满足电网要求。自动接收上级电网调度下发的无功功率发电计划，跟踪执行。

1. 计算所需无功支撑

如果以母线电压为控制对象，则需要计算出支撑该电压所需的无功裕度，并根据风电机组的无功出力或集电线电压状况进行无功源的优化控制。当进行无功分配时，要进行各风电机组机端电压的控制，保证风电机组出口电压在 690V 允许范围之内。

2. 调节精度控制

系统通过死区设置，对目标指令进行 PID 控制，时刻对目标值和当前实发值进行控制，使实发值与目标值的差值在死区范围内，以达到 AVC 的无功调节精度要求。

无功控制精度：｜母线电压－目标电压｜≤ 0.3kV（精度可根据死区定值进行调整，也可设置成无功死区）。

需要注意的是无功调节精度必须满足相应国家标准及各地调度的实际要求。

无功分配算法经由以下步骤确定每台正常运行风电机组的功率因数角：

（1）根据现场测试经验，设定单台风电机组的功率因数下限，即

$$\cos{}^i\delta_{\min}=\begin{cases}0.95, P^i_{\text{real}}\geqslant1200\\0.90, P^i_{\text{real}}<1200\end{cases} \tag{4-1}$$

式中　$\cos{}^i\delta_{\min}$——单台风电机组的功率因数下限；

i——某一台风电机组；

P^i_{real}——风电机组当前的有功功率实际值。

（2）计算单台风电机组无功功率最大值，即

$$Q^i_{\max}=\frac{P^i_{\text{ref}}\times\sqrt{1-(\cos{}^i\delta_{\min})^2}}{\cos{}^i\delta_{\min}} \tag{4-2}$$

式中　P^i_{ref}——风电机组有功功率设定值和有功功率预测值中的最小值。

（3）根据风电场的无功功率调度值和风电场最大无功出力，按裕度计算单台风电机组的无功功率设定值，即

$$Q^i_{\text{set}}=\frac{Q^i_{\max}}{Q_{\max}}\times Q_{\text{dis}} \tag{4-3}$$

式中 Q_{set}^i——单台风电机组的无功功率设定值；

$\qquad Q_{dis}$——风电场的无功功率调度值；

$\qquad Q_{max}$——风电场的最大无功出力，其值等于风电场内每台风电机组的最大无功

功率之和，即 $Q_{max} = \sum_{i=1}^{n} Q_{max}^i$。

（4）计算单台风电机组的设定功率因数，即

$$\cos{}^i\sigma = \frac{P_{ref}^i}{\sqrt{(Q_{set}^i)^2 + (P_{ref}^i)^2}} \tag{4-4}$$

4.4.5 有功功率无功功率协调控制

为了尽可能避免机组视在功率饱和以及充分利用有功无功容量，在制定风电场有功功率、无功功率分配算法时，可以将两者结合，按照有功出力越大的机组，分配的有功功率越多；有功功率出力越多的机组其无功功率越少的原则。

由于风电机组集电线为低压网络，有功功率的变化可能会对机端电压产生影响，从而影响到全场的电压分布，造成并网点电压波动。因此，在进行有功功率调节时，要提前预估出有功功率调节对电压的影响，从而进行无功功率的超前调节。

能量管理系统性能要求：

（1）系统应有较强的灵活性，具有一定的适应能力，能适用于各种规模和不同气候的风电场，能够合理调整、调度、控制各项参数。

（2）数据输入时应无等待时间；事件处理响应时间少于 2s（不含调度、控制类输出）。

（3）遥调、遥控指令到达控制端时间不大于 3s，遥信、遥测量刷新时间不大于 2s。

（4）控制误差基本在 1% 以内，可以保证 2% 的误差以内。

（5）风电场有功功率的调节速率为每分钟有功功率上升或者下降的量占全场总有功功率的 8% 以上，做到可配置。

（6）按照风电场管理有关规定输出符合精度要求的结果：一般浮点型数据的精度要求为保留两位小数，调度控制过程中，持续时间以分钟为计数单位。

4.5 风功率预测系统

4.5.1 背景

风资源是一种不稳定的资源，随着时间、空间的变化，风资源表现出不同程度的

波动性，这种波动性将对海上风电场的安全稳定运行造成影响。风功率预测是根据风电场的历史风功率、风速、地理环境、数值天气预报（numerical weather prediction，NWP）等数据采用物理或数学方式建立风电场输出功率的预测模型，对未来一段时间内的风速、风向等进行预测，为风电机组的控制、调度提供参考，实现海上风电场的经济调度、安全控制，提升电力市场竞价能力。

根据《风电场接入电力系统技术规定》（GB/T 19963—2011）及《风电功率预测系统功能规范》（NB/T 31046—2013）要求，风电场应设置风电功率预测预报系统，技术条件满足 NB/T 31046—2013 的要求。

4.5.2 风功率预测技术

风功率预测技术一般以数值天气预报的结果作为输入，以数值天气预报提供的风速、风向、气压、气温等为参数，考虑风电场的等高线、地表粗糙度、风电机组轮毂高度、风电机组特性曲线、机械结构等指标进行建模，一般用于中长期预测和风资源评估。

气象条件（特别是台风情况、海浪情况）是运维时间窗口选择的重要基准。目前普遍采用的陆上观测站气象数据在海上空间代表性较差。应结合复杂地形和大风电场机群特点，建立高精度天气预报模型及系统，实现智能风电场气象预报模式优化。具体做法是：通过将中尺度模型预测结果进行降尺度处理，获得高空间精度的风资源数据；将风电场的实时观测资料同化到数值模式预报系统中，充分考虑风电场多种环境因素，经过统计订正处理，最终获得高精度的气象预测数据。气象预测系统示意图如图 4-8 所示。

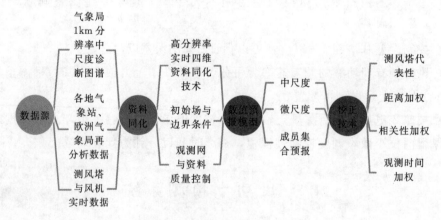

图 4-8　气象预测系统示意图

气象预报结果包括风浪（涌浪）高度、降雨量、风速风向和温度等。

可获得的中期气象和海浪预报分辨率为：①每 6h 滚动预报未来 15 天（360h）的

气象和海浪情况；②时间分辨率为 15min。

可获得的短期气象和海浪预报分辨率为：①每 6h 滚动预报未来 4 天（96h）的气象和海浪情况；②时间分辨率为 15min。

超短期风电功率预测一般采用数理统计法，对风电场所在地测风塔的历史观测数据和周边气象台站的历史观测数据进行分析和整理，根据实际需要选择逐步回归法、时间序列法、BP 神经网络法等适用性技术进行风力预测建模试验，最后选取预报效果较好的一种风力预测模型。超短期风电功率预测能够实现对接入系统风电场未来 0～4h 输出功率情况进行预测，预测点时间分辨率为 15min。超短期功率预测流程示意图如图 4-9 所示。

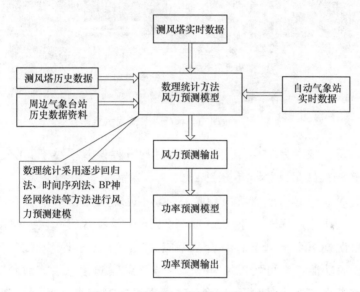

图 4-9　超短期功率预测流程示意图

短期风电功率预测主要依靠数值气象预报，并根据风电场地形的特点，输入风电场测风塔观测资料、周边自动气象站观测资料、风电场基础地理信息资料等，对风电场微观区域进行时空加密计算，得出满足风电场功率预测需求的风力预测结果。在风电机组标准功率特性曲线的基础上，根据风电场历史功率数据以及历史测风塔数据统计分析获得风电场的功率预测模型。结合风力预测结果与功率预测模型便可获得风电场全场的输出功率预测结果。短期风电功率预测能够实现对接入系统的所有风电场次日 0～24h 输出功率情况的预测，预测点时间分辨率为 15min。短期功率预测方案流程示意图如图 4-10 所示。

4.5.3　风功率预测系统的功能

（1）短期功率预测功能（日前预报）：其可实现风电场次日零时起 24h 的风电输

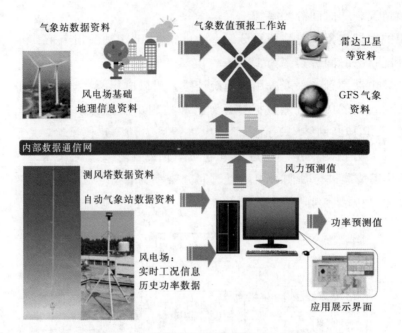

图4-10 短期功率预测方案流程示意图

出功率预测，时间分辨率为15min。短期预测月均方根误差率小于20%。月合格率应大于80%，日预测曲线最大误差不超过25%。

（2）超短期功率预测功能（实时预报）：其可实现风电场未来15min~4h的风电输出功率预测，时间分辨率不小于15min，每15min滚动执行一次。超短期预测第4h预测值月均方根误差率小于15%。月合格率应大于85%，实时预测误差不超过15%。

（3）人机界面功能：其可实现风电场实时风资源监测信息、实时功率、实时机组状态、预测功率等规定内容的展示；可实现风资源监测信息、实测功率、预测功率、预测准确率等内容的统计分析；可实现风电场预计开机容量、停机检修计划、网调新能源发电计划等内容的解析和录入等。

（4）信息上报功能：其可按照网/省调技术要求，实现标准格式的短期功率预测、超短期功率预测、测风塔实时监测、风电机组检修容量、风电场装机容量、投运容量、最大功率等信息的上报。

4.5.4 风功率预测系统的组成

4.5.4.1 系统组成

风电功率预测系统包括数据采集、功率预测及系统平台应用软件等几部分，主要由风功率预测主机（数据库服务器、通信服务器、应用服务器等）、用户工作站、数据采集服务器、网络设备（交换机、防火墙、反向物理隔离装置等）及应用软件、海上测风设备等组成。海上升压站配置激光气象雷达一套，包括风速、风向、风切变、温度、湿度及气压等，可在风电场运行后提供高质量的数据，并将其送至风功率预测系统中。

数据采集子系统负责将由测风设备实测气象数据传到数据采集服务器，数据采集工作站负责将测风设备实测数据存入数据库，接收由风电场传输的风电机组实时信息（风电机组工况、单台风电机组实时功率、风电机组机头风速等），解析后存入数据库。

软件平台将对监测和预测的数据结果以直观的方式展示并分析。

风功率预测系统需接入的数据包括：

(1) 测风塔实时测风数据。由于测风塔在海上风电场前期做风资源评估时使用，若现有测风塔能满足风电功率预测系统要求，则不需要重新设立测风塔。若现有测风塔不能满足风电功率预测系统要求，考虑成本方面的原因，可不再重新设立测风塔，采用相对便宜的激光（或声波）雷达，该雷达可以安装在海上升压站平台上，或者单独在海上建一个平台供其安装。

(2) 数值天气预报数据。数值天气预报数据由国内权威气象部门提供或采用国际商用全球模式气象数据，通过外部因特网下载。

(3) 风电场实时功率数据。风电场实时功率数据由风电场计算机监控系统提供。

(4) 风电机组状态数据。风电机组状态数据由风电场监控系统提供。

风功率预测系统主机（数据库服务器、通信服务器、应用服务器等）、用户工作站、数据采集服务器等主要设备布置在陆上集控中心。

4.5.4.2　网络拓扑

风功率预测系统应运行在电力二次系统安全Ⅱ区。安全Ⅰ区的风电场计算机监控系统把实时功率等运行数据和测风设备数据通过防火墙送至安全Ⅱ区的功率预测系统。数据采集服务器采集数值天气预报数据，并通过反向隔离装置送至安全Ⅱ区的风功率预测系统。风功率预测系统通过纵向加密装置和路由器把数据送至调度Ⅱ区。Web服务器、数据服务器和应用服务器是按逻辑功能来划分的，可根据实际情况放置在一台或多台硬件服务器上。系统原理及网络拓扑图如图4-11所示。

建议的数据通道（具体有待工程实施阶段进一步落实）有：

(1) 数值天气预报到数据采集服务器的数据通道宜为互联网。

(2) 测风塔（如有）数据到数据采集服务器的数据通道为海缆复合光纤通道。

(3) 风电场监控系统到风功率预测系统的数据通道为以太网通道。

(4) 风功率预测系统数据上报到调度的数据通道以接入系统报告及其批复文件为准。

4.5.4.3　软件架构

风功率预测系统是一个建立在分布式计算环境中的多模块协作平台，其平台模块

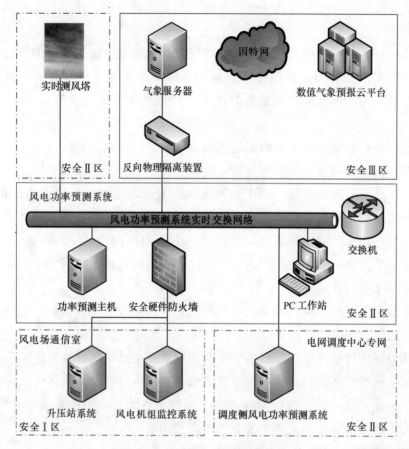

图 4 - 11　系统原理及网络拓扑图

图如图 4 - 12 所示。

各个软件程序的功能如下：

（1）预测数据库程序。预测数据库程序是整个风功率预测系统的数据核心，各个功能模块都需要通过系统数据库完成数据的互操作。系统数据库中存储的数据内容包括数值天气预报、测风塔实测气象数据、风电场实时有功数据、超短期风功率预测数据、时段整编数据、功率预测数据。

（2）人机界面程序。人机界面程序是用户和系统进行交互的平台，人机界面以数据表格和过程线、直方图等形式向用户展现预测系统的各项实测气象数据、风电场实时有功数据和预测的中间值、最终结果。

（3）数值天气预报获取解析程序。数值天气预报获取解析程序负责定时利用网络下载从气象部门获得的天气预报数据，通过筛选、格式化等操作将数据存放到预测系统数据库中。

（4）风电场风电机组信息采集程序。风电场风电机组信息采集程序负责将从风电

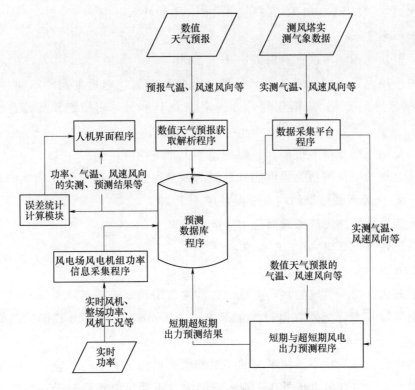

图 4-12 风功率预测系统软件平台模块图

机组厂家获得的风电机组实时有功数据转存到预测数据库，以在预测数据比对和预测功率计算时使用。

（5）数据采集平台程序。数据采集平台程序负责从测风塔收集与预测相关的气象数据，并对数据做初步筛选处理，然后存入预测数据库。

（6）短期风功率预测模块程序。短期风功率预测模块程序从预测数据库中获得数值天气预报数据，以此为输入，应用各种模型计算短期和超短期功率预测结果并存入预测数据库。

（7）超短期风功率预测模块程序。超短期风功率预测模块程序从预测数据库中获得测风塔实测气象数据，以此为输入，应用各种模型计算短期和超短期功率预测结果并存入预测数据库。

（8）误差统计计算模块程序。在误差统计计算模块程序中，输入不同时间间隔的预测和实测功率数据，统计合格率、平均相对误差、相关系数，存入预测数据库，输出误差计算结果到人机界面。

4.5.5 风功率预测系统的性能要求

风功率预测系统的性能参数建议满足《风电场功率预测预报管理暂行办法》（国

能新能〔2011〕177 号）和 NB/T 31046—2013 中的技术要求。

1. 系统性能要求

（1）风电功率预测单次计算时间应小于 5min。

（2）单个风电场短期预测月均方根误差应小于 20%，超短期预测第 4h 预测值月均方根误差应小于 15%；短期预测月合格率应大于 80%，超短期预测月合格率应大于 85%。

（3）风电场短期预报上报率和超短期预测上报率均应达到 100%。

（4）风电场功率预测系统提供的日预测曲线最大误差不超过 25%，实时预测误差不超过 15%，全天预测结果的均方根误差应小于 20%。

（5）系统硬件平均无故障时间应大于 500000h。

（6）系统月可用率应大于 99%。

2. 数据采集要求

（1）所有数据的采集应能自动完成，并能通过手动方式补充录入。

（2）测风设备实时测风数据时间延迟应小于 5min，其余实时数据的时间延迟应小于 1min。

（3）测风设备至风功率预测系统的实时测风数据传送时间间隔应不大于 5min。

（4）测风设备宜在风电场外 1~5km 范围内且不受风电场尾流效应影响，宜在风电场主导风向的上风向，位置应具有代表性。

（5）采集量应至少包括 10m、50m 及轮毂高度的风速和风向以及气温、气压等信息，宜包括瞬时值和 5min 平均值。

（6）电网调度机构的风功率预测系统所用的测风数据应通过电力调度数据网由风电场上传。

（7）风电场的测风设备至风电功率预测系统的数据传输宜采用光纤传输等方式。

（8）测风设备数据可用率应大于 99%。

（9）风电场实时功率数据的采集周期应不大于 1min。

（10）电网调度机构的风电功率预测系统的数据应取自所在安全区的基础数据平台。

（11）风电场实时功率数据的采集周期应不大于 1min，应取自风电场升压站计算机监控系统。

（12）风电机组状态数据的采集周期应不大于 15min，应通过电力调度数据网由风电场计算机监控系统上传。

（13）风电场计划开机容量数据应与数值天气预报相对应，计划开机容量应通过手动方式录入。

3. 数据处理要求

（1）所有数据存入数据库前应进行完整性及合理性检验，并对缺测和异常数据进行补充和修正。

（2）数据完整性检验应满足：

1）数据的数量应等于预期记录的数据数量。

2）数据的时间顺序应符合预期的开始、结束时间，中间应连续。

（3）数据合理性检验应满足：

1）对功率、数值天气预报、测风数据等进行越限检验，可手动设置限值范围。

2）对功率的变化率进行检验，可手动设置变化率限值。

3）对功率的均值及标准差进行检验。

4）对测风设备不同层高数据进行相关性检验。

5）根据测风数据与功率数据的关系对数据进行相关性检验。

（4）对于缺测和异常数据，应按下列要求处理：

1）以前一时刻的功率数据补全缺测的功率数据。

2）以装机容量数据替代大于装机容量的功率数据。

3）以零替代小于零的功率数据。

4）以前一时刻功率替代异常的功率数据。

5）对于测风设备的缺测及不合理数据以及其余层高数据根据相关性原理进行修正；不具备修正条件的以前一时刻数据替代。

6）数值天气预报缺测及不合理数据以前一时刻数据替代。

7）所有经过修正的数据以特殊标示记录。

8）所有缺测和异常数据均可由人工补录或修正。

4. 数据存储要求

（1）存储系统运行期间所有时刻的数值天气预报数据。

（2）存储系统运行期间所有时刻的功率数据、测风设备数据，并将其转化为15min的平均数据。

（3）存储每次执行短期风功率预测的所有预测结果。

（4）存储每15min滚动执行的超短期风功率预测的所有预测结果。

（5）预测曲线经过人工修正后存储修正前后的所有预测结果。

（6）所有数据至少保存10年。

5. 预测功能要求

（1）预测的基本单位为单个风电场。

（2）风电场的风功率预测系统应能预测本风电场的输出功率。

（3）电网调度机构的风功率预测系统应能预测单个风电场至整个调度管辖区域的

风电输出功率。

（4）短期风电功率预测应能预测次日零时起 72h 的风电输出功率，时间分辨率为 15min。

（5）超短期风电功率预测应能预测未来 15min～4h 的风电输出功率，时间分辨率不小于 15min。

（6）短期风电功率预测应能够设置每日预测的启动时间及次数。

（7）短期风电功率预测应支持自动启动预测和手动启动预测。

（8）超短期风电功率预测应每 15min 自动执行一次。

（9）应支持设备故障、检修等出力受限情况下的功率预测。

（10）应支持风电场扩建情况下的功率预测。

（11）应支持多源数值天气预报数据的集合预报。

（12）应能对风电功率预测曲线进行修正。

（13）应能对预测曲线进行误差估计，预测给定置信度的误差范围。

6. 统计分析要求

（1）参与统计数据的时间范围应能任意选定。

（2）历史功率数据统计应包括数据完整性统计、分布特性统计、变化率统计等。

（3）历史测风数据、数值天气预报数据统计应包括完整性统计、风速分布统计、风向分布统计等。

（4）风电场运行参数统计应包括发电量、有效发电时间、最大出力及其发生时间、同时率、利用小时数及平均负荷率等参数的统计，并支持自动生成指定格式的报表。

（5）应能对历史功率数据、测风数据和数值天气预报数据进行相关性统计，分析数据的不确定性可能引入的误差。

（6）应能对任意时间区间的预测结果进行误差统计。

（7）应能对多个预测结果分别进行误差统计。

（8）误差统计指标至少应包括均方根误差、平均绝对误差、相关性系数、最大预测误差等。

7. 界面要求

（1）应支持单个和多个风电场实时出力监视，以地图的形式显示，包括风电场的分布、风电场的实时功率及预测功率。

（2）应支持多个风电场出力的同步监视，宜同时显示系统预测曲线、实际功率曲线及预测误差带；电网调度机构的风功率预测系统还应能够同时显示风电场的上报预测曲线。实际功率曲线应实时更新。

（3）应支持不同预测结果的同步显示。

（4）应支持数值天气预报数据、测风设备数据、实际功率、预测功率的对比，提供图形、表格等多种可视化手段。

（5）应支持时间序列图、风向玫瑰图、风廓线以及气温、气压、湿度变化曲线等气象图表展示。

（6）应支持统计分析数据的展示。

（7）监视数据更新周期应不大于 5min。

（8）应具备开机容量设置、调度控制设置及查询页面。

（9）应支持异常数据定义设置，支持异常数据以特殊标识显示。

（10）应支持预测曲线的人工修改。

（11）应具备系统用户管理功能，支持用户级别和权限设置，至少应包括系统管理员、运行操作人员、浏览用户等不同级别的用户权限。

（12）应支持风电场基本信息的查询。

（13）应具备功率预测系统运行状态监视页面，实时显示系统运行状态。

（14）所有的表格、曲线应同时支持打印输出和电子表格输出。

8. 安全防护要求

（1）电网调度机构和风电场风功率预测系统均应运行于电力二次系统安全Ⅱ区。

（2）风功率预测系统应满足电力二次系统安全防护规定的要求。

9. 数据输出要求

（1）电网调度机构的风功率预测系统至少应提供次日 96 点单个风电场和区域风电功率预测数据；每 15min 提供一次未来 4h 单个风电场风电功率预测数据，预测值的时间分辨率为 15min。

（2）风电场的风电功率预测系统应根据调度部门的要求向调度机构的风电功率预测系统至少上报次日 96 点风电功率预测曲线；每 15min 上报一次未来 4h 超短期预测曲线，预测值的时间分辨率不小于 15min。

（3）风电场的风功率预测系统向调度机构上报风功率预测曲线的同时，应上报与预测曲线相同时段的风电场预计开机容量。

风电场的风功率预测系统应能够向调度机构的风功率预测系统实时上传风电场测风设备的数据，时间分辨率不小于 5min。

第 5 章 场 级 管 控 层

场级管控层应以数据深度融合共享、大数据分析为基础，以资产高效利用为目标，实现全厂设备资产数字化、可视化、智能化的监控与管理，以及生产经营各环节的智能预测、智能分析、智能诊断、智能决策。

一般来说，场级管控层宜包括设备智能管理、基建智能管理、运维智能管理、安防智能管理、智能办公/生活区以及智慧场级管理平台等。

5.1 设 备 智 能 管 理

设备智能管理涵盖了设备选型、采购、设计、安装、运维的设备全生命周期信息的收集、分析、计划、决策等管理功能。

5.1.1 全生命周期设备索引

设备管理系统收集的设备信息包括：设备固有信息，如设备厂家、型号、说明书、生产图等；设备附属信息，如设备服役情况、安装位置、所属机构等；设备性能表现，如运行过程中的设备状态、电气参数、报警信号等。

实现设备智能管理，要求设备采购和设计过程采用数字化移交。随着数字化移交工作的完成，设备固有信息和附属信息的首次录入工作即完成。在设备智能管理系统的应用层面上，为每一台设备建立唯一的标示码索引，安装、调试、运行或维护人员使用移动端扫描二维码，即可从后台数据库调取设备型号、厂家、服役情况、出厂图纸、说明书、设计单位图纸等原始资料，同时获取集团公司内网甚至外部互联网上相同、相近设备的共享资料，为现场运行、维护提供实时技术支撑，形成"互联网＋"增值技术服务。

5.1.2 设备状态诊断与故障预警

在过去较长的时间内，设备管理的工作普遍通过人员进行，缺乏系统的、智能的管理模式，只能靠人的经验控制设备运行的经济性和高效性，比如靠人员分析是否进行设备维修，固定时间周期对设备进行检查、保养。设备管理工作都是依靠经验，没有理论体系，无法有针对性地制定高效的设备运维策略。建立设备状态诊断系统是提高设备智能化管理水平迈出的重要一步，可以加速完善设备管理系统的预警功能。

智慧海上风电场的主要设备都设置了设备状态诊断系统，如风电机组塔筒和基础沉降监测、桨叶健康监测、传动链检测、螺栓载荷监测、升压站及风电机组安全监测、海缆监测、电气设备（变压器、GIS、开关柜、电缆）的在线监测等。基于各风电场海量的历史数据，可以建立起设备健康状态的模型，并针对所有设备故障，提取故障特征量。根据风电场设备状态在线监测系统的实时数据，通过比对模型特征量，判断设备的运行状态，实现设备状态早期劣化或故障预警；基于设备状态早期预警和设备维护信息找出设备可靠性和维修成本的最佳平衡点，有效防止设备欠修和过修现象。设备状态诊断与故障预警流程如图 5-1 所示。

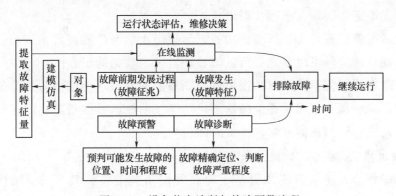

图 5-1　设备状态诊断与故障预警流程

5.1.2.1　海上风电机组智能故障预警系统方案

海上风电机组故障智能预警系统可根据需要对接的各类海上风电机组设备，采集各种类型海上风电机组的实时数据，利用先进的神经元网络技术，实现对风电机组故障状态的早期智能预警。相对于传统的基于预定义限值的报警系统，智能预警系统能通过神经元网络算法对归档历史数据学习训练，形成一个设备或工艺系统的正常运行模型，并将其与实时运行状态进行比较，计算出当前值和模型计算出的期望值之间的偏差，提供故障和劣化趋势的早期预警功能，以降低设备故障的风险，提高设备运行的可靠性。

故障智能预警系统具有以下特点：

（1）不是对单个设备测点独立判断，而是对某个设备或工艺过程的所有相关联信号进行整体分析，从而判断该设备是否正在滋生故障。

（2）传统监视系统只是基于固定限值产生报警，而故障智能预警可以实时分析所有运行模式，并根据当前状态与模型运行状态的偏差提供早期预警。

（3）故障智能预警系统不仅可以监视稳定工况，而且可以监视瞬变工况，例如机组启动工况。

（4）故障智能预警系统将同一台风电机组的数据精细化。以风速 0.5m/s 为步长，计算稳定运行的瞬时功率、主要部件温度、震动幅度。关键是需要剔除正在变化过程中的数据，包括功率快速变化、偏航幅度较大等。这样得出的风功率曲线才有意义。然后，再进行同一台风电机组不同年限的数据比较，得到同一风电场同一时段不同风电机组风功率曲线的比较，以此可大幅提高故障判断的准确率。

（5）故障智能预警具有自定义报警规则功能，所有可用的信号都可以基于预定义逻辑判断规则，这样可以针对设备的一些典型缺陷或者故障预定义相应规则，一旦规则触发，则意味着某类缺陷或者故障肯定存在，从而提高了缺陷故障判断的准确率。如故障智能预警测量每台风电机组遭受的每次雷击、瞬时强湍流破坏、强制停机等外界因素对于每个部件的冲击程度，根据 PHM 模型，计算新的失效曲线，预测其寿命，提示预先准备替换品，进行状态维修。

（6）故障智能预警具有数据验证功能，为了阻止信号故障或者不正确信息被错误使用，来自现场的信号可以首先进行数据验证以确定数据的正确性。

（7）故障智能预警不仅可以监视信号的期望值和残差（期望值与当前值的差值），而且可以提供一个预测值和状态量的输出，用于指明该信号在指定时间区间内是否会有偏差发生，或者预测该偏差将在什么时间发生。

5.1.2.2　海上风电机组智能故障预警模型

故障智能预警系统的智能预警基于神经元网络模型，模型为三层结构，由输入层、过程神经元隐含层和过程神经元输出层组成。输入层完成系统信号的输入及隐含层过程神经元输出信号向系统的反馈；过程神经元隐含层用于完成输入信号的空间加权聚合和激励运算，同时将输出信号传输到输出层并将加权反馈到输入层；输出层完成隐含层输出信号的空间加权聚集和对时间的聚合运算以及系统输出。

以风电机组的发电机故障预警模型为例，通过输入发电机的主轴、绕组、定子、转子、前轴、后轴异常等各个相关参数；以及环境相关量，如风速、温度、风向、湿度；地形特征量，如河口、近海；运行数据相关量，如有功功率、限功率标志、定子温度（若干）、主轴温度和振动值、发电机前后轴承温度以及振动、主轴转速、叶轮转速、机舱温度、机舱振动等，使用神经网络结合发电机疲劳模型（从机组投建期或部件更换期开始算起，结合历史运行数据相关量通过振动比方式计算疲劳指数），进行局部加权回归、贝叶斯概率网络、多维（运行相关量）时间序列、BP 神经网络模型计算，再通过环境相关量和运行数据相关量，结合历史失效案例以及疲劳指数值来判断发电机部件存在的异常。

以齿轮箱故障预警模型为例，输入参数如散热、油温、油压、前后轴、齿轮箱温度、齿轮箱振动等；以及环境相关量，如风速、温度、风向、湿度等；地形特征，如河口、近海等；运行数据相关量，如有功功率、齿轮箱油温、油压、前后轴温度、前后轴振动、变比等。使用齿轮箱的疲劳模型，利用局部加权回归、贝叶斯概率网络、多维（运行相关量）时间序列、BP 神经网络等算法计算，通过环境相关量和运行数据相关量，再结合历史失效案例以及疲劳指数值来判断齿轮箱部件存在的异常。

5.1.2.3 海上风电机组智能故障预警设定

故障智能预警系统的智能预警能通过神经元网络算法对归档历史数据学习训练，形成一个设备或工艺过程的正常运行模型，并将其与实时运行状态进行分析比较，计算出当前值和机组模型期望值之间的偏差，当个偏差值大于一定范围，或有继续放大的趋势时，说明设备存在某类故障苗头或劣化趋势并发出预警。

故障智能预警需要对历史数据进行智能训练，建立设备或工艺过程的正常运行模型。该模型结合相关参数通过神经网络算法，计算出当前工况正常运行的一个期望数值，对当前工况下的期望数值与实际测量数值进行并行显示。

（1）当模型能够训练学习各种工况下的数据样本时，如果实际测量数值几乎与期望数值保持一致，则说明设备或工艺过程正常运行。

（2）如果实际测量数值与期望数值之间出现了一个偏差，当这个差值大于一定范围并且有继续放大的趋势时，故障智能预警会自动报警提示，提前预知该设备某一测点当前运行值偏离正常运行时的期望值，以及可能存在某类隐患的初始苗头，提醒管理人员把隐患消除在萌芽状态之内，从而提高设备的可靠性。

（3）当测量值与期望值有较大偏差时，故障智能预警认为，尽管该测量点处的数值非常之"高"，但通过与模型中所有其他测量点相比，该测量点可以被评估为是"正常"的。当测量值低于正常行为下的对应数值时，同样会给出提示。

当实际测量值与计算的期望值不相匹配时，故障智能预警很容易通过残差确认。所谓残差是指实际测量值和期望值之间的偏差。当某时间段内残差几乎为零，说明该部分的实际测量值与期望值几乎一致。当某时间段内残差明显大于零，显示出该处实际值（对期望值）的一个偏离。故障智能预警能够实时监测残差，并立刻为每个偏离发布一个报警显示列表，用户通过报警显示列表可以直接跳转残差趋势画面进行分析。

5.1.2.4 海上风电机组智能故障预警模型训练

智能故障预警系统在正式使用前，必须对各设备或工艺过程进行训练。一般选取正常状态时间段的数据作为训练样本，但为了保证模型预警的精确性，需在风电机组各种特殊工况下采集训练样本，需要各种工况下的历史样本数据。

智能故障预警系统的模型训练是直接选中某一测点的一段正常历史曲线，添加到该模型的样本训练列表，完成样本采样，然后通过神经网络算法自动计算出当前工况下的测点预期值。当测量值和模型预期值跟踪几乎一致时，即完成模型的训练。

（1）故障智能预警可根据参数设定工具，以总览的方式对所有参数进行直接显示，并提供相应编辑功能。

（2）故障智能预警可以进行快速模型训练，训练后的模型残差限值可以根据训练样本的要求自适应设定，模型可以迅速使用，避免繁琐的手工设定参数值。

（3）模型报警规则可以任意组合设定，增强预警判断条件和规则，防止测点意外跳变引起误报警；也可以在报警规则里增加专家知识，进一步优化模型的预警功能。

5.1.2.5　海上风电机组智能故障预警报警输出

如果智能故障预警系统监测到任何报警行为，它自动生成报警列表，在报警序列中显示详细的信息内容，包括报警的类型、位置和状态，也可以从报警列表跳转到相关的过程画面或趋势图；还可实现直接跳转到故障智能预警报警所发生之处的相关过程显示画面。

如果故障智能预警系统监测到的某一残差报警有继续放大的趋势，故障智能预警会自动提高报警优先级，提前预知该设备测点当前运行值偏离期望值，以及可能存在某类隐患的初始苗头，自动把该故障报警写入维护系统中，督促运维人员尽快处理该设备存在的初始故障隐患，从而把设备隐患消除在萌芽状态。

5.1.2.6　海上风电机组智能故障预警隐患分析

当智能故障预警系统在报警列表中发现报警信息时，可以跳转到个报警的趋势画面进行分析。通过故障智能预警中测量值与期望值的趋势分析可知或可实现：

（1）报警测点的相关信息以及所在的模型设备。

（2）偏差相对于测量值的严重程度。

（3）报警并不是在绝对限值被超过时才产生，而是大大提前，只要当测量值偏离了正常运行值一定范围的时候就能自动产生报警。

（4）监视对象的实际值时刻与模型计算出的期望值进行实时比较。如果残差在 0 附近摆动，说明监视对象的实际值时刻跟踪模型计算出的期望值，设备在该工况下运行正常。如果残差逐渐放大，监视对象的实际值逐渐偏离模型计算出的期望值，说明设备正在逐渐滋生某种故障，应提醒相关人员尽快查找故障原因，把设备隐患消除在萌芽状态，真正做到"防患于未然"。

（5）能够早期识别"蠕变"故障，远远早于实际的故障临界点。通过数据分析与预警隐患排查，监测设备部件的运行状态，当设备部件处于"亚健康"状态时，可以及时发现隐患，并产生预警推送信息以及机组运行状态评定并告知建设单位，建设单位根据风电场工作安排、风况、海况等条件，依据预处理指导方案进行隐患排查，并将排查结果反馈录入系统，问题处理过程中可以实现和专家团队的交互沟通，与用户形成交互闭环，从而更有效地进行专家知识库的建立和对运维人员的工作指导，高效地进行运维管理工作计划。

海上风电机组智能故障预警系统通过对风电机组设备运行的故障提前预判，提前获取设备的健康状态，在未发生设备停机失效前，提前计划好维护方案，对海上运检起到非常好的辅助作用。在未来实际海上风电机组运检过程中，还需要结合海上天气、海上运输、船舶状态等多种条件，为海上运检的综合智能调度提供充足的准备期。

风电机组设备的故障预警结果与相应的排查知识库关联，不但可以提前预报设备部件的隐患问题，同时还可以直接关联处理知识库，同时，提前预知各类设备潜在的故障，把设备隐患消除在萌芽状态，真正做到"防患于未然"，从而提高海上风电机组运行的可靠性，有效提升海上风电的投资回报。

5.2 基建智能管理

5.2.1 概述

基建智能管理，即智慧工地，是针对施工现场人、机、料、法、环采用物联网技术、视频分析技术、云计算、大数据及智能化设备等实现实时智能监控及预警管理，以达到施工过程人员、设备及材料安全，施工进度可控。基建智能管理的功能可分为几大类，如人机物料定位、权限管理、材料管理、环境监测、结构监测、设备状态诊断、视频监控等。

人机物料定位是指监控作业人员的工作位置，是否处于危险或禁入区域，一旦进入可启动报警；施工车辆定位跟踪可合理地完成车辆运营调度，防止车辆进入危险区和禁止通行区域，也可实时跟踪垃圾车的驾驶路线；施工机械定位可掌握其位置及运动轨迹，优化资源调配、场地布置，防止机械碰撞；物料定位可监控物料堆放点是否合理，也可实时跟踪物料运送轨迹。人机物料定位主要依靠 GPS/北斗系统接收装置如手机、智能安全帽等来完成。

权限管理是指施工现场及生活区应用生物识别（如指纹、人脸）对进入人员进行权限识别，记录人员进出情况，防止非工作人员的进入扰乱工作秩序，也可保证工地财产物资的安全；在危险大型机械或重要作业区对身份进行验证，防止无证上岗，减少事故发生的人为因素，也可用于事故发生后的责任追溯。

材料管理是通过射频 ID 卡或者二维码标签对物料和预制构件的采购信息、流转状态、检测报告进行录入和读取，实现材料的计划、采购、运输、库存全过程追踪，提高施工材料质量安全和进场验收效率，减少人力投入。

环境监测是通过传感器对工地风速、湿度、温度等小气象进行感知和监控，以保障施工作业环境的适宜性；通过对烟雾、有害气体、水压、电缆绝缘情况的监测，减少工地作业环境的安全隐患，如火灾等。通过对扬尘、噪声的监控，使用超限报警和喷淋设备联动来降低环境对作业人员健康的慢性伤害。

设备状态诊断对塔机、升降机、工人电梯、卸料平台等危险因素较高的大型施工机械隐患点安装传感器,实时监控机械的应力、高度和位移等数据,并将监测数据通过图表和模型进行可视化展示,实时监测运行状态,数据超标时可及时预警。

视频监控通过计算机视觉高效辨别作业人员位置并追踪人员工作状态,对违规行为进行自动识别报警,如危险工作区域吸烟,未戴安全帽、未系安全带等;通过机器视觉自动识别场地内塔吊、挖掘机等重大机械及危险源,对其位置、变形等要素进行可视化监控,自动辨识异常状态;通过视频监控记录工地出入口、料厂和仓库的人员及车辆进出,以便在出现生产安全及财产安全问题时进行责任追溯。

5.2.2 海上风电场智慧基建管理

海上风电场发展的过程,呈现出与陆上风电不同的技术难点,其中难点之一,在于离岸距离远、运行环境恶劣、巡视检修困难、无人值守,对于通过数字化、自动化和智能化提高风电场运行水平和效益的需求十分迫切。

当前海上风电项目的建设、运维过程中,始终存在以下问题:

(1)海陆之间通信困难。

(2)无法掌握海上作业船舶和人员的实时画面情况,也无法实现视频回放和信息查询等功能。

(3)建设、运维船靠人工调度,没有结合自动识别系统(automatic identification system,AIS)、气象预测等情况,导致建设、运维检修的计划性不强,运维成本高。

(4)建设、运维过程中,没有对船舶和人员进行资源管理和定位,无法保障船舶和人员的管理安全。

5.2.2.1 智慧基建的目标

针对上述痛点问题,有必要结合海洋工程的特点,建立一套实用有效、稳定可靠的海上风电场智慧基建管理系统,实现对施工阶段和日后运维阶段的人员、船舶管理、调度,以提高船舶调度效率,保障海上作业人员安全。系统由人员管理、船舶管理、海域视频监控、气象预报四个模块组成。海上风电场智慧基建管理系统功能示意图如图 5-2 所示。

海上风电场智慧基建管理系统功能具体实施步骤如下:

(1)实现人员和船舶的调度通信:该系统基于海事 VHF 的船用对讲系统,用以实现稳定的对讲通信;利用 AIS 接收机可以获取周围船只的信息和地理位置,并同时对进入警戒区域的船只进行记录和存档;同时也可利用海事电台(VHF 对讲系统)对进入警戒区域的船只进行选呼和发出警告。

(2)实现人员管理:人员管理包括出海人员跟踪、人员应急管理、人员落水管

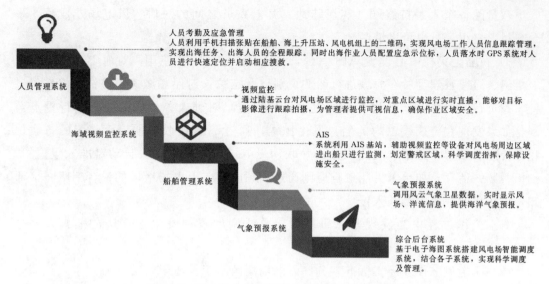

人员考勤及应急管理
人员利用手机扫描张贴在船舶、海上升压站、风电机组上的二维码，实现风电场工作人员信息跟踪管理，实现出海任务、出海人员的全程跟踪。同时出海作业人员配置应急示位标，人员落水时 GPS 系统对人员进行快速定位并启动相应抢救。

视频监控
通过陆基云台对风电场区域进行监控，对重点区域进行实时直播，能够对目标影像进行跟踪拍摄，为管理者提供可视信息，确保作业区域安全。

AIS
系统利用 AIS 基站，辅助视频监控等设备对风电场周边区域进出船只进行监测，划定警戒区域，科学调度指挥，保障设施安全。

气象预报系统
调用风云气象卫星数据，实时显示风场、洋流信息，提供海洋气象预报。

综合后台系统
基于电子海图系统搭建风电场智能调度系统，结合各子系统，实现科学调度及管理。

人员管理系统
海域视频监控系统
船舶管理系统
气象预报系统

图 5-2　海上风电场智慧基建管理系统功能示意图

理。当有突发情况发生，如人员落水后指挥中心会得到报警信号并获取落水人员的位置。

（3）实现海域视频监控：海域视频监控包括长距离摄像机远程监控海上风电场的情况和测风塔上的摄像机监控海上风电场附近的海域状况和浪涌情况。

（4）实现气象精准预测：海洋气象预报对未来一周现场环境的风速、风浪、浪涌等进行全面的预报。

5.2.2.2　技术原理与方案

1. 人员和船舶的通信、调度

（1）建立覆盖陆上集控中心、风电场海域的人、船通信。建立覆盖陆上集控中心、风电场海域的人、船通信对讲设备，实现陆上集控中心与人、船通信的对讲。海上风电场智慧基建管理系统的船用对讲设备示意图如图 5-3 所示。

1）在陆上集控中心设置一台 VHF 中继台及定向天线；测风塔上设置一台 VHF 中继台及定向天线，用于转发陆地 VHF 电台、手持终端与海上船用对讲台、手持终端之间的通信。通过设置中继台，极大提高了 VHF 电台（或手持机）的通信距离和可靠性。

2）设置 VHF 海事对讲台，根据工程

图 5-3　海上风电场智慧基建管理系统的船用对讲设备示意图

人员数量配备个人手持终端，实现陆地、海上人员之间的对讲。风电场建成后，平台、风电机组人员也可以沿用。

3）在陆上集控中心设置 AIS 一台，与 VHF 电台配合使用，对海上升压站、风电机组、海缆敷设等所在海域进行船舶识别以及定位，对船舶减速、抛锚、停航等各种状态进行实时监测，通过在海图上划定警戒线，对进入警戒线的船只进行重点监测，如果发现在警戒线以内的船只发生抛锚，通过 AIS 接收船舶海事部门的备案信息，提醒船舶禁止抛锚、迅速离开，并联动光电设备，将摄像头自动对准入侵位置，拍摄视频并留存，如果未见船舶响应则通过高频电台或风电场区域的扩音喇叭喊话通知，以防止海上风电场被入侵。

海上工作过程中当发现紧急事件时，及时调度事件发生地周边的船只，安排救援。

（2）海上风电作业停工标准划分。风电场场区施工及海上运输受海洋水文气象条件的影响非常大。主要影响因素不仅有风、浪、雨、雾、雷暴及潮汐等，而且其中每年因季风所致的大风大浪灾害天气影响最为严重。参照相关规范及国内海工施工单位的工程经验，海上施工建议停工标准见表 5-1。

表 5-1　海上施工建议停工标准

序号	作业环境划分	停工标准	停工工序	备　注
1	台风	停工	所有工序	船舶停避风港
2	雷暴	强雷暴	高空作业、吊装	
3	洋流	≥2m/s	船舶定位	定位精度控制
4	风速	高于 6 级风（含 6 级）	高空作业、吊装	吊装安全限制
5	雾日	能见度≤1000m	船舶运输	吊装安全要求
6	雨水	降水量≥10mm/天	高空作业、吊装	吊装安全要求

例如，针对风电机组安装提出具体的要求：

1）吊装塔筒和机舱时，10min 平均风速必须不大于 12m/s；安装桨叶时，10min 平均风速必须不大于 10m/s。

2）进入风电机组安装现场，所有人员必须头戴安全帽，做好安全防护。

3）在风速≥12m/s 时，不准在机舱外工作；风速≥18m/s 时，禁止在机舱内工作。

4）雷雨天气，不得在机舱内工作。

通过制定海上风电作业停工标准，给出船只是否能够出海工作的具体标准，为船只调度提供支撑。

2. 人员管理

（1）船只和人员的实时场景显示。为了实现风电场海域与其设施显示、风电场区域船舶动态监控和调度、人员位置信息监控、落水人员位置监控等功能，通过 AIS 接收机、监控主机、数据库服务器等，实现船只和人员的实时场景显示。

1) AIS 接收机用于接收落水人员位置等信息和风电场区域船舶等信息。

2) 监控主机采集 AIS 数据及其他系统数据，用于接收落水监测主机发出的信息，在人员落水时发出声、光、短信等告警信息，显示风电场区域的船舶信息，通过网络将数据传输到数据服务器。

3) 通过人员 AIS 设备和卫星定位系统实现对意外落水人员的及时定位，并将定位信息及时回传到系统管理平台，实时发出报警警示，确保第一时间及时展开救援程序。

（2）出海人员跟踪定位管理。通过出勤人员管理 App 实现风电场人员信息管理，实现出海任务、出海人员的全过程跟踪，增强人员防范应对安全风险和避险应急的能力，并以此系统为基础建立出海人员跟踪管理制度。

该模块可实现以下功能：

1) 人员信息管理：系统 App 可设置人员姓名、年龄、性别、部门、工种及作业资质等基础信息。出勤的工作人员在手机上打开考勤管理 App 时，自动向系统上传当前位置信息。管理人员可以在电子海图上查看工作人员所处位置，并可以查看工作时间工作区域内每位员工的历史位置。

2) 任务申请：由任务负责人、使用人员跟踪系统新建并提交任务申请，登记任务人员。

3) 登离乘管理：任务人员乘船或登升压站平台、风电机组时扫码签到，系统显示人员位置。

4) 人员跟踪管理：进行人员信息、位置、登（离）乘情况查询、统计和管理，了解现场人员分布、任务情况等信息，为人员安全管理和应急事件处置提供支撑。

人员定位示意图如图 5-4 所示。

（3）人员应急管理。

1) 落水告警。工作人员救生衣配备个人示位标，落水时自动向 AIS 基站、卫星发送求救信号，并将定位信息及时回传到系统管理平台，系统收到求救信号后自动标记落水人员在电子海图中的位置，实时发出报警警示，监控人员收到人员落水报警信号后可根据系统上报的落水人员位置信息和身份信息，第一时间及时展开救援程

图 5-4 人员定位示意图

序。人员落水流程示意图如图 5-5 所示。落水位置提示示意图如图 5-6 所示。

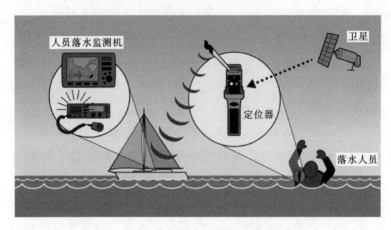

图 5-5　人员落水流程示意图

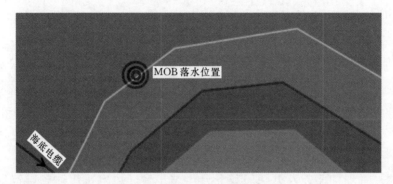

图 5-6　落水位置提示示意图

2）视频联动。当出现落水预警时，可以通过光电设备联动功能，将摄像头自动对准落水位置，锁定落水人员的落水区域，辅助救援工作。

3. 海况实时监测

（1）陆上配置具备透雾功能的远红外热成像摄像机。陆上配置一台长距离摄像机（陆上），用于远程监控风电场海域。在陆上集控中心办公楼顶部安装一台具备透雾功能的远红外热成像摄像机，观测海上风电场内部的海域船只情况。视频监控系统与出海人员跟踪管理系统、AIS 有机结合，自动实现动态目标捕捉、坐标捕捉。陆上远红外热成像摄像机及其图像如图 5-7 所示。

（2）测风塔上的实时气象采集系统。测风塔负责采集附近海域的风速、风向、温度、湿度、大气压力、雨量等实时数据。在测风塔适合位置设置摄像头，以视频的方式实时观测风、浪涌、可见度状态，为船舶调度提供参考。数据采用微波的方式回传到陆上。海上测风塔安装设备配置清单见表 5-2。海上风电场的海况实时监测如图 5-8 所示。

图 5-7 陆上远红外热成像摄像机及其图像

表 5-2 海上测风塔安装设备配置清单

序号	设备名称	单位	数量	备注	位置
1	微波及天线	套	1	48V（或220V）/30W	二层平台
2	VHF中继台及天线（定向）	台	1		二层平台
3	AIS及天线	套	1		二层平台
4	扫海摄像头	台	2	快速球机	二层平台
5	气象采集器和传感器	套	1	风浪可见度	一层平台
6	设备箱	台	1	定制、隔热	一层平台
7	太阳能电池	套	1	200Ah	一层平台

4. 精准气象预测系统

根据海上风电场施工和运维阶段的特点，当气象预报准确率大于80％时，可有效地避免船只出海作业的无功而返。为了紧抓施工作业窗口期，实现有序、有计划施工，对气象服务提出了如下需求：

（1）气象海况预报要素。气压、距海平面高度2m气温、距海平面高度10m风速、相对湿度、有效波高、风浪高、浪周期、涌浪方向、涌浪高、海表温度、降水量、能见度等。

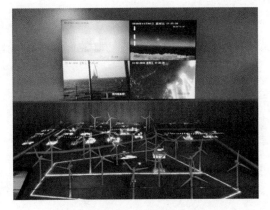

图 5-8 海上风电场的海况实时监测

（2）作业海区气象预报。根据气象局观测数据，再结合实时的海况监测作为修正，得出精准的气象预测系统。

（3）区域要素预报。以作业海区为中心，上下各选取1.5个纬度，左右各选取2

个经度，以一个矩形区域绘制气象要素预报图，通过气象显示系统来展示预报结果。

要素预报图包括气压、距海平面高度 2m 气温、距海平面高度海面 10m 风速、1000hPa 相对湿度、有效波高、风浪高、涌向、涌浪高、海表温度、降水量、能见度等。

3 天以内以 12h 为间隔，4～7 天以 24h 为间隔。

（4）台风预报。对有影响或距离较近但没有影响的台风进行预报，内容包括台风中心位置、中心气压、最大风速、移动方向、移动速度、7 级风半径、10 级风半径、24～72h 预报位置与强度等。

5.2.2.3　系统小结

海上风电场智慧基建管理系统，根据气象观测数据和实时海况监测情况给出作业海域的精准气象预报；结合 AIS、高频电台、远红外热成像摄像机等，实现对船只资源的调度优化和监控管理；配置了人员应急示位标及人员管理系统，确保海上作业人员的安全。

（1）人员和船舶的调度通信系统：此系统包含基于海事高频 VHF 的船用对讲系统，用以实现稳定的对讲通信。利用 AIS 接收机可以获取周围船只的信息和地理位置，并同时对进入我方警戒区域的船只进行记录和存档。同时也可利用海事电台（VHF 对讲系统）对进入警戒区域的船只进行选呼和发出警告。

（2）人员安全管理系统：此系统包括出海人员跟踪管理、人员应急管理、人员落水管理。当有突发情况时，人员落水后指挥中心得到报警信号并获取落水人员位置，以便及时搜救。

（3）海域视频监控系统：此系统包括一台长距离摄像机远程监控海上风电场的情况和测风塔上的两台摄像机监控海上风电场附近的海域状况和浪涌情况。

（4）气象支撑系统：此系统有海洋气象预报、海上施工位置天气信息采集等功能。其中海洋气象预报可对未来一周现场环境的风速、风浪、浪涌等进行全面预报。信息采集是利用位于测风塔上的传感器实时采集海上各项气候指标，用以指导施工，同时也获得准确数据存入数据库，作为运维的参考。

5.3　运 维 智 能 管 理

海上风电场运维费用是陆上风电场的 2～3 倍，运维成本占发电成本的 20% 左右，恰当的运行维护已经成为确保海上风电场正常运行、实现风电场效益的关键，是海上风电产业良性发展的试金石。

有针对性地开展海上风电场智能运维调度关键技术研究，在海上有限的有效工作时间内，采取合适的维护策略，有序安排维修计划，可提高机组的可靠性和风电场可用率，降低运维成本，实现机组性能、风电场效益之间的权衡，对促进海上风电产业良性、滚动发展，具有重要的理论和应用价值。现对几个有益的运维智能管理方向简述如下。

5.3.1 能效评估

能效评估是指可持续开展的场站风资源评估，结合功率预测系统的预测结果和能量管理设备的实时数据，评估风电场整体运行效果，开展风电机组间对比、进行可利用率和单机性能分析，促进风电机组性能提升、改造以及风电场运维优化。

5.3.2 风电机组调整

5.3.2.1 一机一控

风电机组设计多数是基于 IEC 及 GL 标准进行载荷与电控设计，但实际风电场投运后现场实际工况与标准理论设计存在较大差异性。一机一控是指通过风电机组本身的状态感知和智能调节，提升单台风电机组发电量，可采取的措施有：

1. 智能偏航控制策略

通过接入部分 SCADA 数据，使用高性能计算机，利用风电机组出力与风速和风向角存在的对应关系，通过基因算法寻找"顶点"，从而标定偏航对风偏差角度，以提升单台风电机组发电量。该方案采用自动化算法辨识，周期短，矫正可通过控制软件或人工登机实现，可在线或离线，在线方案可避免多次标定，方案总体成本较低。

2. 暴风算法/切出风速顺延

根据风电场实际风况（一般在可研报告基础上结合实际运行数据分析），首先对风电场超出切出风速的风频进行分析，测算发电量，如发电收益明显，进一步对风电机组载荷进行安全评估。通过调整控制策略，优化风电机组切出风速，最终增加风电机组发电量。切出风速顺延/暴风算法示意图如图 5-9 所示。

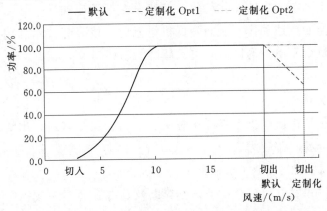

图 5-9 切出风速顺延/暴风算法示意图

3. 桨叶气动优化

在选用最优桨叶翼型后，针对桨叶自身固有性能以外的因素进行进一步优化设计：在不同的外部环境条件下，桨叶在特定转速下会在外部区域的吸力面发生流动分离，从而使分离区域翼型的升力急剧下降和阻力增加，从而导致性能损失。可以在特定位置加装特定形状的涡流发生器（vortex generators，VG）或扰流板，由于其展弦比小，其产生的旋涡强度相对较强，与下游的低能量边界层混合后，将能量传递给了边界层，使处于逆压梯度的边界层获得能量继续贴在桨叶表面，减小流动分离，从而降低减少性能的损失。

在桨叶表面安装扰流片，改善桨叶气动性能，使桨叶获得更大的空气动能，以提高发电量。

4. 激光雷达辅助降载技术

传统的风电机组控制属于滞后控制，有其先天不足，只有当风吹到"脸上"时才能被动地感受到风，风速仪、风向标只能用于基本的偏航和安全控制。当风吹到风速仪和风向标位置时，机组做出动作。此时，机组反应滞后，往往会使机组的载荷加大。激光雷达辅助降载技术如图 5-10 所示。

先进的智能控制

为风电机组装上眼睛

图 5-10 激光雷达辅助降载技术

引入激光雷达进行精确测风，把传统的基于"点风"的控制升级为基于"面风"的智能控制，在空间上识别多变的风，可以准确探测叶轮前部 200m 左右的风速情况，并预测风在未来时间上的变化趋势，加快机组的响应速度，从而使机组可以提前根据风况做出最佳的反馈动作，从而降低机组载荷。该降载技术利用先进的控制和传感技术，在提升机组发电量的同时，可大幅降低机组载荷，最终降低机组的支撑结构成本。

5.3.2.2 集群出力优化

集群出力优化是指风电机组集群在时间、空间、运行方式、预防性维护等维度上的配置，以实现全场效益最优。

1. 基于风电机组运行数据的智能矫正

风电机组交付并发电后会存在个体差异以及具有安装误差或标定不精准的个别机组，加上周边机组运行影响及复杂地形因素，会不同程度地影响机组出力性能和部件寿命，智能矫正功能模块可以利用风电机组运行的历史数据，通过大量的数据分析，建立起多机组之间的联系，找出问题机组及其差异存在点，并通过在线推送矫正、调整补偿系数，自动改善问题机组的运行性能。

2. 偏航对风自矫正

风向标的初始安装误差、长期运行后的老化或螺丝松动、自身和周边机组尾流影响都会使得机组的偏航系统实际获取的偏航对风角度与真实值之间存在误差，从而导致偏航系统计算的偏航对风角度不准确。偏航对风角度不准确会给机组带来发电量上的损失以及不平衡载荷的增加。偏航对风矫正算法配合卫星定位定向系统对绝对风向和扇区的精准测量，可以实时补偿该类偏差，使风电机组的偏航对风控制更加精准。该功能需要使用历史运行数据，新投建项目需要在风电机组稳定运行至少 3 个月后才能产生有效的矫正效果。

偏航对风自校正算法框图如图 5-11 所示。

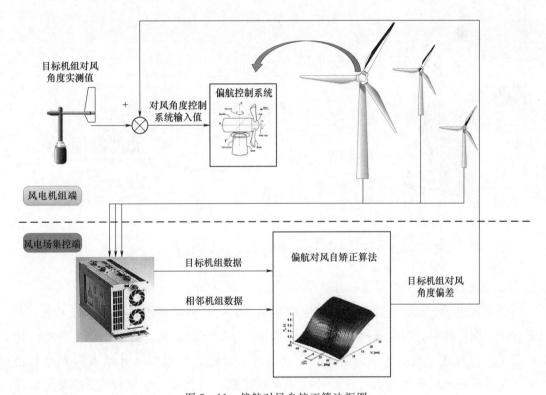

图 5-11 偏航对风自校正算法框图

3. 最大功率追踪自矫正

风电机组一些核心部件性能会随着环境变量变化而发生改变，例如温度和空气密度等；此外，桨叶的制造工艺以及安装过程还会引入细微的偏差，而传统的风电机组控制策略是按照固定的均一化假定所设计的，没有合适的线性化模型或参数可以补偿动态变化的参量和难以测量的偏差等，使得机组的优越性不能充分发挥出来。最大功率追踪自校正算法是针对一类问题设计的动态智能矫正算法，可以实时响应环境参量变化及矫正在制造或安装过程引入的细微偏差等，使风电机组的性能控制更加精准。该功能一般需要 50h 以上的自学习训练时间，对于新投建项目需要在风电机组稳定运行约一周后产生有效的矫正效果。

最大功率追踪自矫正算法框图如图 5-12 所示。

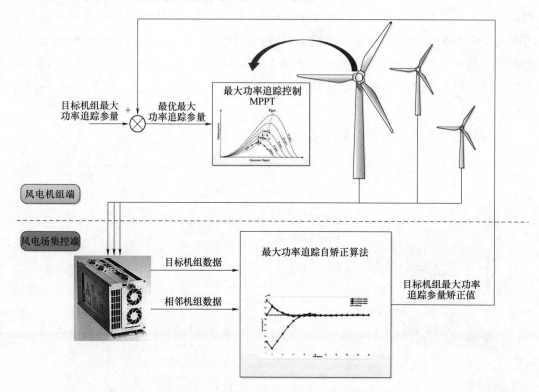

图 5-12　最大功率追踪自矫正算法框图

4. 柔性功率自矫正

风电机组发电机、变流器、动力电缆等用电损耗在不同环境条件和运行工况下都会有所不同；此外，风电场内偶有个别机组处于停机或维护状态导致全场不能整体达到真正意义的整场额定功率。通过功率闭环矫正算法，可以实时补偿不同程度的损耗，挖掘风电场的发电潜力。该功能在风电机组稳定运行并经历约 1h 连续满发后即可产生有效的矫正效果。

5. 基于精确测风及载荷辨识的寿命管理

场地范围内每台风电机组的风资源参数与所选风电机组机型设计风参数均有不同，在风电场建设前期风资源评估越来越趋于准确的情况下，可以在适当范围内调整风电机组的控制转速、功率、切出风速及相关策略等，实现特定厂址的定制化适配。

季节性功率自校正算法框图如图5-13所示。

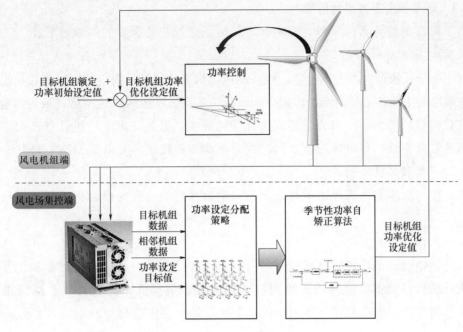

图 5-13　季节性功率自校正算法框图

此外，可以持续开展风电场后评估。通过在风电场内选取少量旗舰机组，安装载荷测量设备，在实时测量机组关键部件载荷的同时，推算全场机组的载荷情况，在线估算每台风电机组剩余寿命，一方面可以随时掌握机组的健康状态，另一方面可根据机组安全裕量动态调整机组控制，充分发掘机组发电潜力。

5.3.3　备件管理

恰当的备件管理能够减少故障设备维修等待，做到因备件所耗用的成本小于该部件的故障停用损失。

综合设备实时运行监测信息和预判的设备工况走向，分析预测未来备件需求，针对长期闲置的备件物资给出预警及处理意见，形成备件采购和储备规则以及预警规则。结合备件调配的周转成本分析，还可以有针对性地建立区域级备件集中仓储管理。

5.3.4　运维任务动态有序调度方法

运维任务动态有序调度方法是将日常维护、预防性维护和计划性维护等多类任务、多个任务同时输入，通过一定的模型和算法，对机组停机时间、发电量损失和运维船航行路径进行综合优化分析，输出最佳的运维任务调度策略，如发电量损失最小、运维成本最低、停机时间等。

5.3.4.1 运维调度需考虑的因素

由于海洋的特殊条件限制，影响海上风电场运维任务调度的因素较多。

1. 风电场配置和机组配置

对于一个已投产的海上风电场，码头和风电机组的位置是固定的，这直接决定了运维船在风电场中的各个靠泊点的位置，同时还关系到运维船的轨迹网络，从而影响到运维船在该网络中的航行距离、时间成本和油耗成本。另外，风电机组数量还关系到轨迹网络的复杂程度。风电场配置、机组配置和功率曲线则与发电量的损失紧密相关。

2. 海洋气候环境

风、浪、潮汐和雾霾等因素与作业窗口期息息相关，因此也会影响到运维任务的调度。

3. 风电场资源条件

人员、物资、工具和运维船数量等资源与运维任务单一时刻执行数量和作业窗口期的执行总数量相关；运维船等级则与承载人数和航行效率相关；对于潮间带风电场、从潮间带出发或需要经过潮间带的海上风电场，还需考虑潮汐对运维船航行路径的影响。

4. 其他

其他如码头限制等限制也会对运维调度产生相应的影响。

5.3.4.2 运维调度关键方面

1. 运维任务的决定

运维任务的调度遵循重要性告警任务＞预防性维护＞定期维护＞日常巡检的原则以及就近原则，即以告警任务为主，预防性维护任务为辅。定期维护和日常巡检任务根据就近原则安排，优先考虑告警任务或预防性维护任务为相同机组的情况。在此原则下，根据作业窗口期制定最大任务数量的调度策略。

2. 定期维护任务的调度

定期维护的维护周期较固定、周期较长。因此，为保证定期维护任务的有序进行，在计划开展定期维护工作前，必须将定期维护任务全部存放于任务池中，以便结合调度原则进行策略分析。另外，当定期维护开展的进度提前于原定计划时，调度系统将持续安排定期维护工作。

3. 临时新增任务调度

考虑到海上作业的特殊性，当计划任务较多或任务周期较长时，存在需要海上过夜的情况。如果在运维任务执行过程中临时新增了其他调度任务，则需要系统能够重新进行调度，此时运维船处于风电场中。因此，调度任务的起点不是码头，而是风电场中某机组位置。如果新增任务需要新增工程师，则需考虑运维船返回码头接人的情况。

4. 气候条件影响排程策略

对于处于潮间带或部分处于潮间带的风电场,由于落潮时有些机位不能顺利到达,因此需考虑潮汐对排程策略的影响。由于气候条件的预测是动态变化的,且存在突变性,这可能会导致排程计划失效,因此需对任务节点进行动态更新。

5. 调度系统算法结构及多策略结果输出

算法结构是调度优化的难点,具体来说,可通过规则式算法建立调度任务组合;通过 LNS 大邻域搜索算法进行邻域搜索,生成邻域组合;通过 MIP 混合整数规划对策略规划进行优化计算;通过 PSO 粒子群优化算法计算各个时间节点,保证最终策略的最优输出。

经过优化分析,输出停机时间最短、发电量损失最低、运维成本最低等多种排程结果,由工程师经过进一步分析后选择执行其中最适宜的运维策略。海上风电场运维任务调度排程流程图如图 5-14 所示。

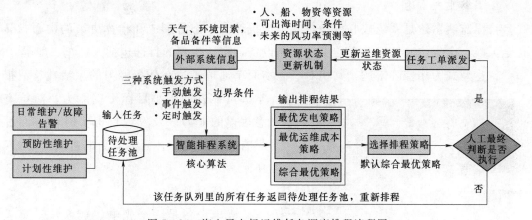

图 5-14 海上风电场运维任务调度排程流程图

5.3.5 运维智能管理新技术

5.3.5.1 近海风电场雷达监控系统

近海风电场雷达监控系统用于监视警戒区内过往船只的动态航行信息,尤其是针对那些没有安装或者没有开启 AIS 系统的船舶,能在监测区内实现全方位、全天候、无盲区监控。

系统由目标监测雷达和光电设备组成。若沿岸有多个风电场,每个风电场组成一个网络节点,系统由若干个功能独立的网络节点组成,网络节点既可以独立完成工作,也可以组网协同工作。每个网络节点可以配置雷达、红外探测器、可见光探测器、告警设备、通信设备等。根据实际使用要求,在系统架设时可以对节点数量、各节点设备配置、节点间的配合关系以及网络主节点进行配置。风电场监控系统组网节点配置如图 5－15 所示。

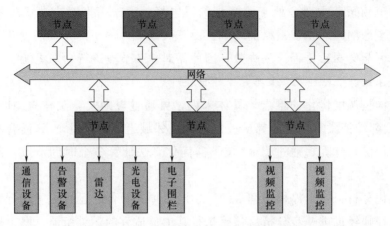

图 5－15　风电场监控系统组网节点配置

1. 目标监测雷达

目标监测雷达是系统核心设备，既是情报综合、态势形成和指挥决策的中心，又是全天候、全方位、快速搜索的主动探测设备，雷达探测的目标包括人、车、船等。

雷达型式为相控阵雷达，其相对于抛物面单通道雷达在任务能力的灵活性、情报掌握可靠性、弱小目标发现能力、对抗有意规避的能力以及发现目标实时性方面都具有明显的优势。目标监测雷达如图 5－16 所示。

2. 光电设备

光电设备是一个光电集成系统，集成了红外热像仪、带同步变焦的激光照明器、长焦镜头、陀螺稳定与光电跟踪的指向器、航行信息显示模块、全密封防腐护罩、信息终端设备等。

图 5－16　目标监测雷达

设备安装在陆上铁塔上，可克服大风浪、黑暗等对图像画面的影响，实现对海岸周边目标，如船只、漂浮物、人等的观察、搜索、跟踪、监视，可对观察过程实时录像。

在大气环境良好的条件下，红外热像仪探测 10m 以上船只的距离为 10km，识别该目标的距离为 5km；采用 775mm 焦距透雾镜头、低照度透雾摄像机，组成长距离透雾可见光系统，可在能见度不小于 20km 的条件下，探测 10m 以上船只的距离为

15km，识别该目标的距离为 10km。

3. 雷达和光电联动

雷达与光电设备联合，实现从预警到识别的全自动处理，能够极大降低值班人员的劳动强度，雷达和光电自动联动流程如图 5-17 所示。

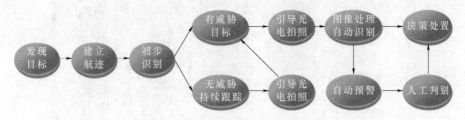

图 5-17　雷达和光电自动联动流程

雷达和光电联动效果如图 5-18 所示。

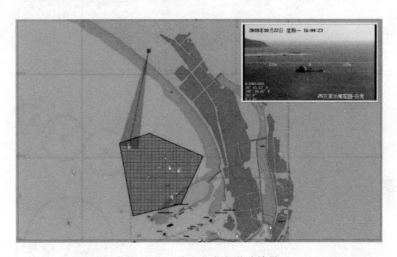

图 5-18　雷达和光电联动效果

5.3.5.2　双胞胎海上风电场

双胞胎海上风电场是指在陆上搭建的，满足风电机组设备检修维护、运行培训、参数监控和控制策略研究需求的海上风电场仿真系统。

1. 变电站仿真

仿真 220kV 海上升压变电站、220kV 陆上开关站，包括变电站一次设备、二次设备（含五防）、变电站自动化系统、变电站交直流系统等，变电站仿真如图 5-19所示。

2. 风电机组仿真

风电机组仿真范围包括风轮、调速装置、传动装置、发电机、偏航装置、停车机构、控制系统等，如图 5-20 所示。

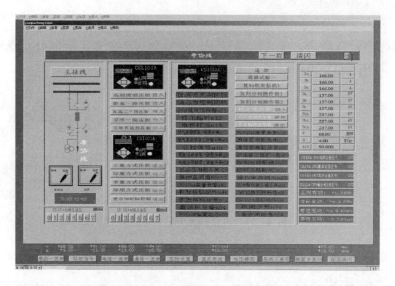

图 5-19 变电站仿真

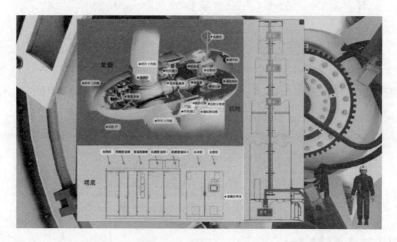

图 5-20 风电机组仿真

3. 风电机组控制系统仿真

风电机组控制系统仿真模拟风电机组变桨、偏航、制动控制以及系统级协调控制、变流器控制、冷却系统和液压系统等辅助控制。

4. 风电场监控系统仿真

风电场监控系统仿真显示风电场监控系统主画面、风电机组状态、趋势图、柱形图、报警记录、操作事件等，包括风速、风向、转速、功率、轴温、压力等的显示以及风电机组空转待机、停机、并网等运行工况。风电场监控系统仿真如图 5-21 所示。

图 5-21　风电场监控系统仿真

5. 3D 仿真

建立风电场三维可视化模型，可以使风电场管理更直观，从不同角度、维度欣赏高精度、细致化的三维风电场和风电机组工作场景。

仿真范围包括风电机组（包括桨叶、调速装置、传动装置、发电机、偏航装置、停车机构等的巡视、地操作和维护检修设备），以及升压变电站的巡视仿真。液压站 3D 仿真如图 5-22 所示。

图 5-22　液压站 3D 仿真

5.3.5.3　海上升压站通风空调监控系统

对无人值守海上升压站，设置通风空调监控系统，实现对海上升压站暖通空调系统压力、温度、湿度的实时采集和处理，并对除湿机、空调、电动阀等设备进行联动控制，维持海上升压站压力、温度、湿度在设定范围。

1. 系统分类

此系统包括正压送风系统，应急通风系统，空调系统和防火、防排烟系统等。

（1）正压送风系统。为了防止海风进入海上平台各生产房间和生活房间，减轻其对设备的腐蚀，通风空调系统采用正压送风系统。正压送风系统保障室内气压高于室外，从而避免室内电气设备受海风腐蚀。

考虑海上平台无人值班的特点，为保证各电气设备正常运行，通风空调系统的主要设备考虑 100％备用，发生故障时可自动切换。暖通机房设置 2 台空调除湿机组（1 用 1 备），通过水平及竖向风管分别与各房间送风支管连接。室外空气经高效盐雾过滤后由空调除湿机组降温除湿后（冬季为电加热）送至生产区域。

生产区域室内正压值按高于室外风压 30～50Pa 设计，其中 GIS 室的正压值按照 30Pa 设计，蓄电池室按照微负压设计，其他生产房间按照 30～50Pa 设计。为防止房间超压，在各房间分别设置余压阀，当房间与室外的压差超过设定值时自动开启泄压。

（2）应急通风系统。除正压送风系统满足房间正常通风和正压要求外，部分重要生产区域和危险区域还应设有应急通风系统。

1）主变压器室：设置一套应急排风系统，当主变室所有空调器出现故障时，开启应急排风系统排出房间余热。应急排风系统可兼做主变室火灾事故后排风用。排风量根据主变散热量及室内排风温度不超过 40℃计算。

2）GIS 室：为保证室内 SF_6 的含量不超标，分别设置一套事故排风系统，排烟风机 1 用 1 备，事故通风总换气次数不少于 12 次/h。当室内的 SF_6 浓度超标时，事故排风系统自动投入运行。事故通风系统兼做平时通风用，当运检人员进入前应手动开启风电机组通风 15min。

3）35kV 开关柜室：为保证室内 SF_6 的含量不超标，设置一套事故排风系统（2 台排烟风机 1 用 1 备），事故通风总换气次数不少于 12 次/h。当室内的 SF_6 浓度超标时，事故排风系统自动投入运行。事故通风系统兼做平时通风用，当运检人员进入前应手动开启通风 15min。

4）蓄电池室：为保证室内氢气的含量不超标，分别设置一套事故排烟风机（2 台防爆型排烟风机 1 用 1 备），事故通风换气次数不少于 12 次/h。事故排烟风机及室内空调与氢气浓度检测系统联锁，当空气中氢气体积浓度达到爆炸浓度下限 20％时（约 0.8％），氢气浓度检测系统应自动报警，事故排烟风机自动投入运行，同时切断本房间空调电源。

5）柴油机房：设置检修通风系统，机械通风量按换气次数 5～10 次/h，进风为初效防盐雾百叶自然进风。柴油机本体的进风口和排风口均采用自动启闭型百叶窗，并与柴油发电机的启停连锁，本系统可视为柴油机房应急通风系统。

6）其他电气房间不再设应急通风系统。

（3）空调系统。海上升压站生产区域和生活区域均设计有空调系统，采用独立的分体空调系统。

1）主变压器室设置全年运行的空调系统，空调设备按双重冗余备用，并设置独立的事故排风系统。在过渡季节及冬季事故排烟风机可兼具通风散热功能，节约运行电费。

2）220kV GIS室设有分体设置的全年运行空调系统，空调设备按$2\times100\%$备用，并设置独立的事故排风系统。在过渡季节及冬季事故排烟风机可兼具通风散热功能，节约运行电费。

3）蓄电池室设分体冷暖防爆空调降温系统，并设置事故排烟风机，排烟风机采用防爆式直联轴流风电机组。

4）二次设备间、配电装置室等电气房间设置全年运行的空调系统，空调设备按双重冗余备用。并设置独立的事后排烟系统，排烟系统采用轴流风电机组，当房间发生火灾时，自动切断通风空调系统的电源，待确认火灾扑灭且不能自燃后开启排烟风机排烟。

（4）防火、防排烟系统。海上升压站设计应按《火力发电厂与变电站设计防火规范》（GB 50229—2019）和《建筑设计防火规范》（GB 50016—2014），设置防火、防排烟系统。

所有穿越空调机房及电气房间的风管上均应安装全自动防火阀。所有的防火阀均接入火灾控制系统，可70℃自动熔断，所有防火阀均可电动或手动控制。

2. 系统控制要求

（1）温湿度控制。夏季制冷工况的温度控制一般宜通过温度调节器（又称恒温器）感受回风温度，来控制供液电磁阀以调节制冷液的流量。

冬季采暖工况应由温度调节器调节加热量。如果采用蒸气加热，则应由电磁阀来控制蒸气送气量，以调节送风温度。

冬季湿度的控制应由恒湿器感受室内湿度以控制电磁阀，来控制加湿器的开停。

（2）室内外压差控制。室内外压差控制应通过压力释放阀和压力控制阀来完成。压力释放阀应通过弹簧或重力平衡自动控制桨叶的开启，直到一个预设压力；压力控制阀通过通风暖通系统来控制，一般应为气动操作。

封闭的危险处所气压应高于相邻危险处所的气压，即正压通风。封闭的安全处所应采用正压通风，如需要空调的电气间、仪表间等。

封闭的危险处所气压应低于与之相邻但危险程度较小处所的气压，即负压通风。封闭的危险处所应采用负压通风，如电池间、实验室等。

（3）安全保护措施。防火阀应确保与风电机组的启、停关系为：①风电机组在防火阀开启的状态下才能启动；②防火阀关闭时，风电机组必须停止运转。

电加热器控制回路中应具备下列安全措施：

1）应与风电机组连锁，即风电机组不开时电加热器不开。

2）应装有风量开关，即无风时电加热器不开。

3）应设有超温开关，即温度超过设定值时切断加热器电源。

4）空调系统应有防火和防爆设施。

3. 工程案例

以广东某海上风电项目通风空调监控系统为例进行介绍。

（1）通风空调系统介绍。该工程通风空调系统采用正压送风系统和分体空调的方式。正压送风系统保障房间压力高于室外，从而避免室内电气设备受海风腐蚀。考虑平台无人值班的特点，为保证各电器设备正常运行，通风空调系统的主要设备考虑100%备用，发生故障时可自动切换。正压送风系统维持房间正压 30～50Pa。空气经除盐雾和除湿、冷却等集中处理后送入各房间，房间正压值由余压阀控制。各房间通风空调设备设置原则如下：

1）主变压器室设置全年运行的空调系统，空调设备按双重冗余备用，并设置独立的事后排烟系统，排烟系统采用轴流风电机组。当房间发生火灾时，自动切断通风空调系统的电源，待确认火灾扑灭且不能自燃后开启排烟风机排烟。在过渡季节及冬季事故后排烟风机可兼具通风散热功能，节约运行电费。

2）二次设备间、配电装置室等电气房间设置全年运行的空调系统，空调设备按2×100%备用，并设置独立的事后排烟系统，排烟系统采用轴流风电机组。当房间发生火灾时，自动切断通风空调系统的电源，待确认火灾扑灭且不能自燃后开启排烟风机排烟。

3）蓄电池室设分体冷暖防爆空调降温系统，并设置事故排烟风机，排烟风机采用防爆式直联轴流风电机组。蓄电池室设置氢气检测器报警装置，进风口设置盐雾过滤器，排风的吸风口设置在房间上部，吸风口上缘距房顶不大于 0.1m，当房间空气中氢气体积浓度达到 1% 时，氢气检测器报警，联锁开启事故排烟风机运行。

4）柴油机房设置排风系统，进风口设置盐雾过滤器，排烟风机采用防爆式直联轴流风电机组，排烟风机及其入口处密闭阀与柴油机联锁启停。

5）220kV GIS 室设分体设置的、全年运行的空调系统，空调设备按双重冗余备用，并设置独立的事故排风系统，排风系统采用轴流风电机组。房间设置 SF_6 检测器报警装置，排风系统的吸风口设置在房间下部，下缘与地面距离不大于 0.3m，当房间空气中 SF_6 的含量超过 $6000mg/m^3$ 时，SF_6 检测器报警，联锁开启事故排烟风机运行。事故排风系统兼作事后排烟系统，当房间发生火灾时，自动切断通风空调系统的电源，待确认火灾扑灭且不能自燃后开启排烟风机排烟。

（2）通风空调监控系统介绍。通风空调监控系统采用上位机（运行维护站）+

PLC 构成的控制系统来对整个工艺系统进行远程监视和控制,控制逻辑设计符合通风空调系统的控制要求,能达到无须人工干预自动运行的要求。

系统由主控柜和 10 套风机控制箱组成。风机控制箱分别布置如下:

1）1 号风机控制箱布置在临时休息室＋备品备件间。

2）2 号风机控制箱布置在 1 号 35kV 配电室 VC2。

3）3 号风机控制箱布置在 380V 配电室。

4）4 号风机控制箱布置在 2 号 35kV 配电室。

5）5 号风机控制箱布置在 1 号主变压器室。

6）6 号风机控制箱布置在 2 号主变压器室。

7）7 号风机控制箱布置在 220V GIS 室、生活及消防泵房。

8）8 号风机控制箱布置在二次蓄电池。

9）9 号风机控制箱布置在暖通机房。

10）10 号风机控制箱布置在通信蓄电池室。

主控柜和就地的 10 套风机控制箱组成环网通过 PROFI-NET 总线,并组成完整的通风空调监控系统。

通风空调监控系统设置 2 个上位机(运行维护站),一个位于海上升压站,一个位于陆上集控中心,2 个上位机通过海底电缆联通,具有同等监视和控制功能。运行维护站可以对通风空调监控系统进行监视和控制,通过 LCD 画面和键盘、鼠标对整个工艺系统设备完成控制和操作,不再设置常规控制仪表盘和其他操作设备。

通风空调监控系统设有冗余数据通信接口,能与电气一体化控制平台实行双向数据通信,使得运行人员能够通过电气一体化控制平台操作站,对通风空调监控系统的设备进行监控。当通风空调监控系统内的装置或系统出现故障时,能在电气一体化控制平台操作站上显示,并发出报警信号。

5.3.5.4 海上风电场电气火灾超前预警

构建海上风电场电气火灾超前预警,实现剩余电流监测、绝缘老化实时监测和故障电弧监测,采用智能线型热点探测器,实时探测受热面大小,实现实时温度显示、温度超过设定值预警、温升速率预警,探测早期电气火灾隐患,实现从"报警"到"预警"的跨越。

1. 早期电气火灾隐患探测

现有电气监控报警技术一般基于电流、电压、剩余电流等暂态参数的报警阈值比较,属于暂态参数技术体系。早期火灾隐患具有信号微弱、变化缓慢、数据量大的特征,隐患信号数值一般远低于报警阈值。常规的探测技术往往对早期火灾隐患"视而不见"。可通过全时域动态分析、多层次大数据处理、大数据显微等创新方法,构建全新一代电气火灾超前预警技术,实现排除容感性干扰消除误报的剩余电流监测、绝缘老化实时在线监测和故障电弧监测，实现从"报警"到"预警"的跨越。

具体来说，该技术是以过程参数技术体系为基础，把连续产生的暂态参数通过数据聚合、重构等方式构造成各时间段的"颗粒状"数据，从而把各时间段内大量微弱信号数据积聚处理成数值显著增大的时间域过程参数；通过对连续产生的暂态参数的增量变化信息处理，进行空间多维度参数构造。过程参数技术体系把时间维度持续产生的巨量数据，构造转化为能够清晰描述状态和行为的极轻量级多维度数据，进而节省大量昂贵的储存空间、数据流量和通信带宽资源。

过程参数技术体系包含数据聚合类过程参数，基于统计数学原理进行创新，把大量同类暂态数据中的相关微弱信号进行干扰项甄别剔除、数据聚合——有用信号甄别浓缩，转换构造单颗"容器型"数据，能够显著提高信号检测精度。

过程参数技术体系包含多维度过程参数，可以从多个不同角度全面地描述物理对象，实现对物理状态和行为的高清晰判断识别，避免"盲人摸象"式的从片面角度作出的模糊的甚至错误的判断。

例如，在早期电气火灾隐患探测技术中，每个月时间段的过程数据——与电气绝缘相关的月预警数据，积聚浓缩了当月近百亿个连续采集的暂态数据相关隐患信息，把微弱信息高度聚合成显著增大的数据。通过与电气绝缘隐患高度相关的各月时间段过程参数，可以清楚看到某监测点每个月的绝缘隐患过程趋势变化。

2. 重要场所智能线型热点探测

对于海上升压站的重要场所，如电缆桥架、电缆沟、变压器等，在这些设备、设施本体装设智能线型热点探测，该探测由热偶型测温电缆和智能监控模块组成。热点探测原理如图 5-23 所示。

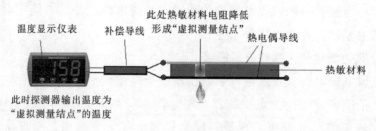

图 5-23　热点探测原理

热偶型测温电缆基于热电效应原理，能实时探测热点的温度（-40~260℃），实时探测热点的位置，实时探测热点的受热区域大小，提供两级超限预警、温升速率预警，能有效用于火灾预警，防患于"未燃"；超 260℃仍可继续显示温度、位置，报警后仍可重复使用，有利于灭火救援指挥。

5.3.5.5　海上风电场可视化运维

远程可视化运维系统是应海上风电场安全生产的迫切需求而产生的，旨在综合利用视频技术、计算机技术、通信技术、网络技术、存储技术，将海上风电场采用摄像机拍摄的视频图像远距离传输到集控中心和管理中心，使主站的运行管理人员可以借此对场站电气设备的运行环境进行监控，解决运行人员不足、劳动强度大的问题，保证场站的安全运行。

具体实现方式是，通过配置可视化头盔，将风机现场维修、检修的设备画面实时传输至陆上集控中心，由管理人员及专家进行远程指导和监督。

海上风电可视化运维检修方案的示意图如图5-24所示。

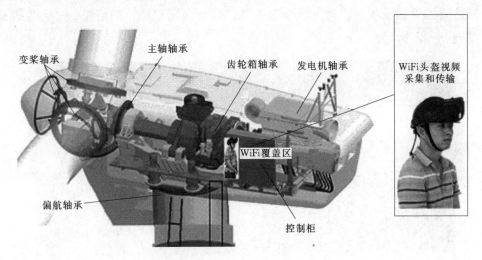

图5-24　海上风电可视化运维检修方案的示意图

风电机组塔体和机舱内全部用WiFi覆盖，头盔式可视化无线WiFi终端设备，把采集到的视频语音通过WiFi无线网络，再利用塔体到风电机组现有的以太工业环网，将数据安全传送到陆上集控室，然后在集控室通过客户端、云服务器查看每个点的作业现场画面，同时通过语音指导远程操作。

通过头盔式电力可视化终端设备的视频采集摄像机，将机舱和塔体内检修现场设备等的情况通过WiFi、以太网环网无缝链接传输到陆上集控中心，陆上集控中心再通过客户端软件，在陆上集控室实时监控、指挥检修人员的正常作业及维修。在客户端也可通过多画面选择进行浏览、抓拍等操作。陆上集控室的云服务器也可以对现场情况进行录像，供本地浏览及远程异地日后调阅查询。

5.4　安防智能管理

5.4.1　概述

安防智能管理系统通过大数据、云计算、物联网、决策分析优化等技术，对现有互联网技术、传感器技术、智能信息处理等信息技术高度集成，通过监测、整合以及智慧响应的方式，采取感知化、互联化、智能化的手段，将海上风电场中分散的、各自为政的基础设施连接起来，成为新一代的安防智能系统，从而提升为一个具有较好协同能力和调控能力的有机整体。安防智能管理系统宜通过移动定位、生物识别、视频分析、门禁动态授权、二维码等技术建立物联网感知体系，实现人员定位、电子围栏、现场作业、区域监控、设备监视、智能告警等方面的一体化安全管控。

安防智能管理系统由下至上可分为 4 层，分别为感知层、网络层、平台层和应用层，如图 5 - 25 所示。

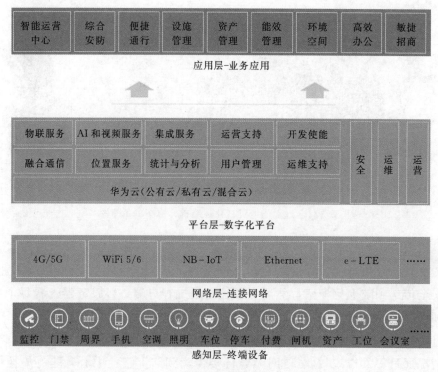

图 5 - 25 安防智能管理系统整体结构图

（1）感知层。感知层像是海上风电场感觉外界事物和身体内部的"器官"组成，主要包括 RFID 设备、摄像头、视频电话、无线传感器网络等，是实现信息化的基础。

（2）网络层。网络层为"血液"，是智慧化、信息化的核心，为安防智能管理系统各种各样的数据流提供通道。其主要是将数据转换为平台层系统可用的标准协议，通过数据采集对园区情况进行监控，并反向控制系统设备。网络层建设内容主要包括有线网络、无线网络、各种物联网通信网络以及系统接口设备。

（3）平台层。平台层为安防智能管理系统的"大脑"，包含了信息服务中心、信息决策中心。建设主要内容为 IT 平台的搭建、平台应用软件的部署、管理软件的部署等。

（4）应用层。应用层是对平台层数据进行分析并做出智慧响应的部分，其是海上风电场安防智慧化、信息化的体现。建设的主要内容为平台层客户端接入、顶层应用服务软件等。

海上风电场安防智能管理系统建设的需要具体可以体现在如下典型的应用场景中：

1）可视、可控、可管的智能安防管理中心。

a. 可视：将海上风电场数据进行统一分类和分析，实现园区 GIS 一张图管理，海上风电场管理者可随时随地了解园区内人、事、物的实时状态。

b. 可控：通过跨部门、跨区域、跨系统的协作，掌握全局态势，统一资源调度，实现事件快速响应和处置。

c. 可管：通过数据融合分析，提供管理预案，从被动响应走向主动管理，保障运营态势全局掌控。

2）多系统联动、一体化调度的安防智能管理系统。其主要特点为：

a. 多系统联动：视频监控、消防、门禁、访客等多个子系统集成联动。

b. 一体化调度：通过可视、实时、智能的一体化指挥调度，提高事件响应与处置效率。

c. 主动式预防：通过 AI 识别，主动发现潜在风险和需求，主动部署安防措施及资源，变被动响应为主动预防。

d. 便捷通行：通过 AI 识别联动门禁系统，对授权人员进行放行。

海上风电场安防智能管理系统包括视频监控子系统、一卡通管理子系统、周界防护子系统、人员定位子系统及辅助系统。

5.4.2 视频监控子系统

视频监控子系统主要负责对海上风电场重要区域进行全天候的视频监控，同时能与其他子系统进行报警联动，满足对安全管理的要求。视频监控子系统包括生产监控部分和安保监控部分两大部分。

视频监控子系统（生产监控部分）主要是监控海上风电场的风电机组、海上升压站和陆上集控中心的生产区域。生产操作员通过监视器可以实时显示各个生产场景的情况。

视频监控子系统（安保监控部分）可以监控海上风电场办公区域、厂界、围墙和道路等的安全防护区域。安保人员可以进行实时监控，如果出现异常情况，应立刻进行处理。

5.4.2.1 监控范围及任务

视频监控子系统通过其全新的硬件平台和最优的编码算法，提供高效的处理能力和丰富的功能应用，为用户提供更优质的图像效果、更丰富的监控价值、更便捷的操作管理和更完善的维护体系。视频监控子系统监控范围及主要任务主要包括：

（1）监视海上升压站和陆上集控中心内场景情况。

（2）监视海上升压站和陆上集控中心内刀闸的分、合状态。

（3）监视海上升压站和陆上集控中心内变压器、断路器、TA、TV、避雷器和瓷绝缘子等重要运行设备的外观状态。

（4）监视海上升压站和陆上集控中心内主要室内场景情况。

（5）监视海上升压站登船口、外部通道和内部通道船只和人员情况。

（6）监视海上升压站周边海况。

（7）监视陆上集控中心周边、主要通道和出入口处车辆和人员情况。

（8）监视陆上集控中心各建筑进入口、主要房间的人员情况。

5.4.2.2 系统结构

视频监控子系统设置生产监控中心和安保监控中心；生产监控中心位于陆上集控中心集控室，负责监控海上风电场所有生产区域和重要的生产设备。安保监控中心位于陆上集控中心安保室，负责监控海上风电场非生产公共区域及周边。

视频监控子系统由前端部分、传输部分、控制部分、显示部分、存储部分五大部分组成，视频监控子系统构架图如图 5-26 所示。

1. 前端部分

前端摄像机的布置和选型应根据应用场景的不同需求，采用不同的布置方式，选择不同类型的摄像机。

海上风电场场内的场景主要包括生产监测场景、环境监测场景、周界场景、内部道路场景、建筑出入口等。

（1）生产监测场景。生产监测场景主要是对风电机组、海上升压站、陆上集控中心集控楼、陆上集控中心电控楼、GIS 楼、水处理站等重要区域进行设备监控运行，选用高清红外/星光级筒形网络摄像机、高清红外/星光级球形网络摄像机。

（2）环境监测场景。环境监测场景主要是在海上升压站顶层平台设置多个监视海况的摄像头，选用高清红外/星光级球型网络摄像机。

（3）周界场景。周界场景需要在海上升压站外部通道、海上升压站登船口、陆上集控中心围墙和陆上集控中心出入口针对可疑船只、人员和车辆的徘徊、滞留、过激行为及频繁出现、异常滞留等异常行为进行提前预警，早期干预；需要针对可疑人员的攀爬、翻墙、越界及车辆冲卡、闯禁等异常行为进行联动报警、快速响应、现场处置；需要对人员出入规范化管理、车辆出入规范化管理进行监控。周界场景中场景不

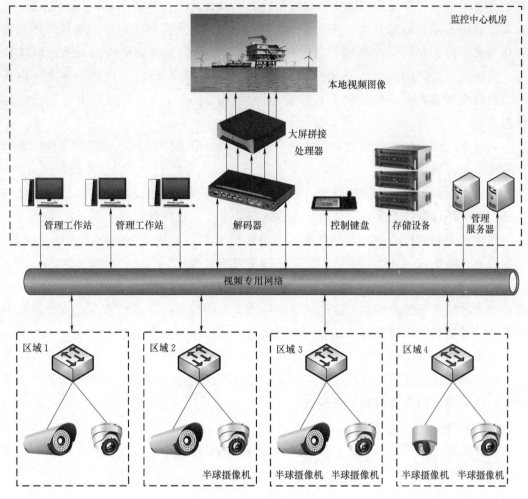

图 5 - 26　视频监控子系统架构图

固定，环境亮度变化较大，白天存在逆光环境，夜间环境较暗，需要判断是否有破坏性事件发生，看清可疑人员面部特征和可疑车辆车牌号码等信息，因此建议选用星光级高清摄像机。

（4）内部道路场景。内部道路监控场景需要满足对园区内机动车、非机动车、行人的轨迹动态监控，为事后追溯、警情研判提供证据；个别区域需要占领制高点，实现对园区内警情、火情的全局监控，还可以对活动目标进行自动跟踪。该场景属于典型室外场景，夜间光线较差，需要监控是否有破坏性事件发生，因此应选用高清红外/星光级筒型网络摄像机、高清红外/星光级球形网络摄像机、大场景的环形/球形鹰眼等多方式，将其结合使用。

（5）建筑出入口。建筑出入口需要针对人员出入，如领导、职工、内勤、访客等人员的进出进行权限分类，并对人员后续进行轨迹定位、查询及追溯，包括对进入大楼的人员数量进行统计和超限预警；需要针对车辆出入，如内部和临时车辆进行停车管理、余位显示、车辆引导、反向寻车及自动泊车。在人员出入口中，场景环境亮度变化较大，白天存在逆光环境，夜间环境较暗，需要全天候看清进出人员的脸部特征，应选用高清宽动态红外日夜型筒型网络摄像机。而车辆出入口属于普通室内场景，夜间光线较差，需要监控是否有破坏性事件发生，宜选用高清人工智能分析摄像机。

内部重点防控区域包括大堂、楼梯口、电梯间及轿厢、机房、仓库档案室、办公区等内部重点防控场景。

出入大厅场景中，人流量较大，情况复杂，而且夜间环境光照条件较差，需要监控是否有破坏性事件发生，看清可疑人员面部特征，宜选用球形网络高清摄像机。

电梯间及轿厢场景中，要求监控人员进出的情况，看清人员的面部特征及细节，需要注意隐蔽性或美观度，宜选用高清半球形网络摄像机。

走廊/前台/电梯口/办公区场景属于典型室内场景，需要考虑美观度及隐蔽性，在有灯光环境下光线较好，但夜晚无灯光环境下光线较暗，需要监控是否有破坏性事件发生，看清可疑人员面部特征，宜选用高清半球形网络摄像机。

仓库档案室、机房等属于室内固定场景，环境亮度较低，需要日夜监控主要监控人员出入储藏室的情况，监控是否有盗窃、抢劫事件发生，要求看清可疑人员面部特征，宜选用高清网络高清筒型摄像机。

2. 传输部分

视频监控子系统采用全数字传输链路，所有信号依托于海上风电场内视频监控网进行传输。

前端摄像机信号传输包含：

（1）网络双绞线传输。从前端摄像机到接入交换机距离不超过 100m 的情况下，使用网络双绞线（下面简称网线）来传输，这种传输方式的优点是线缆和设备价格便宜。

（2）光缆传输。从前端摄像机到接入交换机距离超过 100m 的使用光缆来传输，通过光纤收发器将电信号转成光纤信号进行传输。

（3）主干传输。各区域接入交换机与汇聚层交换机采用千兆单模光纤传输，汇聚层与核心层交换机采用千兆/万兆单模光纤传输。

3. 控制部分

视频监控子系统控制部分的主要作用是实现信令控制管理、视频流转发、数据信息存储和各种管理，主要包括管理工作站、视频服务器、存储设备、控制键盘等设备。

陆上集控中心视频监控子系统主要包括流媒体服务器、视频服务器。主存储设备主要布置在陆上集控中心电气二次设备间。陆上集控中心视频监控子系统的管理工作站、专用键盘等设备布置在陆上集控中心集控室。海上升压站部分主要设置有管理工作站和临时存储设备，主要布置在海上升压站电气二次设备间。

4. 显示部分

视频监控子系统生产监控中心位于陆上集控中心集控室，设计采用多块大尺寸拼接屏作为生产监控中心的显示设备，通过高清解码器解码分屏上墙，在拼接墙配置图形拼接处理器和多接口混合数字矩阵，可实现多达 108 个分屏显示或整屏显示以及信号源显示切换功能。

视频监控子系统安保监控中心位于陆上集控中心安保室，设计采用多块大尺寸屏作为生产监控中心的显示设备，通过高清解码器解码分屏上墙，可实现多达 108 个分屏显示或整屏显示以及信号源显示切换功能。

5. 存储部分

视频监控子系统的存储部分，推荐采用网络视频录像机（network video recorder，NVR）集中存储方式，存储设备设置于陆上集控中心电气二次设备间。

5.4.2.3 系统功能

1. 实时视频监控功能

（1）可根据需要，将视频以 IP 单播、组播方式在网络上轻易地传送，并能实现多点监看一点和一点监看多点的远程监控能力。

（2）可根据平面布置图或电子地图上的告警状态直接查看相关视频。

2. 录像管理功能

（1）系统能提供多种界面，使系统组装具有充分的选择弹性，可同时进行实时影音同步录像。

（2）系统应能按全部监控点图像（25 帧/s）1080P（1920×1080）实时录像，保留 30 天的图像信息（新盖旧模式）。所录制的画面在回放时，如同正常视频影像，无画面突然跳跃或间断现象，无马赛克现象，并可有效消除光线的变化，减少系统误动作，使系统一经激活即可进入全天候工作状态，免除操作人员每天开关机作业。

（3）应能远程设置前端系统录像规则，实现手动录像、定时录像、告警触发录像、画面异动检测录像等功能。

3. 图像管理功能

（1）应能显示、抓拍、存储、检索、回放各前端的实时图像。系统设计要求解决实时显示影像的问题，可以真实而快速地将现场画面呈现在监控人员面前，而无一般实时影像监控产品的现场画面与监控画面严重延迟的现象。

（2）所存储图像应能频繁回放，回放可单帧和连续，图像可长时间存储，图像质量始终不变。

（3）应能实现根据设备位置、存储位置、报警信息及时间段等要素进行检索。系统应具有便捷的影像检索能力（含可根据摄像机编号、时间段进行搜寻）与回放操作，使用者能快速找到需要的影像进行画面剪辑和拍照，进行后期作业。

（4）采用先进的音视频压缩技术，能根据实际需要调整采样频率，减少硬盘使用空间。所存储的图像能通过 IP 存储设备以 MPEG4 格式或其他更高效和清晰的压缩格式进行拷贝存档。当采用其他压缩格式时，应提供相应的媒体播放软件安装程序。

4. 远程控制功能

（1）应实现手动或自动对前端设备各种动作进行远程控制，并能设置控制优先级，对级别高的客户端请求应有相应措施保障优先响应。

（2）具有云台和镜头的控制功能。如云台上下左右转动和镜头焦距、光圈与景深控制等，方便监视人员调整前端监视画面，并能实现云台摄像机多个预置位、多条巡航线路、多个巡航方案的设定，可设定在不同时间段执行不同的巡航方案。

（3）能对视频处理单元远程控制，实现视频处理单元远程升级、重新启动、参数配置等功能。

5. 报警管理功能

平台应支持对报警类型、等级、接收、联动处理、处理情况全过程的管理。

（1）报警时间、报警内容应在中心平台进行任何监控操作时优先自动显示；报警应可进行分类。

（2）应实时接收报警源发送来的报警信息，根据报警处置预案将报警信息及时分发给相应的系统、设备。

（3）若同时发生多点报警，应按报警级别高低优先和时间优先的原则进行动作，确保报警信息不得丢失和误报。

（4）报警信息应有时间标准，精确到秒级。

（5）应能根据告警信号进行联动处理，包括报警录像、图片抓拍、PTZ 联动、数字墙关联操作、发送报警短信等。

（6）应能实现在有报警发生时对报警信息及时进行查看、处理，并记录报警的详细信息，包括报警源地址、级别、类型、时间、处警结果等。

6. 电子地图功能

电子地图功能使客户端调看、设置、报警联动操作更加形象化，宜考虑与 GIS 等系统的结合使用。

7. 智能分析功能

采用视频处理和行为识别等先进视频内容分析技术，对视频信号进行自动分析和监测，可以降低使用成本，提升监控效率和准确性；可提供统一的接口，方便集成各种智能分析模块，如人脸识别、入侵检测、绊线检测、物品移走检测、路径检测、突然出现检测、人群聚集等行为分析业务；前端视频质量巡检、亮度异常检测、条纹干扰检测、信号丢失检测等功能。

8. 移动监控功能

系统支持多种移动终端，实现在移动终端对视频监控平台的常规简化应用。

5.4.3 一卡通子系统

在安防智能管理中应用一卡通子系统，系统采用门禁管理子系统、人员通道子系统、车辆管理子系统、访客管理子系统等。

5.4.3.1 门禁管理子系统

门禁管理子系统是针对海上风电场场内各区域配电室、GIS 室、调度室、通信机房、重要办公场所等重要部位的通行门以及主要通道口进行的出入监视和控制。门禁管理子系统采用 TCP/IP 网络化门禁系统，提高门禁系统信号的传输速度和传输质量，为门禁的安全管理提供安全性和稳定性保障。

门禁管理子系统主要由前端设备、传输网络与监控中心设备组成。前端设备由读卡器、门锁、开门按钮及门禁控制主机等组成，主要负责采集与判断人员身份信息与通道进出权限，结合电锁控制对授权人员放行。传输网络主要负责数据传输，包括门边设备与门禁控制主机之间，以及控制器与监控中心之间的数据通信。监控中心负责系统配置与信息管理，实时显示系统状态等，主要由管理服务器与管理平台组成。门禁管理子系统拓扑结构图如图 5-27 所示。

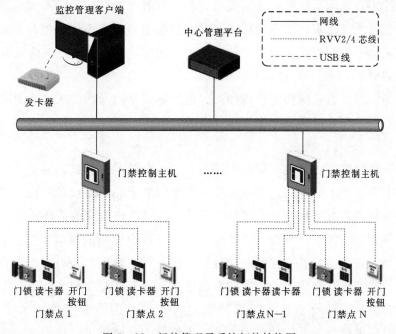

图 5-27 门禁管理子系统拓扑结构图

1. 主要原则

门禁点设计主要考虑受控区域的进出权限控制，结合风电场的环境特点与实际应用需求，通过对进出通道设置门禁设备，限定不同人员的出入权限，并对人员进出信息进行记录查询等。在针对不同受控区域进行门禁点配置时，应遵循以下原则：

（1）按需确定受控区域。门禁点设计应首先确定受控区域与控制需求，例如楼内区域往往需要限制外来人员的进入，需要在主要出入口设置门禁点；重要通道只能有相关工作人员进出，需要在重要通道设置门禁点；管理机房一般只允许机房工作人员进出，需要在机房门设置门禁点等。

（2）全面的点位设置。对于需要进行通行权限控制的区域，应全面考虑该区域的进出通道，对所有可能进入该受控区域的出入口设置门禁点。

（3）配合门禁控制逻辑。门禁点配置需要与系统控制逻辑相对应，如单向控制只需在进门或出门处设置门禁点，双向门禁控制则需要在进出两边均设置门禁点。电厂常见的门禁控制以单向控制居多。在门禁点设计的过程中，应同时考虑门禁与其他系统的联动，确定各门禁点的联动属性。

（4）便携的识别方式。门禁点通过门禁读卡器或生物识别仪对进出人员身份进行识别，门禁点设置时应根据区域特点与受控区域的安全级别，同时考虑便携性需求，选择不同的识别方式，如单纯的刷卡认证、密码认证、指纹认证、指静脉认证或多种认证方式相结合等。

（5）合理经济的门禁点汇聚方式。门禁点需要与监控中心进行数据通信，因此各门禁点与监控中心之间需要建设通信线路。基于节省线材与施工的考虑，较多情况下需要将多个点位进行汇聚。在门禁点点位设计过程中，应考虑门禁控制主机的上下行通信方式以及单台控制器接入门禁点的数量等，选择较为合理、经济的汇聚方式。

2. 主要内容

本系统的实施将有效保障电厂内的人、财、物安全以及内部工作人员免受不必要的打扰，为电厂工作人员建立一个安全、高效、舒适、方便的环境。本系统主要内容如下：

（1）发卡授权管理。系统采用集中统一发卡、分散授权模式。由发卡中心统一制发个人门禁卡和管理卡，再由门禁系统独立授予门禁卡在本系统的权限。系统可对每张卡片进行分级别、分区域、分时段管理，持卡人可进出授权的活动区域。

（2）设备管理。该子系统能实时监控门禁系统各级设备的通信状态、运行状态及故障情况，当设备发生状态变化时自动接受、保存状态数据；开启多个监视界面对不同设备进行分类监管；实现各类设备的数据下载、信息存储查询及设备升级等操作。

（3）实时监控。系统监控人员可以通过客户端实时查看每个门人员的进出情况（客户端可以显出当前开启的门号、通过人员的卡号及姓名、读卡和通行是否成功等信息）、每个门区的状态（包括门的开关，各种非正常状态报警等）；也可以在紧急状态远程打开或关闭所有的门区。

（4）权限管理。系统可针对不同的受控人员，设置不同的区域活动权限，将人员的活动范围限制在与权限相对应的区域内；对人员出入情况进行实时记录管理，实现对指定区域分级、分时段的通行权限管理，限制外来人员随意进入受控区域，并根据管理人员的职位或工作性质确定其通行级别和允许通行的时段，有效防止内盗外盗。

系统充分考虑安全性，可设置一定数量的操作员并设置不同的密码，根据各受控区域的不同分配操作员的权限。

（5）动态电子地图。门禁子系统以图形的形式显示门禁的状态，比如当前是开门还是关门状态，或者是门长时间打开而产生的报警状态。此时管理人员可以透过这种直观的图示来监视当前各门的状态，或者对长时间没有关闭而产生报警的门进行现场察看。同时拥有权限的管理人员，可在电子地图上对各门点进行直接开/闭控制。

（6）出入记录查询。系统可实时显示、记录所有事件数据；读卡器的读卡数据实时传送给管理平台，可在监控中心客户端立即显示持卡人信息（姓名、照片等）、事件时间、门点地址、事件类型（进门刷卡记录、出门刷卡记录、按钮开门、无效卡读卡、开门超时、强行开门）等记录且记录不可更改。报警事件发生时，计算机屏幕上会弹出醒目的报警提示框。系统可储存所有的进出记录、状态记录，可按不同的查询条件查询，并生成相应的报表。

（7）刷卡加密码开门。在重要房间的读卡器（需采用带键盘的读卡器）可设置为刷卡加密码方式，确保内部安全，禁止无关人员随意出入，以提高整个受控区域的安全及管理级别。

（8）逻辑开门（双重卡）。某些重要管理通道需两人同时刷卡同一个门才能打开电控门锁。例如金库等，只有两人同时读卡才能开门。

（9）防胁迫密码输入功能（需采用带键盘式读卡器）。当管理人员被劫持入门时，可读卡后输入约定胁迫码进门，在入侵者不知情的情况下，中心将能及时接收此胁迫信息并启动应急处理机制，确实保障该人员及受控区域的安全。

（10）防尾随。持卡人必须关上刚进入的门才能打开下一个门。本功能是防止持卡人被别人尾随进入。在某些特定场合，持卡人从某个门刷卡进来必须从另一个门刷卡出去，刷卡记录必须一进一出严格对应。该功能可为落实具体某人何时处于某个区域提供有效证据，同时有效防止尾随。

（11）反潜回。持卡人必须依照预先设定好的路线进出，否则下一通道刷卡无效。本功能与防尾随实现的功能类似，只是方式不同。配合双向读卡门点设计，系统可将某些门禁点设置为反潜回，限定能在该区域进、出的人员必须按照"进门→出门→进门→出门"的循环方式进出，否则该持卡人会被锁定在该区域以内或以外。

（12）双门互锁。许多重要区域通行需经过两道门，要求两道门予以互锁，以方便有效地控制尾随或者秩序进入，可以有效地控制入侵的难度和速度，为保安人员处理突发事件赢得时间。互锁的双门可实现相互制约，提高系统安全性。当第一道门以合法方式被打开后，若此门没关上，则第二道门不会被打开；只有当第一道门关闭之后，第二道门才能够被打开。同理，如果第二道门没有关好前，第一道也不予以刷卡打开。

（13）强制关门。如管理员发现某个入侵者在某个区域活动，管理员可以通过软件，强行关闭该区域的所有门，使得入侵者无法通过偷来的卡刷卡或者按开门按钮来逃离该区域，以便管理员通知保安人员赶到该区域予以拦截。

（14）异常报警。该系统具有图形化电子地图，可实时反应门的开关状态。在异常情况下可以实现系统报警或报警器报警，如非法侵入、超时未关等。

（15）图像比对。系统可以在刷卡时自动弹出持卡人的照片信息，供监控人员进行比对。

（16）系统联动。

1）消防报警联动。门禁系统与消防系统联动、协同运作，当紧急情况发生时，消防通道的门能自动打开。

2）与视频监控联动。门禁系统中最大的安全隐患是非法人员盗用合法卡作案。为了防止有人盗用他人合法卡作案，保证刷卡记录的真实性，系统要求每次刷卡都能联动视频抓拍下刷卡人照片或保存刷卡时的录像资料。

3）与"两票三制"的海上风电场安全管理系统联动。根据工作票内容，自动实现相关人员对应工作内容的有关门禁授权，通过工作票许可与终结自动授权工作使负责人进入所选工作场所。

5.4.3.2 人员通道子系统

海上风电场工作人员进出办公楼、集控楼通道作为大楼安全防范的第一步，设置人员通道子系统，通过网络与后端综合管理平台数据库的相连，确保通过认证的持卡人员方能进入，防止社会闲杂人员随意进出电厂重要区域，具有非常重要的意义。

人员通道的管理主要依托于人员闸机设备，电厂内部人员只需通过刷卡即可快速进入，外部来访人员则需通过访客管理子系统进行登记确认后，接受发放的临时通行卡，然后通过人员闸机进入相关区域，实现有效的人员管控。

1. 系统结构

人员通道子系统由感应 IC 卡、感应读卡器、闸机、门禁控制主机、人员通道管理软件及客户端等组成。根据通道管理需要，选用网络型门禁控制主机，采用 TCP/IP 通信方式进行与上层管理层的通信，支持联机或脱机独立运行。人员通道子系统拓扑结构图如图 5-28 所示。

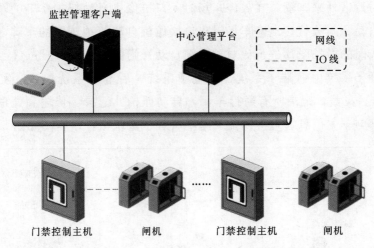

图 5-28　人员通道子系统拓扑结构图

2. 系统功能

人员通道子系统具有以下功能：

（1）经授权人员才能通过，未经授权人员闯入时会发出声光报警。

（2）常开、常闭模式灵活选择，可双向通行，也可根据人流量情况设定门翼的开、关速度，提高设备工作效率。

（3）防尾随跟踪控制技术可以严格防止非授权人员通行。

（4）防夹功能在门翼复位过程遇阻时自动反弹或在规定的时间内电机自动停止工作，同时发出声光报警。

（5）防冲功能在没有接收到开门信号时，门翼自动锁死，最大承受 120N·m 的冲击力。

（6）具备自检测、自诊断、自动报警功能；声、光报警功能，含非法闯入报警，防夹报警，防尾随报警。

（7）远程控制管理功能。

（8）可联网运行，也可脱机运行。

（9）LED 通行方向指示，显示通行状态。

（10）断电时，门翼处于自由状态，人员可自由通行，防止恐慌。

（11）具有自动复位功能，开门后在规定的时间内未通行时，系统将自动取消用户本次通行的权限，并可设定通行时间。

5.4.3.3　车辆管理子系统

基于车牌识别的车辆管理子系统可以进行车辆进出管理，内部员工车辆和授权的外部车辆在出入停车场时，出入口摄像机自动抓拍车辆车牌。对于有有效车牌的车辆，道闸自动升起放行并将相应的数据存入数据库中。若为无效车牌的车辆，则不给予放行。针对厂区外来车辆，在入停车场时入口摄像机自动抓拍车辆的车牌，保存车辆图片后，自动开闸放行；出停车场时出口摄像机自动抓拍车辆的车牌，保存车辆图片后，与进入时的抓拍图片进行比对，道闸自动开闸放行。

车辆管理子系统由前端子系统、传输子系统、后端子系统组成，实现对车辆的24h全天候监控覆盖，记录所有通行车辆，自动抓拍、记录、传输和处理，同时系统还能完成车牌与车主信息管理等功能。车辆管理子系统拓扑结构图如图 5-29 所示。

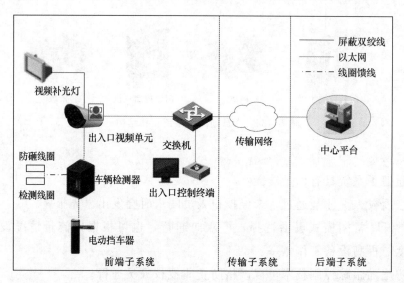

图 5-29　车辆管理子系统拓扑结构图

前端子系统负责完成前端数据的采集、分析、处理、存储与上传，负责车辆进出控制，主要由刷卡及电动挡车器模块或电子伸缩门、出入口摄像机、出入口控制终端相关模块组件构成。

传输子系统负责完成数据、图片、视频的传输与交换。其中前端主要由交换机、光纤收发器等组成；中心网络主要由接入层交换机以及核心交换机组成。

后端平台管理子系统负责数据信息的接入、比对、记录、分析与共享。其主要包括数据库服务器、数据处理服务器、Web 服务器。其中数据库服务器安装数据库软件保存系统各类数据信息；数据处理服务器安装应用处理模块负责数据的解析、存储、转发以及上下级通信等；Web 服务器安装 Web Server 负责向 B/S 用户提供访问服务。

5.4.3.4　访客管理子系统

访客管理子系统主要用于访客的信息登记、操作记录与权限管理。海上风电场作为电力生产单位，是安全防范要求较高的场合，对于来访的人员需要经过严格的管控。访客来访时需要对访客信息做登记处理，为访客指定接待人员，授予访客门禁点/电梯/出入口的通行权限，对访客在来访期间所做的操作进行记录，并提供访客预约、访客自助服务等功能。其主要是为了对访客的信息做统一管理，以便后期做统计或查询操作。访客进厂后同时进行人员定位、电子围栏管控等。

访客管理子系统是基于 TCP/IP 协议的综合信息管理系统，共用一卡通系统的数据库，实现数据共享。访客管理子系统结构图如图 5－30 所示。

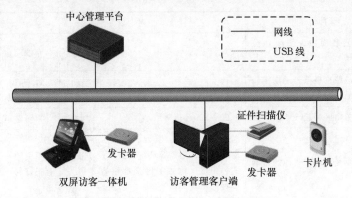

图 5－30　访客管理子系统结构图

5.4.4　周界防范子系统

周界防范子系统是采用红外或其他物理控制信号探测器对防范区域进行入侵和破坏的报警探测，当探测到有非法入侵时，及时向有关人员示警。

周界防范子系统是海上风电场入侵报警最为基础的系统，是防止非法入侵和异常事件的第一道防线，也是非常重要的一道防线。周界防范子系统主要负责对海上风电场周界实施保护，一旦发生报警情况，系统可立即弹出相应位置的电子地图，以不断闪烁的图标显示具体报警点，并有报警信息的中文显示、播放报警的语音信息、现场图像显示，以及执行事先预编好的应急预案。启动预先编制好的宏程序，联动相应的灯光、门控制系统、摄像机，并将摄像机图像输出到指定监视器和录像机上，进行图像复核并记录。

5.4.4.1　周界防范技术简介

目前主流的周界防范技术主要包括脉冲电子围栏、红外对射、振动光缆等，其主要原理以及优劣对比如下：

（1）脉冲电子围栏：利用高压脉冲高压信号，形成不伤人的防盗围栏，兼具威慑、阻挡和报警三大功能。

（2）红外对射：利用不可见红外光对射原理，在投光器和受光器之间形成肉眼看不见的多束红外光栅组成的防范护栏，只要相邻两束红外光线被遮挡，即产生报警信号并自动向外发送警报。

（3）振动光缆：采用光纤作为传感与传输设备，当光缆受到外界的触碰或振动时，其会引起光纤内所传输信号的变形，报警主机实时检测光纤上的信号扰动，实现报警。

各类周界安防系统技术对比见表 5-3。

表 5-3　各类周界安防系统技术对比表

对比项	脉冲电子围栏	红外对射	振动光缆
安装灵活性	安装简单、防区划分灵活	安装灵活	布线简单、防区划分灵活
后期维修	故障率极低、后期维修简易	故障率高、后期维修烦琐	针对单个故障防区进行维修、线缆断裂可连接
防区长度	单防区最长 500m	50~250m 不等	单防区最长 500m
环境适应性	不受环境和气候的影响	飞鸟、动物、温度、光线、空气流动、雾气、雨雪等环境因素以及安装方式、角度、位置等因素都很容易引发误报	不受环境和气候的影响，具有很好的环境自适应性
阻挡作用	有	无	无
误报率	极低	极高	通过窗口时间、事件个数、灵敏度三个参数决定是否报警，误报率低
安装敷设方式	依地形起伏安装，可落地式安装也可墙顶式安装	直线对射	预埋在墙体内，挂网安装。分直线形、S 形敷设

经过对比，结合海上风电场周界防范的环境以及要求，电子围栏宜作为风电场周界防范的主要系统，并结合红外摄像机，当电子围栏检测到人员入侵时，系统自动联动防区的摄像头，同时利用语音进行威慑。

5.4.4.2　系统构架

电子围栏系统主要由前端报警传感器、报警主机、扩展模块、管理电脑等组成。

电子围栏系统按分布式设置、集中管理模式设计。在安保中心设置周界防范报警控制主机，系统监控中心机房设集中报警管理平台，并统一提供对外警报接口。

电子围栏系统在智能化监控中心设立与其他系统的联动接口，包括但不限于视频监控子系统、门禁管理子系统、人员通道子系统等。

对于视频监控子系统，本系统各防区与附近的图像联动。当前端探测器检测到报警信号后，报警联动输出模块把数据上传给监控中心的报警输入口模块，视频监控系统按预先设置好的程序，自动切换相关视频到指定的报警监视屏，保安人员根据现场图像决定警情的响应对策，并追踪处理各种非法入侵行为，从而保证安保行动的迅速性、准确性。

在电子围栏系统设计时，还应结合当地公安"110"接警系统的具体要求，考虑报警外送的接口方式及接口设备，以实现本中心防电子围栏系统与公安"110"接警系统的联网。

5.4.4.3 系统功能

周界防范子系统具有以下功能：

（1）扩展功能：系统应以规范化、结构化、模块化、集成化方式实现，保证设备的互换性及易扩展性，保证二期设备的无缝接入。

（2）自检功能：报警主机有报警系统工作正常的自检功能，连接到报警主机的信号传输线发生断路、短路或并接其他负载时，报警主机应输出报警信号。报警模块应对电话线路进行实时检测，当出现线路故障时，能够发出报警。

（3）防破坏告警功能：系统在非维护状态下，任何设备机壳被打开都应告警。

（4）报警联动功能：与出入口控制系统、电梯系统联动，在特定条件下，可远程控制电梯，并开启附近的照明设备（通过集成系统联动）。

（5）管理主机采用图形操作界面进行管理，可根据实际需求设定时间表自动进行撤防、布防。

（6）报警发生时进行声光报警，并在图形操作界面上指示所有报警的具体位置，声光报警信息应保持到手动复位为止。

（7）报警信号可做分级处理，一级报警信号直接上报公安"110"，二级报警信号经确认后才可上报。

5.5 智能海上风电场信息管理平台（场级）

5.5.1 建设意义

建设智慧海上风电场信息管理平台（场级），实现海上风电场设备的全生命周期智慧化监控与管理，对提高海上风电场自动化水平、降低运行和维护成本、提高海上风电的经济效益和社会效益、提高抵御风险的能力具有十分重要的意义。

1. 提高海上风电场自动化水平

海上升压站"无人值班少人值守"是风电场运营模式的发展方向，智慧海上风电场管理平台应提高对系统、设备运行状况的可靠感知水平，实现对海上风电场必要信息的采集，信息的数量、质量应满足过程控制和生产管理的需求，减轻员工现场工作强度，提高装备运行监控能力，提升生产和管理效率和安全防范水平。

2. 降低运行和维护成本

智慧海上风电场管理平台具备对全部主设备、关键辅助设备、关键控制装置和设备的状态诊断与故障诊断功能，实现设备的全方位、全生命周期管理和预防性检修，合理地安排人员调配和设备检修计划，有效提高设备可靠性和寿命，降低运行和维护成本。

3. 提高海上风电的经济效益和社会效益

智慧海上风电场管理平台能实现机组安全可靠、经济及环保运行，提升海上风电新能源并网能力和并网友好性，提升风电场的经济和社会效益，可满足电网运行和电力用户需求。

4．提高抵御风险的能力

根据海上风电的特点，发电状况极大地受制于当地的气候、海洋条件，恶劣的天气状况和海洋盐雾环境会影响风电场的安全运行，并对风电场设备造成一定的破坏。智慧海上风电场管理平台，及时收集到风电场所属区域的海洋环境观测信息、气象预报信息，评估海洋构筑物及海上升压站设备的腐蚀趋势与风险，便于尽早启动防灾预案，有效提升了风电场抵御风险的能力。

5.5.2　体系架构

智能海上风电场信息管理平台（场级）主要包括融合现有业务控制系统数据、基建智能管理、设备智能诊断、系统智能诊断四方面的内容。

（1）融合现有业务控制系统数据包括风电机组主控 SCADA 系统、风电机组辅控系统、风电场电气监控系统等主要业务控制系统数据，实现对长期积累运行维护数据的计算、分析和深度挖掘，获取智慧海上风电场有效知识。

（2）基建智能管理包括气象支撑、人员跟踪及应急管理、船舶交通管理、海域视频监控等，采用物联网技术、大数据及智能化设备等，实现基建过程的实时智能监控及预警，以达到人员、船舶及材料安全、施工进度可控。

（3）设备智能管理包括风电机组诊断、海缆诊断、海上升压站诊断等，旨在通过预埋传感器和互联网技术建立设施的数字化档案，实现对设施运行情况的实时监测和分析，为建设单位提供全生命周期测算的数字化产品。

1）风电机组诊断包括机械传动链诊断（振动分析、油中金属颗粒分析、油品质分析）、塔筒诊断（塔筒倾斜分析、塔筒振动分析、塔筒气体环境分析）、基础诊断（基础不均匀沉降分析、基础振动分析、基础倾斜分析、基础腐蚀分析）、桨叶健康监测、螺栓载荷分析等。

2）海缆诊断包括海缆温度监测、扰动监测、埋深监测、冲刷监测等。

3）海上升压站诊断包括主要电气设备诊断、基础诊断（基础不均匀沉降分析、基础振动分析、基础倾斜分析、基础腐蚀分析）、电路板腐蚀诊断等。

（4）运维智能管理包括能效评估（风资源分析、风功率预测、能量管理设备实时数据监测与展示）、风电机组调整（一机一控的偏航变桨策略、集群总出力优化）、火灾超前预警、海上升压站室内环境监测与调节、海洋环境观测与展示等，旨在以数据融合共享、大数据分析为基础，实现全场系统层面的智能化监控与管理，以及生产经营重要环节的智能预测、综合评估和智能决策。

智慧海上风电场信息管理平台（场级）体系架构如图 5-31 所示。

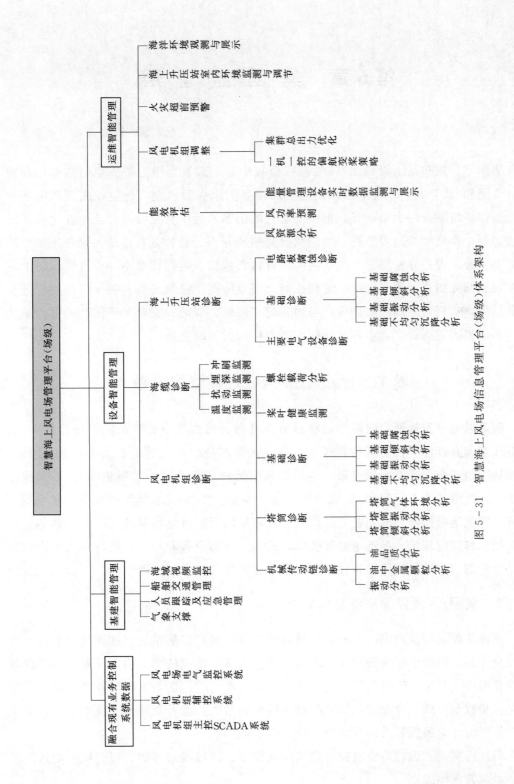

图5-31　智慧海上风电场信息管理平台（场级）体系架构

第6章 集团监管层

集团监管层包括上级集团/区域远程监控中心、大数据中心等。集团监管层在内网、专网和/或互联网环境下，采用适当的信息安全保障机制，通过挖掘各风电场一体化监控系统融合的大量业务数据中所蕴含的信息，提供安全可控乃至个性化的实时在线监测，实现生产过程监视、性能状况监测及分析、运行方式诊断、设备故障诊断及趋势预警、设备异常报警，主要辅助设备状态检修、远程检修指导；提供实时的定位追溯、调度指挥、预案管理、远程控制、安全防范、决策支持、领导桌面等管理和服务功能，实现对下属风电场设备与物资的"高效、节能、安全、环保"的管控一体化，形成集团数据资产，形成互联网＋电力技术服务的业务。

6.1 上级集团/区域远程监控中心

随着风电开发逐渐走向海洋，项目分布分散、难以集中管理的问题也日益突出，尤其在当前新能源平价上网的背景下，粗放式管理是推高风电运营成本的重要因素，传统运维模式亟须寻求新的突破。为此，风电运营商纷纷建设上级集团/区域远程监控中心，探索基于上级集团/区域的生产运营中心，实现"远程集中监控、现场少人值守、专业运维检修"的创新管理模式，实现集团下辖风电场群的统一管理和集中监控，指导和督促现场人员迅速处理故障，提高人员和设备利用率，提高电力生产信息统计分析的实时性和准确性，提高电力生产运营效益和生产管理水平。

6.1.1 集团/区域监管系统总体要求

上级集团远程监控中心下辖各区域监控平台，对众多场站进行远程集中监控、数据综合分析、故障诊断预警和统一运维管理，实现场站现场少人值守、专业运维检修的管理模式。在统一平台下将风电场各子系统数据实时传送至远程监控中心，进行集中监控和数据分析，合理优化资源配置，提升场站生产运行管理效率及水平，改善员工工作环境。集团监管系统具备如下管理要求：

（1）可实施"远程集中监控、现场少人值守、区域检修维护、规范统一管理"的生产运营管理模式。

实现对不同控制系统的风电机组在同一平台下统一监控、管理和调度，使电场效率达到最大化；优化人力资源配置，实现专业化管理；提高生产管理的自动化程度，降低劳动强度，提高劳动效率；便于集团/区域管理人员及时掌控所有风电场的生产运营情况，提高管理层决策的及时性、针对性和科学性。

（2）实现对各电场信息包括风电机组、升压站以及主要监控系统信息的采集与处理、运行及监视，满足远程监测、数据分析和生产运营管理等的需要。

海上风电项目分布相对分散、集中管理难，在当前海上风电降补贴的背景下，风电运营商开始建设区域集控中心/集团数据中心，实现"远程集中监控、现场少人值守、平台数据共享、专业运维检修"的创新管理模式。区域集控中心/集团数据中心是在电力专用网络或运营商企业专线网络环境下，满足二次安全防护要求设立的远程集控系统，集团/区域监管系统的整体结构图如图6-1所示。

对单个风电场而言，风电场业务系统安全防护分区共有3个。安全区Ⅰ为实时控制区；安全区Ⅱ为非控制生产区；安全区Ⅲ为生产管理区。从横向来看，安全区Ⅰ（实时Ⅰ区）和安全区Ⅱ（非实时Ⅱ区）之间经硬件防火墙防护，生产控制（Ⅰ、Ⅱ区）与生产管理区（Ⅲ区）之间安装正向物理隔离装置，生产管理区（Ⅲ区）和Internet网之间经硬件防火墙防护。

从纵向上看，安全区Ⅰ和安全区Ⅱ数据通道两侧安装纵向加密装置，Ⅲ区单独使用一条物理通道，通道两侧安装硬件防火墙。纵向通道可选用电力专线通道或运营商企业专线。区域集控中心/集团数据中心挖掘各风电场子站的风机监控系统、风机辅控系统、电气一体化监控系统融合的业务数据中所蕴含的关键信息，提供安全可控乃至个性化的实时监测，结合海上风电大数据分析，实现生产过程监视、性能监测及分析、运行方式诊断、主要设备诊断及故障预警、远程维护指导，形成集团数据资产，形成"互联网+"电力技术服务业务。

6.1.1.1 集团总部数据中心网络拓扑结构

集团总部数据中心网络拓扑结构如图6-2所示。

（1）应配置实时数据服务器、历史数据服务器、数据采集服务器进行相应的数据监视和存储。同时，配置了SAN交换机、磁盘阵列和数据挖掘服务器，对历史数据进行故障诊断和分析预警。

（2）通过防火墙、路由器、前置网交换机，接收经运营商网络传输来的区域集控中心数据；同时通过防火墙将集团总部数据中心接入集团办公网。

（3）应配置维护工作站、工程师站、网络打印机。

6.1.1.2 区域集控中心网络拓扑结构

区域集控中心网络拓扑结构如图6-3所示。

（1）应配置实时数据服务器、历史数据服务器、Web发布服务器、数据采集服务

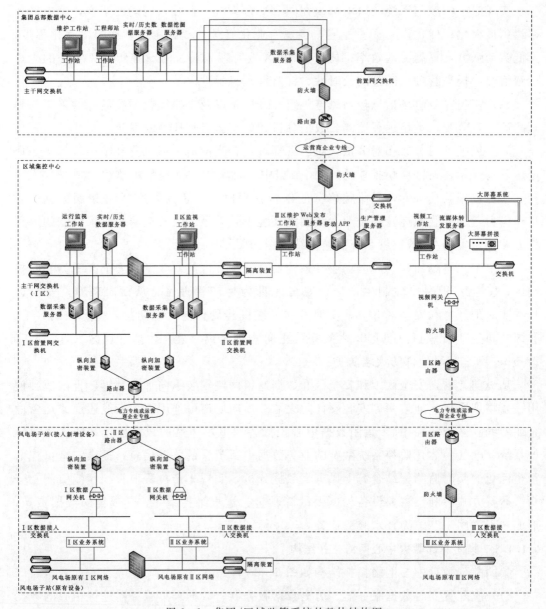

图 6-1 集团/区域监管系统的整体结构图

器等进行相应的数据监视和存储；同时配置 SAN 交换机、磁盘阵列、数据挖掘服务器，对历史数据进行故障诊断和分析预警；配置了流媒体转发服务器、大屏柜系统，对视频数据进行实时监视。

（2）通过纵向加密装置、路由器接收风电场集控中心Ⅰ/Ⅱ区的专网数据；通过防火墙、路由器接收风电场集控中心的Ⅲ区数据。

（3）应配置Ⅰ区运行监视工作站、Ⅱ区监视工作站、Ⅲ区维护工作站和视频服务器及工作站。

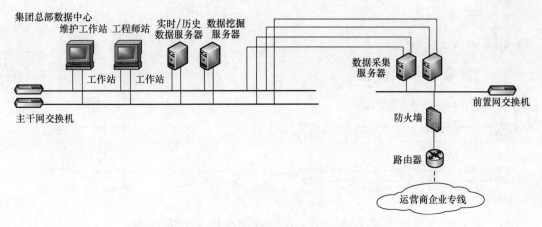

图 6-2 集团总部数据中心网络拓扑结构

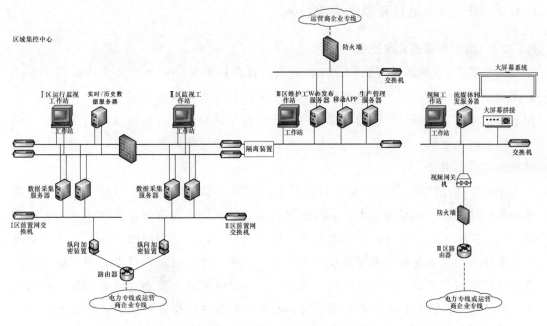

图 6-3 区域集控中心网络拓扑结构

（4）Ⅰ区和Ⅱ区之间通过防火墙进行数据隔离；Ⅱ区和Ⅲ区之间通过正向隔离进行数据传输。

6.1.1.3 风电场子站（接入新增设备）的网络拓扑结构

风电场集控中心接入区域集控中心的网络拓扑结构如图 6-4 所示。

（1）通过Ⅰ区数据接入交换机、Ⅰ区数据网关机、Ⅱ区数据接入交换机、Ⅱ区数据网关机、纵向加密装置、路由器，传输Ⅰ/Ⅱ区数据至区域集控中心。

（2）应配置Ⅲ区数据接入交换机、防火墙、路由器，传输Ⅲ区数据至区域集控中心。

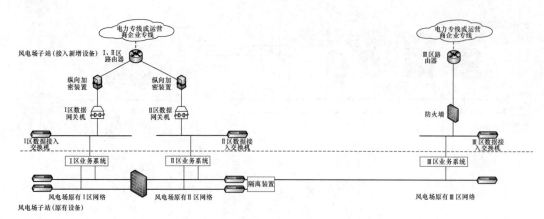

图 6-4　风电场集控中心接入区域集控中心的网络拓扑结构

6.1.2　海上风电场远程监测关键技术

6.1.2.1　大数据集成管理技术

上级集团/区域远程监控中心的数据集成管理技术是合并来自 2 个或者多个应用系统的数据，创建一个具有更多功能的企业应用的过程。从集成的角度来说，是把不同来源、格式、特点、性质的数据在逻辑上或者存储介质上有机地集中，为系统存储一系列面向主题的、集成的、相对稳定的、反映历史变化的数据集合，从而为系统提供全面的数据共享。

上级集团/区域远程监控中心的数据集成管理技术，包含关系型和非关系型数据库技术、数据融合和集成技术、数据抽取技术、过滤技术和数据清洗技术等。大数据的一个重要特点是多样性，意味着数据来源极其广泛，数据类型极为繁杂，多种复杂的数据环境给大数据的处理带来极大的挑战，要想处理大数据，首先必须对数据源的数据进行抽取和集成，从中提取出实体和关系，经过关联和聚合之后采用统一的结构来存储数据，在数据集成和提取时需要对数据进行清洗，保证数据质量及可靠性。

大数据存储管理中的一个重要技术是 NoSQL 数据库技术，它采用分布式数据存储方式，去掉了关系型数据库的关系型特性，数据存储被简化且更加灵活，具有良好的可扩展性，解决了海量数据的存储难题。

6.1.2.2　大数据分析技术

大数据分析技术的根本驱动力是将信号转化为数据，将数据分析为信息，将信息提炼为知识，以知识促成决策和行动。借助大数据的分析技术可以从海上风电场海量数据中找出潜在的模态与规律，为决策人员提供决策支持。

大数据分析技术从根本上讲，属于传统数据挖掘技术在海量数据挖掘下的新发展，但由于大数据海量、高速增长、多样性的特点，并且不仅包含结构化数据，还含半结构化和非机构化数据，因此传统的很多处理小数据的数据挖掘方法已经不再实用。大数据环境下的数据挖掘与机器学习算法，可以从以下方面着手：

（1）从大数据的治理与抽样、特征选择的角度入手，将大数据小数据化。

（2）开展大数据下的聚类、分类算法研究，例如基于共轭度的最小二乘支持向量机（least squares support vector machine，LS - SVM），随机可扩展模糊 C 均值聚类（fuzzy C - means，FCM）等。

（3）开展大数据的并行算法，将传统的数据挖掘方法通过并行化，应用到大数据的知识挖掘中，例如基于 MapReduce 的机器学习与知识挖掘。

数据挖掘及建模流程如图 6 - 5 所示。

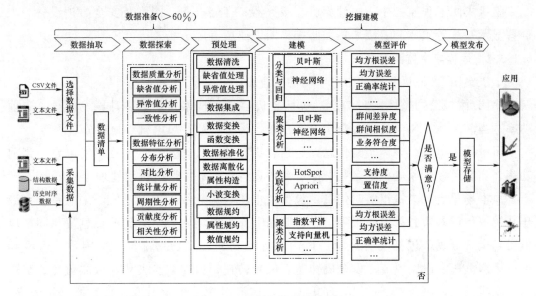

图 6 - 5　数据挖掘及建模流程

6.1.2.3　大数据处理技术

大数据处理技术包括分布式计算技术、内存计算技术、流处理技术等。分布式计算技术是为了解决大规模数据的分布式存储与处理问题。内存计算技术是为了解决数据的高效读取和处理在线的实时计算。流处理技术则是为了处理实时到达的、速度和规模不受控制的数据。大数据处理技术适用的对象如图 6 - 6 所示。

分布式计算是一种新的计算方式，研究如何将一个需要强大计算能力才能解决的问题分解为许多小的部分，然后再将各部分分给多个计算机处理，最后把结果综合起来得到最终结果。

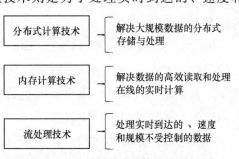

图 6 - 6　大数据处理技术适用的对象

内存计算技术是将数据全部放在内存中进行操作的计算技术，该技术克服了对磁盘读写操作时的大量时间消耗，计算迅速得到几个数量级的大幅提升。

流处理的处理模型是将源源不断的数据组视为流，当新的数据到来时立即处理并返回结果，其基本理念是数据的价值会随着时间的流逝而不断减少，因此应尽可能快地对最新的数据做出分析并给出结果。随着海上风电场数据量的不断增长，对实时性的要求也越来越高，将数据流技术应用于海上风电也可以为决策者提供即时依据，满足实时在线分析需求。

6.1.3　上级集团/区域远程监控中心的应用

上级集团远程监控中心由计算机、服务器、存储设备、网络及安全防护设备、大屏幕显示系统等组成。直接采集和监控集团下属所有风电场。

6.1.3.1　远程集中监测信息

上级集团/区域远程监控中心监测的信息如下：

集团/区域公司整体实时信息，包括装机容量、日累发电量、月累发电量、当前功率、当前风速、风电机组台数、停运台数、运行台数、风电机组地理分布等。

风电场风电机组整体实时信息，包括装机容量、日累发电量、月累发电量、当前功率、当前风速、风电机组台数、停运台数、运行台数、风电机组地理分布等。

风电场单台风电机组实时信息，包括发电机、齿轮箱、变桨系统、偏航系统、液压系统等运行参数和故障、报警信息，原则上应与电场主控室看到的信息量相同；风电机组运行数据，包括实时风速、风向，有功功率、无功功率、功率因数、电网频率、电网电压、电网电流、发电机转速、风轮转速、风向机舱夹角、偏航角度、桨距角、在线振动监测传感器信息，环境温度、塔底温度、机舱温度、塔底控制柜温度、机舱控制柜温度、主轴承温度等；故障信息需包含故障发生时间、代码、分类，故障时间包括起始时间和结束时间；不同厂家、型号的风电机组采用统一的展示画面和操作方式。

风电机组箱式变压器实时信息：包括箱式变压器输入输出侧的总输入开关、模块运行状态、运行告警等遥信信息，电压、电流、有功功率、无功功率、功率因数、机内温度等遥测信息。

风电场升压站综自实时信息：按照与风电场升压站综合系统数据点相同、风格一致的原则，进行遥测、遥信、报警信息展示；遥信数据包括隔离开关、接地刀闸、断路器、手车的开关状态；遥测信号包括线路、主变压器、站用变压器的电压、电流、有功功率、无功功率、功率因数。

AGC/AVC 系统实时信息：包括 AGC 系统功率限定值、实际功率值，AVC 系统电压限定值、电压实际值。

风功率预测系统实时信息：包括测风塔数据，短期、超短期预测值；测风塔数据包括 10m 高度的风速、风向、气压、温度、湿度，30m、50m、70m 高度的风速、风向等。

故障信息子站实时信息：包括风电场站内所有保护装置的故障、报警信息和故障录波器信息。

6.1.3.2 远程监测画面

各种实时监视界面可以在不同风电场间便捷切换。其显示方式包括列表方式、矩阵方式、线路图、柱状图显示、趋势显示、报警显示、操作显示等。

系统提供基于真实地理信息系统的场站管理方式，采用真实经纬度坐标，支持在卫星图中进行定位、查找图层、标注、测距、测面积等操作。管理人员可对集团或分公司下属的全部发电场站进行可视化管理。随着地图下探等级的放大，还可显示电场的地理范围甚至风电机组的微观定位点，并将地图显示范围内的电场实时出力情况进行展示。从而真正做到电场运营管理的可视化、精细化。

6.1.3.3 大数据存储

远程集中监测数据存入大数据平台用于后期的历史数据查询、数据统计分析和计算。大数据平台提供的技术能力包括数据采集接入、实时清洗、实时存储、分析建模、实时预警、平台管理、数据交互、数据可视化。

6.1.3.4 大数据分析

大数据分析平台与集中监控管理控制平台、生产 MIS 管理系统进行有效对接，实现设备数据、人员信息、生产管理信息的相互融合和利用。

借助大数据分析技术，打破系统间的数据壁垒，有效整合异构数据，建立集团统一、共享的数据资源，形成集团知识库，并对各种知识进行长期积累，助力人才队伍建设。同时以报表、图表等多种方式展示企业的运营情况，避免主观判断和推测，规避潜在风险，实现更加科学高效地决策。

1. 场站设备分析

设备运行状态的好坏将直接影响场站的整体经济效益和盈利水平。设备技术性能的高效发挥和使用寿命的长短，在很大程度上取决于设备的运行环境和日常维护保养工作的实施力度。通过对场站设备的历史运行数据进行定期的统计分析，为风电机组等设备的检修、维护提供可靠、准确的数据支持。

（1）设备发电量分析。设备的发电量是指统计周期内交流侧电量。在同样的运行条件下，设备发电量越高，说明其性能越好。对比设备日发电量的增长曲线，可以直观地了解各设备当天的发电情况，迅速找到异常运行的设备。

（2）设备效率分析。设备效率分析主要由能量分布分析、功率分析、转换效率分析等组成，通过对比、分析场站之间的设备运行数据，评估设备运行情况，为集团总部合理制定生产计划、进行资源调配、预防设备故障提供科学依据。

风电机组功率曲线对比功能，是基于一定规模的运行数据，来计算、展示、对比风电机组的实际功率曲线和标准功率曲线。系统还可以根据需要进行发电设备实际运行工况的对比分析，同型号设备平均运行工况与额定工况的对标分析，不同型号设备之间平均运行工况的对比分析等。

2. 场站运行分析

做好场站运行分析工作，可以及时掌握场站的生产运行情况，及时发现生产运营过程中存在的问题，针对薄弱环节提出相应的整改措施，提升场站管理水平。

（1）资源指标与电量指标对标分析。在资源指标和电量指标对比分析的基础上，以场站各月资源量和发电量对比图为起点，宏观展示场站生产运行情况。针对场站性能比较低的月份，从宏观到微观，逐步深入分析资源量与月发电量、日发电量和日负荷曲线对比关系，评估生产运行情况，快速找到影响发电量的关键因素，针对非正常运行时间段，可快速查看相应的值长日志，准确了解当天场站生产运行情况。

（2）能耗指标分析。在各场站能耗指标统计分析的基础上，以当年场站损耗分析图为起点，按照年度各月场站性能分析图、月度每日场站性能分析图及日负荷曲线图的顺序，从宏观到微观逐步进行场站性能分析，评估生产运行情况，快速找到影响发电量的关键因素，针对非正常运行时间段，可快速查看相应的值长日志，准确了解当天场站生产运行情况。

（3）多场站运行分析。对于多个场站，可横向对比生产指标，以便详细全面地了解各场站运行情况，考虑到场站装机容量不同，需要采用规范化的电量指标和能耗指标，即将电量或能耗折算为等价发电时，再进行对比。

3. 辅助决策分析

系统能够实现场站集中化的运行状态远程监测，对运行数据进行综合统计分析，为运行人员提供各场站信息查看的便捷途径，有助于对各场站进行更有效的管理。

系统收集的各场站数据涵盖不同设备配置、不同运行情况、各种突发情况、各年运行数据等全面的综合运行数据，为未来场站设备选型、项目投资提供依据，也对新能源发电行业的发展规划提供宝贵的参考数据。

4. 故障诊断分析

集团技术专家可根据远程监控中心庞大的设备故障信息，提取出故障类别与故障规则，并形成相应的解决方案知识库供运维人员查阅和学习，提高故障排除效率，减少场站不必要的损耗。

6.1.3.5 故障预警

利用大数据平台，通过机器学习等数据挖掘方法，对风电机组的主控、变流、变桨、冷却、大部件（发电机）等部件的运行数据、运维数据、环境预测数据进行收集、存储和深度挖掘，建立预警算法，实现风电设备健康隐患的提前报警，产生预警信息，尽早发现亚健康状态并及时消除，从而降低故障率，延长平均故障间隔时间。同时对预警信息进行统一管理和调度，实现与生产管理系统无缝对接产生工单，完成业务闭环管理。故障预警业务流程图如图 6-7 所示。

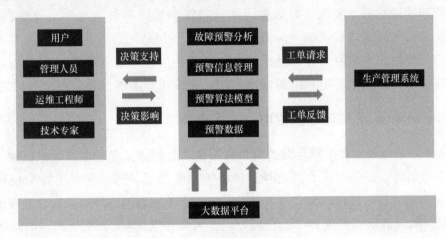

图 6-7　故障预警业务流程图

6.1.3.6　新建风电场微观选址

丹麦的 Vestas Wind System A/S 公司通过在世界上最大的超级计算机上部署 IBM 大数据解决方案，得以通过分析包括 PB 量级气象报告、潮汐相位、地理空间、卫星图像等结构化及非结构化的海量数据，从而优化了风力涡轮机布局，提高了风电机组发电效率。

IBM 公司针对风电企业在风电场微观选址中面临的挑战，提出了基于高精度数值天气预报的微观选址解决方案，来解决风资源捕捉利用的最大化问题和风电机组维护成本的最小化问题。IBM 风电场微观选址方案如图 6-8 所示。

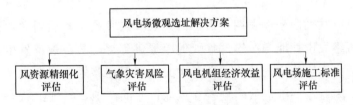

图 6-8　IBM 风电场微观选址方案

该选址方案结合风资源精细化评估、气象灾害风险评估、风电机组经济效益评估、风电场施工标准评估等因素，通过基于先进成熟的高精度数值天气模型，能够考虑更多的大气动力过程和物理过程，大幅提高模型的精确度和可靠性，从而把风电场备选区域和整个大气有机耦合在一起，做到更长期、全面地分析备选区域各个点的四维风资源分布情况，以及风资源的季节、年、年代变化情况，从而避免由单点推断整个风电场的资源分布，或由于使用时间过短的测风塔资料而无法刻画年和年代变化所带来的偏差问题。

6.1.3.7　移动应用

集中监管平台的移动端子系统可采用图表、曲线、棒图等多种样式展示各场站运营数据和性能指标，实现实时数据、统计数据和重要事件信息的对外单向发布。集团相关人员可以通过移动端 App 随时随地了解各场站的运行状况。信息管理网络与公网之间使用防火墙隔离，保证系统的安全性。同时应设计基于角色的权限访问控制，针对不同的角色绑定相应的功能模块，保证用户不能操作权限之外的功能。

6.1.4　上级集团/区域远程监控中心发展趋势

近年来，发电企业在生产运营阶段最大的管理变革是实现了远程集中监控。远程监控中心的建成实现了对庞大风电场群的持续高效运营，基本实现了每个场站减少4~6名运行班人员的管理目标，可以预见，未来五年左右国内风电场运营管理模式将实现飞跃，大量的场站将做到"远程监控，少人值守"。但快速发展的同时，也存在诸多急需解决问题和困难，主要问题如下：

（1）数据质量参差不齐，主要体现在场站侧无法在断网后断点续传，数据完整率无法保证；传统 104 规约等不支持遥测量时标，数据有效率无法保证；所有计算集中在集控端，以致几乎所有的远程监控中心都存在部分数据质量差，或者数据曾经准但一段时间后又不准了，但经过数据维护后又准了的情况，然而数据维护比设备维护更麻烦。

（2）随着风力发电成本快速下降，平价上网提前来临，市场竞争力显著增强，电量市场化交易对发电预测精度提出了更高的要求，但多数远程监控中心只是简单收集各站汇总上来的功率预测数据进行集中展示，预报准确度不高，急需高精度集中式的功率预测。

（3）海上风电发展迎来爆发期，迫切需要故障预警系统，运用大数据与机器学习算法，为风电机组发电性能与关键部件亚健康提供预警，防范设备发生重大风险。但目前的集控架构大多无法实现故障预警，也无法积累足够的失效案例来控制预警的误报率与漏报率。因此需要推进故障预警在风电行业的落地，实现由状态驱动检修的运维模式。

总的来说，未来远程监控中心将向着智慧运营中心的方向发展。借助物联网、大数据、云计算、人工智能等多种技术的深度融合，有效解决远程监控发展过程中的"痛点"，为风电运维提供一套智能决策和解决方案，实现远程监控、应急指挥、智慧调度、故障预警、精准预测等综合业务管理，构建风电智慧运营的"生态圈"。

6.2　海上风电场大数据中心

6.2.1　概况

6.2.1.1　大数据中心定位

2017 年 11 月 28 日，中国首个省级海上风电大数据平台——广东省海上风电大数据中心揭牌，标志着广东省海上风电发展已进入快车道。

该大数据中心主要存储广东省海上风电规划、建造、运营等全过程数据，包括：

（1）海上风电所有系统和设备的相关数据：包括风电机组、电气设备、海缆、结构监测、测风塔、雷达、气象水文监测设备、海洋生物监测等各种类型设备的运行数据和基础数据。

（2）基于规划期的数据：基于项目的场址、港口、风资源、海上海下地质条件、电源接入点、生产基地、港口等数据。

（3）基于建设期的数据：平台勘测、地质、设计图纸、三维模型、采购及施工等相关数据。

（4）基于运维期的实时数据：海浪、气象条件、船舶、风电机组运行、海上升压站、风电机组结构安全监测、基础腐蚀监测、海缆监测、升压站运行等数据。

大数据中心提供了数据标准、数据共享、数据分析、数据融合、数据资产化、数据应用创新的顶层平台，为广东省海上风电开发建设运营提供了有力的数据支撑，为安全生产等行业监管提供了有信服力、有价值的决策依据，对降低项目建设运维风险、提升海上风电全产业链发展水平起到重要的促进作用。大数据中心应用示意图如图 6-9 所示。

6.2.1.2　大数据中心建设内容

大数据中心的建设遵循智能化、先进性、易用性、灵活性、安全性、可靠性、稳定性和可扩展性的原则，建设的主要内容包括：

（1）大数据采集平台。其功能可配置，能满足采集各种形式的 PLC、DCS、视频、离散数据及数据库数据，能实现数据清洗、加工、缓存、日志、报警等功能。

（2）大数据平台存储显示。其采用可配置和定制化的工具实现包括数据存储、分析、处理、可视化数据显示的软件系统（支持手机端显示），支持集控级大屏幕及多屏幕矩阵要求的集中显示。

（3）大数据发布。其支持多模式可配置的数据发布。

（4）风电机组性能分析。其性能分析逻辑和模型对用户全开放，并支持参数配置和修模。

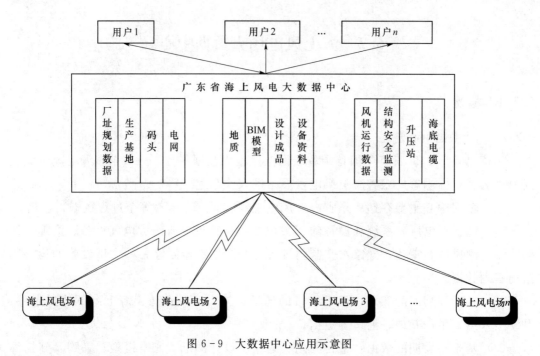

图 6-9 大数据中心应用示意图

（5）风电机组故障预警。其包括齿轮箱、桨叶、发电机、风速风向仪等，支持用户通过数据分析发现、建立和验证具有区域机组特点的故障预警模型。

（6）大数据平台相关的应用开发平台。其包括相应开源组件和 API 等工具。

6.2.2 系统功能

6.2.2.1 大数据基础平台功能

大数据基础平台提供数据采集接入、实时清洗、实时存储、分析建模、实时预警、平台管理、数据交互、数据可视化等功能，可支持高阶技术人员在大数据基础平台上开发机组预警模型、模型驯化等工作，支持对特殊数据和其他外源性数据进行自主、全流程的数据分析和挖掘工作。

1. 数据存储

通过数据存储引擎实现实时数据、计算数据、转换数据的存储。后台历史数据存储介质使用 Hadoop、Mangodb 或者其他历史数据库，通过调用对应的 API 方法实现历史数据的存储。历史数据存储使用缓冲池的方式，实现高速接收和批量写入。对存入的数据进行有效压缩，以节省磁盘空间，并支持不同压缩比的压缩算法。

大数据基础平台能够针对多种数据结构进行查询应用，包含实时历史遥测、遥信、遥脉信息，关系型报表数据、操作记录信息，非机构化图片、报告等文件数据。

2. 数据预览及统计

大数据基础服务平台提供多种数据预览与统计的方式，包括：展示数据覆盖率、有效率以及最大最小值的统计；多参数散点图展示；Bin 方法拟合计算；多参数相关性计算与展示；多参数时序图展示；多参数频率自动计算和多种图形展示；地形图及机位坐标展示等。

3. 实时数据服务

大数据基础服务平台能接收设备远程传送的实时数据，并进行处理、保存。同时，实现数据的实时推送，如推送到 H5 页面或者移动 App 页面，从设备现场采集数据实时推送到服务器、PC 网页或者手机移动终端，实现数据的实时展现。

4. 实时数据告警

大数据基础服务平台可根据定义的告警策略，实时输出数据告警信息，包括告警内容、时间、设备编号等。告警的数据支持文件形式保存和大数据平台存储两种方式，供集控中心调用。

5. 海量数据在线多维查询

大数据基础服务平台具备数据在线查询功能。实现多维区间索引加速机制，以支持对固定检索条件的快速查询需求；具备动态数据（风电机组数据）和静态业务数据（风电机组基础设备台账）的连接查询。

6. 数据并行分析计算

大数据基础服务平台提供分解任务的并行计算、迭代计算，可对 TB 级的数据进行有效分析；能根据计算涉及的数据情况、资源情况自动平衡调整并行度，以优化系统资源的使用。

7. 数据可视化

大数据基础服务平台提供基于（HDFS、HBase、Spark 等）数据源的可视化数据分析工具，具备以柱图、饼图、散点图、曲线、报表等多种工具对数据进行多种方式的可视化展示功能。

8. 数据接口

大数据基础服务平台对外提供各种开发接口，包括完全兼容 Hadoop 生态圈开源各个组件的 API 接口、REST 访问接口以及 StarGate/HyperbaseREST 接口。同时通过支持 SQL2003 标准以及 PL/SQL，提供 JDBC/ODBC 接口，能够使传统业务场景向大数据平台上进行平滑迁移。此外，大数据基础服务平台为数据挖掘提供 Java API 以及 R 语言接口，用户可以直接使用 R 语言与 SQL 进行交互式数据挖掘探索，同时可以通过平台开放的 API 进行二次开发，通过 JDBC/ODBC 接口为上层应用进行 SQL 查询。

6.2.2.2 应用层功能

1. 区域风电场状态监视

对广东省海上风电项目的所有风电机组整体情况进行监视，以列表方式或电子地图方式显示，同时显示设备的工作状态等信息。显示内容包括区域数据汇总，包括发电量、实时处理情况等；多纬度查询区域整体的设备分布情况；所属各个风电场简要实时数据显示，包括功率、发电量等；重要的报警事件；重要指标数据，包括所有设备的运行状态分类、关键故障信息汇总、部件故障情况汇总等。

2. 风电场状态监视

以矩阵方式展示风电场整体运行状态信息，显示信息有整体运行状态统计信息，包括：风电场实时功率、正常运行设备数量、故障停机设备数量、检修设备数量、电气主接线图等；风电场主要设备的简要实时数据列表；各个风电机组的功率、实时发电量统计；风电场实时风速、风向、气温、气压、湿度等；报警事件列表。

3. 风电机组状态诊断

监测风电机组状态信息，主要包括风电机组基本信息、风电机组实时状态数据、风电机组历史状态数据查询、风电机组故障报警信息等；可从单台风电机组视图导航到机组部件的详细视图，按部件详细显示机组的实时数据。针对不同部件的关键监视数据进行分类，同时将此类部件对应的故障报警信息标示在部件中。其中，风电机组基本信息包括风电机组经纬度、单机容量、轮毂高度、叶轮直径、功率曲线、推力曲线、主要部件规格参数等；风电机组的实时状态数据主要包括环境参数、风轮转速、发电机转速、偏航位置、偏航速度、扭缆角度、桨距角、变桨速度、液压系统压力、油位、振动加速度、温度、电气参数等。

4. 升压站和集控中心数据监视

升压站和集控中心的状态信息包括主要电气设备基本信息、实时状态、电网实时信息等。主要电气设备基本信息包括主变压器、高低压配电装置、柴油发电机、无功补偿装置、综合自动化系统、控制电源、暖通、消防等主要设备的品牌、产地和规格参数等。

5. 风电机组结构安全监测

对风电机组海底设施和升压站海底设施的钢结构进行实时监视，通过振动分析、实时视频等多种手段监视其基础结构。

6. 海缆监视

海缆故障监测是基于分布式光纤传感技术的，其功能包括实时在线的温度和应力分布式监测；实时在线的扰动监测；过热点或锚害的位置信息标示；海缆异常的早期探测；对岩石定点摩擦海缆等不可见事件进行数据积累，为海缆日常维护提供磨损事件数据库；通过集成海事的 AIS 系统和船舶交通服务（vessel traffic service，VTS）系统及其他已有监控装置，搭建海缆立体监测平台，为突发事件的事后赔偿追索提供事件证据链事实依据。

海缆扰动监控主要对海缆外部扰动进行监测，实时监控海缆可能遭受的破坏，对于突发的危害事件进行预警及定位，光纤受损后可自动检测并定位受损点。出现报警信号时可在电子地图上标明报警位置，并显示该位置的具体地理位置信息和该点处的可疑侵害事件。

海缆温度监测具备实时监测记录全线电缆的不间断运行温度，并对温度异常进行报警及定位。温度异常报警是通过对海缆温度的监测，及时发现电缆运行过程中出现的问题，具备最高温度报警、温升速率报警、平均温度报警、系统故障报警、光纤断裂报警等功能，并能显示、记录测温数据、报警位置等信息。

海缆应力监测功能用于实时监测记录全线电缆的应力变化，并对应力异常进行报警及定位。应力异常报警是通过对海缆应力的监测，及时发现海缆运行过程中出现的问题，具备最高应力报警、应力突变报警、系统故障报警、光纤断裂报警等功能，并能显示、记录监测数据、报警位置等信息。

海缆海事监控预警功能用于实时收集船舶的 AIS 信号和 VTS 信号，配合全球定位系统，获得进入海缆保护区船舶的标识信息、位置信息、运动参数和航行状态等重要数据，及时掌握附近海面所有船舶的动静态资讯，并能显示和自动存储；能根据船舶航行速度、在海缆保护区内停留时间等参数设定和修改预警、报警限值，投标方应提供具体的预警、报警限值及其说明；能向通过海缆保护区的船舶发送预警信息。

7. 实时气象和海况显示

大数据中心接入海洋厅海洋大数据，包括广东省沿海气象站、海洋站的站点分布，实时数据及其大尺度数值模拟场；工程点短期观测数据、站点位置、实时数据；全省风资源分布图；广东省气象局的大雾、雷电等气象预报数据。

8. 测风塔监视

测风塔监视功能提供从测风塔采集数据的实时显示，包括各层的风速、风向、温度、湿度、大气压和等效空气密度（计算值），并可以历史趋势图的形式显示历史数据。当测风塔报警事件触发时，同步显示相关报警的内容和时间等信息。

9. 雷达监视

应用雷达扫描海上风电场以雷达为中心一定半径范围内的船舶或其他物体的外形信息，通过风电场的数据采集服务器处理后，由海上风电大数据中心存储使用。

10. 风电机组性能大数据分析

建立基于历史数据及预测数据的仿真计算模型，对风电机组性能进行评估。

（1）功率曲线分析。基于风电机组正常运行状态下的历史数据，在离线状态下拟合出风电机组输出功率与风速之间的关系。将该功率曲线作为风电机组的能量转化效率评判标准，通过横向、纵向地比较同一批次不同风电机组之间、同一风电机组在不同时期的能量转化效率差异，对风电机组的效率进行实时监控与分析，以发现效率异常的风电机组和异常情况，并提供针对厂家的标准功率曲线评估潜在方法，用于评估风电机组的性能。

（2）能量利用率分析。能量可利用率等于实际发电量与理论发电量的比值，是风电机组发电性能的重要参数。在风电机组运行过程中，风电机组故障、风电机组维护、变电站故障与测试、电网限电、功率曲线、风电机组间尾流等，都会导致理论发电量与实际发电量的差值。通过能量利用率分析功能，评估风电机组故障、风电机组维护等造成的风电场能量损失。

（3）可靠性分析。提供针对不同时间、地点纬度等的数据分析功能，对选择时间段内故障的发生情况进行统计、分析，结合设备可靠性指标实现风电机组等设备的可靠性分析，并展示包括风电机组主要指标、风电场整体指标、故障趋势图、故障类型占比图在内的信息。

（4）风电机组预警。风电机组预警以 App 的模式运行，提供基于风电机组 SCADA 系统数据的预警诊断模型，包括功率曲线劣化分析、关键部位传感器失效预警（齿轮油温度、发电机温度、机舱振动等）、基于风电机组运行工况的齿轮箱油温预警、风速风向仪故障预警、机舱振动异常预警、机舱温度预警、偏航电机温度异常预警、变桨电机温度异常预警、滤芯堵塞预警等，同时预警和诊断模型具备针对不同机型进行参数调整的功能。

6.2.2.3　数据服务功能

大数据中心对外提供风资源、海洋水文、工程地质、风电机组机位地理位置等信息的索引和查询，并能生成各项数据报告和列表。

1. 风资源

大数据中心整合了海洋厅、气象局的数据，形成了全面、完善、有效的风资源。利用整合的风资源信息，可提供风电场预装风电机组轮毂高度 50 年一遇最大风速值和极大风速值的估算服务，对风电场场址的风况特征和风资源进行评价服务。

2. 海洋水文

大数据中心整合了风电场区域气温、气压、降水、湿度、雷暴等相关气象要素，海域内台风等极端天气要素，如台风移动路径、强度、影响时段、极大风速的历史资料；海浪统计特征的分析数据，包括波型特征（风浪、涌浪和混合浪的出现频率）、波向、波高和周期特征；高潮水位和低潮水位等潮汐特征，如夏、冬两季大、中、小潮全潮同步水文综合测验资料等。基于上述海洋水文信息，能提供分析绘制台风移动路经、强度等示意图的功能；根据场址区潮流与潮汐之间的关系以及涨落潮流速及流向变化规律，推算最大涨、落潮流速及流向功能等。

3. 工程地质

大数据中心整合了沿海工程地质信息，包括水下沉积、地址滑坡、地震预警等。提供基于区域地质概况评价区域地质构造稳定性的功能，初定场址地震动参数值及相应地震基本烈度的功能。其具备场区海底地形、地貌、地层（岩性）、地质构造、岩体风化、不良地质作用、地基岩（土）体的物理力学性质等信息查询服务。

4. 风电机组机位地理位置

大数据中心整合海上风电场风电机组分布信息，并对其进行分析。

第7章　智慧海上风电场的基础问题

7.1　拓扑设计及可靠性研究

7.1.1　海上风电场集电系统构成

7.1.1.1　海上风电场集电系统构成

海上风电场由风电机组、集电系统、海上升压站、海上高压输送系统、陆上变电站等构成，电能由各台风电机组发出，经过集电系统汇集到海上升压站，再经由升压站输送至岸上变电站并入电网。

海上风电场集电系统的任务是将风电场内各个风电机组发出的电能按照一定的规则汇集到变电站的汇流母线上，集电系统的主要设备包括电缆线路、开关设备、变压器平台等，在有些研究中集电系统还包括了风电机组和升压站等。

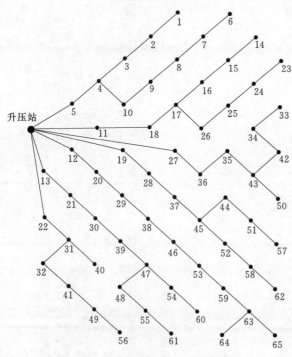

图 7-1　某风电场的集电系统示意图

某风电场的集电系统示意图如图 7-1 所示。该拓扑布局为树形拓扑，从升压站出来 7 条馈线，每条馈线上都连有 7～10 台风电机组，风电机组旁的数字为风电机组编号。

发电机的电压等级一般低于 1000V，国际上选择的一种标准是线电压 690V（50Hz）和 575V（60Hz），在我国风电机组出口电压典型值为 690V，需要通过箱式变压器将低电压升高至中压水平。对于海上风电场，考虑到变压器和开关设备的投资费用以及体积大小，风电场集电系统的中压等级均为 10～35kV，典型值为 10kV、15kV、20kV 和

35kV。35kV 是应用较广的电压等级。若风电场的规模扩大到更大容量规模，为降低损耗，可能需要提高电压等级。如风电机组出口电压为 4000V 或更高，集电系统电压需要升高到 66kV 或更高，但这样高电压等级会增加投资成本。

根据我国电网的电压等级以及相关电气设备的标准，通常海上变电站的主变压器为两圈变，变压器高压侧电压等级选择 110kV 或 220kV，也可以根据实际需要适当考虑 500kV。

7.1.1.2 海上风电场集电系统拓扑类型

目前，海上风电场内部电气系统拓扑设计分为放射形（包括链形和树形）、环形（包括单边环形、双边环形、复合环形、多边环形）、星形三种形式。3 种拓扑结构中除链形结构和星形结构为无备用接线方式外其余的全为有备用接线方式，构建冗余备用线路固然能提高风电场的发电可靠性，但因为需要较多价格昂贵的海底电缆和多余的开关设备，所需增加额外投资成本较高。

1. 放射形拓扑

放射形拓扑结构如图 7-2 所示，通过一条中压海底电缆将若干台风电机组连接成"串"，若干"串"将海上风电场发出的电能输送到汇流母线上，所连接风电机组的最大功率和须小于该处中压海底电缆的额定功率。放射形拓扑又可以细分成链形放射形拓扑和树形放射形拓扑两种。放射形拓扑布局中主电缆较短，从集电系统母线到馈线末端电缆截面可以逐渐变细，投资成本较低和控制简单是该拓扑结构最明显的优点；缺点是可靠性不高，一旦发生故障，与该电缆相连接的风电机组都将停运。目前许多海上风电场都采用这种拓扑布局方式。

2. 环形拓扑

环形拓扑结构如图 7-3 所示，在放射形拓扑的基础上，将中压海底电缆末端的风电机组通过一条冗余的电缆连回到汇流母线上。装在电缆上的开关设备可以在电缆发生故障时断开，从而隔离故障，使风电机组的电能输送不受影响。该拓扑可提高内部集电系统的可靠性，投资成本较高和操作比较复杂是该拓扑结构最明显的缺点。由于环形拓扑结构的特点，其没有传统开关配置方案，可以采用部分开关配置和完全开关配置两种开关配置方案。

3. 星形拓扑

星形拓扑结构如图 7-4 所示，星形内部结构的风电场由若干类似圆形布局组成，每台风电机组分布于圆周之上，输出的电能汇集到圆心处母线后输出。该布局的优点是：每台风电机组及其电缆故障与否都不影响风电场其他部分的正常运行，并且能够实现独立调节。星形结构与环形结构相比，可降低成本；与链形结构相比，又可保证较高的可靠性。其缺点是处于星形结构中央的风电机组处开关设备处需要更复杂的开关。这种星形排布结构适合风向变化频繁的风电场，但捕获风能不理想，较少使用。

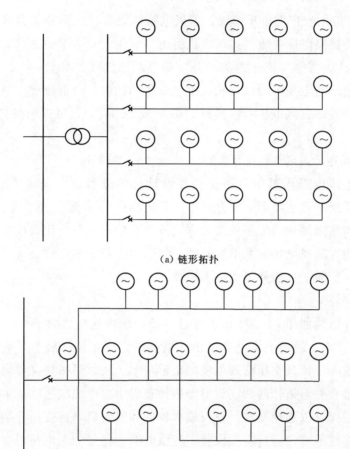

（a）链形拓扑

（b）树形拓扑

图 7 - 2　放射形拓扑结构

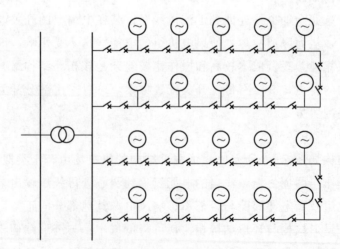

图 7 - 3　环形拓扑结构

三种拓扑中，星形和环形由于结构复杂、造价高等原因在应用中较少出现，而简单经济的放射形拓扑结构得到了大规模的应用，特别是树形拓扑，接线更为灵活，能够很好适用于风电机组布点不规则的场合。

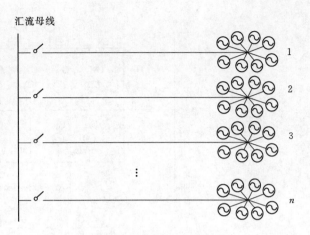

图 7-4　星形拓扑布局

7.1.1.3　海上风电场集电系统开关配置方案

集电系统开关配置方案将影响拓扑可靠性，下面以树形接线为基础，介绍 3 种海上风电场集电系统开关配置方案，分别为传统开关配置、完全开关配置和部分开关配置，基于树形接线形式的开关配置方案如图 7-5 所示，图 7-5 中对风电机组进行了简化，风电机组的低压开关和升压箱式变压器等并没有显示在图中。

基于树形接线的传统开关配置方案如图 7-5（a）所示，该方案中风电机组与风电机组之间只有电缆进行连接，开关设备仅安装在集电电缆接入汇流母线入口处。这种布局的优点是设计简单且投资成本低，缺点为可靠性不高，一旦集电电缆发生故障，该树形结构上的所有风电机组都将停运。

基于树形接线的完全开关配置方案如图 7-5（b）所示，该方案中风电机组与风电机组之间都有电缆和开关连接，这种开关配置方案的成本较高，但可靠性也较高，一旦电缆或开关发生故障，可以通过开关将故障点下游的风电机组切除，而其余风电机组仍可正常运行。

基于树形接线的部分开关配置方案如图 7-5（c）所示，该方案中开关设备仅装在树形拓扑中下游风电机组分叉出口处和集电电缆接入汇流母线入口处。一旦集电电缆发生故障，该串上的所有风电机组都将停运，但不会影响其他串风电机组的正常运行。该方案的投资成本和可靠性都介于传统开关配置和完全开关配置之间，是一种折中的开关配置方案。

在实际风电场的集电系统拓扑设计中，大多采用传统开关配置和完全开关配置两种开关配置方案，因此本书拓扑优化设计方案将采用两种开关配置方案，不考虑部分开关配置的情况。

7.1.1.4　海上风电场集电系统设计基本依据

风电场集电系统拓扑结构应视其具体情况而定。一般情况下，需考虑以下几方面的因素。

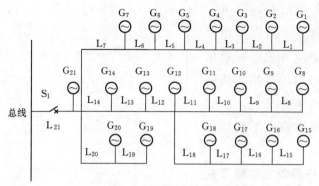

（a）传统开关配置方案

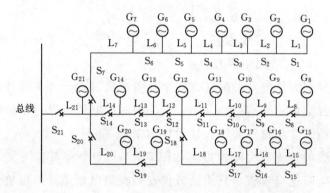

（b）完全开关配置方案

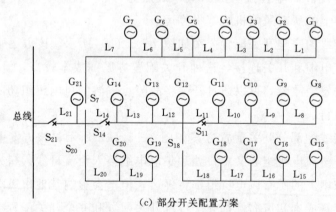

（c）部分开关配置方案

图 7-5　基于树形接线形式的开关配置方案

1. 电气性能

集电系统的拓扑结构首先应满足整个系统的稳定运行，主要体现在集电系统在风电场正常运行时能够保持母线电压和负荷电流的稳定；发生故障能够及时恢复母线电压。汇流电压偏差和风电场有功损耗是考察集电系统电气性能的主要指标。另外集电系统不同的拓扑连接还可能造成潮流分布不同和其他电气特性的差异，对集电系统设备选型和故障诊断有重要影响。因此在特定拓扑下集电系统的电气特性是集电系统拓扑设计选择时需要考虑的一个重要因素。

一般情况下，集电系统拓扑的电气特性可以分为稳态性能和动态性能，具体如下：

（1）稳态性能：集电系统稳定运行时有功损耗、汇流母线的电压偏差，反映了集电系统的稳态电气系能。

（2）动态性能：考察故障后能否恢复电压电流稳态，同时故障中产生的过电压和过电流是否在允许范围内也是考察的目标。

多种文献对比分析了放射形、环形（单边环形、双边环形、复合环形）、星形几种集电系统拓扑布局在稳态和故障时的功率损耗、电压偏差等电气性能，结论是各种拓扑布局方案都能使得电压偏差和损耗在可以接受的范围内，能够满足要求。

2. 可靠性

可靠性是指一个元件、设备或系统在预定的时间内，于规定条件下完成规定功能的能力。电力系统可靠性指向用户提供质量合格的、连续的电能的能力。集电系统可靠性可理解为集电系统能够向海上变电站提供质量合格的、连续电能的能力。

海上风电场集电系统是连接风电机组和电网的关键部分，其内部故障将会严重影响风电场的出力并可能影响电网的安全稳定运行。提高集电系统可靠性将有效减小集电系统故障时海上风电场对电力系统安全稳定方面性能的影响。另外，海上风电场集电系统故障会造成相应风电机组无法输送功率到电网，将极大影响海上风电场发电的经济效益，提高集电系统的可靠性，同时将有效提高海上风电场的发电效益。而且相对于陆上风电场，海上风电场的运行维护费用更高，维修时间更长，因此对可靠性有更高的要求。

综上所述，集电系统的可靠性关系着电网和整个海上风电场的经济、可靠运行，是拓扑设计中需要重点考虑的一个方面。集电系统的可靠性指标与设备选型、拓扑布局设计、拓扑开关配置三个因素都有很大关系，在后面章节将讨论设备故障、拓扑设计方案对拓扑可靠性指标的影响。

3. 经济性

海上风电场的集电系统投资和运行维护成本往往很高，占海上风电场总投资的15％～30％，因此集电系统的经济性问题关系着风电场的发电效益和电价成本，关系着海上风电场投资者和运营者的核心利益，因此集电系统拓扑设计时需要重点考虑集电系统的经济性问题，本书所讨论的集电系统设计时需考虑的全生命周期总成本，主要包括一次性投资成本、运行维护成本和故障机会成本三部分。

（1）一次性投资成本：包括了集电系统建设中电缆、开关等主要设备的购置、运输与安装施工费用。

（2）运行维护成本：包括集电系统运行成本和维护成本，涉及集电系统运行中电量损耗造成的经济损失和平时运营维护所需要的费用。

（3）故障机会成本：可靠性对布局方案经济性的影响不是体现在成本的支出（不考虑修复成本）上，而是体现在收入的减少上。即海底电缆发生故障造成一部分风电机组不能正常发电，相当于风电场在故障维修期间损失了相应的应得收入。这种现象符合经济学上机会成本的概念，因此可以被称为故障机会成本。

一次性投资成本、运行维护成本和故障机会成本相加得到的总成本才是用来比较拓扑设计方案经济性能的科学指标。本章集电系统拓扑优化设计的目标函数是使满足要求的拓扑总成本最小。

4. 工程建设约束

海上风电场建设是一个浩大的工程，在设计集电系统时，除需要满足电气性能要求，考虑可靠性和经济性因素外，还需要考虑到集电系统工程建设的实际情况，使得设计的拓扑能够在工程建设中有很好的实用性。分析工程建设的原因，在集电系统拓扑设计时可能要考虑以下约束：

（1）由于实际工程中集电电缆载流量的限制，集电系统拓扑中升压站进线电缆传输功率 P_C 不能超过它的功率传输上限 P_{Cmax}，即有 $P_C \leqslant P_{Cmax}$，P_{Cmax} 的数值一般为 $30 \sim 40 \mathrm{MW}$，具体数值视可选电缆规格情况而定。

（2）考虑到海底环境中电缆交叉会造成施工的极大困难，集电系统拓扑连线一般不能出现交叉。

（3）考虑到升压站电缆出线受变压器出线端口数目的限制，因此升压站出来的电缆数目 N_{sc} 受限，需要小于出线电缆数量最大值 N_{SCM}，即有 $N_{sc} \leqslant N_{SCM}$。

（4）风电机组基座处电缆的转接头数目限制住了风电机组下游能出线的电缆数目，因此风电机组下游能接的风电机组数目 N_{WT} 应小于电缆转接头能出线的最大值 N_{WTM}，即有 $N_{WT} \leqslant N_{WTM}$。

（5）考虑到海底地形可能造成某些风电机组之间不能直接通过电缆连接。因此在形成集电系统拓扑之前，应预先规定不能连接的点之间不能有连线。

（6）一般海上风电场规模较大，升压站会采用双主变压器的配置，考虑到两台主变压器的功率平衡，从升压站出来的电缆数目最好为偶数，且每条电缆所接的风电机组总功率相差不大，简称出线电缆功率平衡。在本书中，会设定电缆传输功率的最小值为 P_{Cmin}，以保证每条电缆功率相差不大，考虑到工程约束条件（1），对于电缆传输功率 P_C 有约束条件 $P_{Cmin} \leqslant P_C \leqslant P_{Cmax}$。

7.1.2　海上风场集电系统可靠性评估模型与算法

海上风电场的故障会严重影响电网和海上风电场的安全经济运行，海上风电场集电系统是海上风电场的重要组成部分，同时也是故障高发部分。在海上风电场集电系

统中，影响风电场可靠性的最大因素分别是风电机组本身故障、海底电缆故障和开关
设备故障等。有文献表明，在不考虑风电机组故障时，海底电缆故障、开关设备故障
两类故障的故障率分别占到集电系统总故障的 37% 和 56%，另外有相关文献提到，
不同的开关配置方案对拓扑可靠性影响也很大，因此在本章对集电系统可靠性的分析
中，将详细考虑开关配置方案和主要设备的电气故障，依此建立精确可行的可靠性评
估模型，提出可靠性评估算法和灵敏度分析方法，并重点分析不同设备电气故障和不
同开关配置方案对可靠性的影响。这项工作将为集电系统拓扑的优化设计提供重要
依据。

7.1.2.1 集电系统可靠性评估算法模型和指标

集电系统可靠性可理解为集电系统能够向海上变电站提供质量合格、连续的电能
的能力。

计算电力系统可靠性指标的方法有解析法和模拟法两种。解析法是通过建立系统
和负荷的可靠性数学模型，利用数值计算方法求解。这种方法物理概念清晰，易于理
解，在给定简化假设的条件下，通常可求得正确的结果，得到了广泛的应用。模拟法
虽也是使用数学模型，但是它是通过在此模型上进行采样的试验求得结果，类似通常
的统计实验。模拟法是一种非常灵活的方法，且对于处理某些复杂问题是唯一可行的
方法。但由于具有明显的统计性质，计算结果不够精确而且耗费时间。鉴于两种方法
的特点，在本章对集电系统可靠性的评估中，将采用解析法。

目前国内外的集电系统拓扑绝大多数都采用树形拓扑，下面将考虑开关配置方
案、电气设备故障，提出树形拓扑下集电系统可靠性评估模型算法和可靠性评估指
标，并分析开关配置和各种设备电气故障对拓扑可靠性指标的影响。

1. 可靠性评估算法模型

目前已有较多的方法用于评估电力系统可靠性，但一般是针对水电和火电。本节
将针对风电系统的特点，以拓扑等效停运率 Q_n 和年电力不足期望值 $EENS$ 为可靠性
指标，综合考虑电缆、开关、风电机组等电气故障对拓扑可靠性的影响，本节风电机
组故障率已经综合考虑了风电机组、开关、箱式变压器等设备的故障率。

对于一个由 n 台风电机组构成的海上风电场，可以把 n 台风电机组构成的海上风
电场看成一台"等效容量"为 nP_N 的机组，求出一个拓扑在考虑电气故障情况下的
等效输出功率 EX，然后求出拓扑等效停运率 Q_n 和拓扑年电力不足期望值
$EENS$，即

$$Q_n = 1 - \frac{EX}{nP_N} \tag{7-1}$$

$$EENS = 8760nP_NQ_n \tag{7-2}$$

式中　P_N——每台风电机组的额定功率。

不同的开关配置，可靠性评估的方法不同，下面针对 2 种开关配置方案，给出评估其可靠性的具体方法。

（1）传统开关配置方案。树形接线传统开关配置方案如图 7 - 5（a）所示，接有 n 台风电机组，编号分别为 G_1，G_2，…，G_n，相互间分别通过电缆 L_1，L_2，…，L_n 相连接，风电机组的故障率为 q，n 条电缆故障率分别为 q_{L_1}，q_{L_2}，…，q_{L_n}，链形支路与汇流母线连接处有开关 S_1。

在传统开关配置方案的拓扑中，任何一条电缆故障或者开关故障都会造成整条链上的风电机组都无法向电网输出功率，由串联原则可以知道，拓扑电缆和开关都正常工作的概率为

$$q_{LS} = (1 - q_{S_1}) \prod_{i=1}^{n} (1 - q_{L_i}) \tag{7-3}$$

式中　q_{L_i}——电缆 L_i 的故障率；

　　　q_{S_1}——开关 S_1 的故障率。

影响拓扑输出功率的因素除电缆和开关故障外，还有风电机组故障，在电缆和开关均正常工作的前提下，风电机组的故障是相互独立的，由概率论可以知道链形中有 k 台风电机组故障的概率为 $C_n^k q^k (1-q)^{n-k}$，此时线路输出的功率为 $(n-k)P_N$，其中 q 为风电机组故障率，k 为 0～n 的整数。根据期望受阻电力不变原则，可得该拓扑在考虑风电机组故障情况下的输出功率期望值，即

$$EX = (1 - q_{S_1}) \left[1 - \prod_{i=1}^{n} (1 - q_{L_i}) \right] \left[\sum_{k=0}^{n} (n-k) P_N C_n^k q^k (1-q)^{n-k} \right] \tag{7-4}$$

式中　q_{L_i}——电缆 L_i 的故障率；

　　　q_{S_1}——开关 S_1 的故障率；

　　　q——风电机组故障率，$q=0$ 时为不考虑风电机组故障率。

由式（7 - 1）得到该链形的等效停运率 Q_n 为

$$Q_n = 1 - \frac{EX}{nP_N} = 1 - \frac{(1 - q_{S_1}) \left[1 - \prod_{i=1}^{n} (1 - q_{L_i}) \right] \left[\sum_{k=0}^{n} (n-k) P_N C_n^k q^k (1-q)^{n-k} \right]}{nP_N}$$

$$\tag{7-5}$$

式中　n——风电机组台数；

　　　P_N——风电机组额定功率；

　　　q_{L_i}——电缆 L_i 的故障率；

　　　q_{S_1}——开关 S_1 的故障率；

　　　q——风电机组故障率。

（2）完全开关配置方案。树形接线传统开关配置方案如图 7 - 5（b）所示，设一个连接系统有 n 台风电机组，编号分别为 G_1，G_2，…，G_n，相互间分别通过电缆

$L_1,L_2,\cdots,L_n$ 相连接，风电机组间连接电缆都装有开关，电缆 L_i 上装有开关 S_i。将风电机组 G_i 以及下游所有与风电机组 G_i 相连的开关和上游与风电机组 G_i 相连的电缆 L_i 看作一个整体元件 I，整体元件 I 中任意一个元件故障都会造成整体元件 I 故障，同时整体元件 I 故障不会影响到其上游风电机组的正常工作，但会导致下游所有风电机组停运。

针对种开关配置，可以根据上述整体元件的概念和特点，先算出拓扑上末端风电机组的等效停运率，通过迭代来逐个计算其上游风电机组的等效停运率，最后得到整个拓扑的等效停运率。

对于编号为 i 的风电机组，如果其为拓扑末端的风电机组，其对应的等效停运率为

$$Q_1 = 1 - (1 - q_{L_i})(1 - q) \tag{7-6}$$

式中　　q_{L_i}——风电机组 i 上游电缆 L_i 的故障率；

　　　　q——风电机组故障率，当不考虑风电机组故障时 $q=0$。

如果风电机组 i 不是末端风电机组，设风电机组 i 有下游风电机组 m 台，其下游分支总数为 b（风电机组 i 本身也算一条下游分支），下游分支 j 上的风电机组数为 k_j 台，且有 $\sum_{j=1}^{b} k_j = m$。把风电机组 i 下游的 m 台风电机组看成一台"等效容量"为 mP_N 的风电机组，$\sum_{j=1}^{b} k_j P_N Q_{k_j}$ 为风电机组 i 下游所有分支损失的等效总负荷，可以看成容量为 mP_N 的风电机组因故障所损失的电量。那么根据期望受阻电力不变原则，拓扑中对风电机组 i 处等效输出功率 EX 为

$$EX = \left(mP_N - \sum_{j=1}^{b} k_j P_N Q_{k_j} \right) \cdot (1 - q_{L_i}) \cdot \prod_{j=1}^{b} (1 - q_{S_{ij}}) \tag{7-7}$$

式中　　Q_{k_j}——风电机组 i 的上游分支 j 中 k_j 台风电机组串联结构的等效停运率；

　　　　q_{L_i}——风电机组 i 上游连接电缆 L_i 的故障率；

　　　　$q_{S_{ij}}$——风电机组 i 与下游分支 j 间连接开关 S_{ij} 的故障率；

　　　　P_N——风电机组的额定功率。把风电机组 i 上游 m 台风电机组看成一台等效
　　　　　　　　容量为 mP_N 的风电机组。

由式（7-1）可以得到风电机组 i 对应的等效停运率 Q_m，即

$$Q_m = 1 - \frac{\left(mP_N - \sum_{j=1}^{b} k_j Q_{k_j} \right)}{mP_N} \cdot (1 - q_{L_i}) \cdot \prod_{j=1}^{b} (1 - q_{S_{ij}}) \tag{7-8}$$

式中　　Q_m——风电机组 i 上游把 m 台风电机组看成一台等效容量为 mP_N 的风电机组
　　　　　　　　的等效停运率，可以由 Q_{k_j} 迭代计算得到，当 $n=1$ 时，Q_1 可以由
　　　　　　　　式（7-6）计算得到。

2. 可靠性指标计算

本节主要采用的可靠性指标为年期望停运小时数 $EAOT$、年电力不足期望值 $EENS$。

（1）$EAOT$ 指标。$EAOT$ 是年期望停运小时数的简称，即在一年时间内，供电需求超过可用发电容量的总的时间期望值。其公式为

$$EAOT = 8760Q_n \qquad (7-9)$$

式中　Q_n——拓扑结构的等效停运率。

（2）$EENS$ 指标。$EENS$ 是年电力不足期望值（MWh/a）的简称，即电力不能满足系统供电需求期望的值。集电系统的电力不足期望值是在假设所有风电机组全年正常情况下，一年中因集电系统故障所造成的总的停电量，其计算公式为

$$EENS = \sum P_{AI} \cdot EAOT \qquad (7-10)$$

式中　P_{AI}——集电系统所连接的总风电机组容量，MW；

$EAOT$——年期望停运时间。

7.1.2.2　算例可靠性评估与分析

1. 算例参数

对风电场进行可靠性评估，以某规划中的海上风电场的集电系统为例，其接线拓扑图如图 7-1 所示。该拓扑图采用树形接线方式，每个点的标号就是风电机组的编号。

该海上风电场装机容量 195MW，共有 65 台风电机组，单台风电机组容量 3MW，设有一个升压站。内部电压等级 35kV，风电机组的集电系统接线图如图 7-1 所示。借鉴国外海上风电场的运行数据，主要元部件的可靠性数据见表 7-1、表 7-2。

表 7-1　风电机组各部件可靠性参数

设备类型	故障率/(次/年)	平均修复时间/h
风电机组	1.5	490
低压接触器	0.0677	240
中压断路器	0.025	72
中压隔离开关	0.025	240
箱式变压器	0.0131	240

表 7-2　海上风电场电缆可靠性参数

设备类型	故障率/[次/(年·km)]	平均修复时间/h
海底电缆	0.015	1440
风电机组间电缆	0.015	1440
塔筒电缆	0.015	240

2. 算例可靠性评估分析

对于图 7-2 的集电系统接线，根据本节所提到的可靠性评估方法对两种开关配置方案下的拓扑结构进行可靠性评估，可靠性指标见表 7-3。

表 7-3　两种开关配置方案的拓扑可靠性指标

指　　　标	传统开关配置	完全开关配置
等效停运率 Q_n	0.112497	0.101138
年停运小时数 $EAOT/\mathrm{h}$	985.4813	885.968
年电力不足期望值 $EENS/(\mathrm{MWh/a})$	192168.85	172763.87
$EENS$ 的减少比例/%	100	89.9

完全开关配置下年期望损失的电量（$EENS$）为传统开关配置方案的 89.9%，海上风电场采用完全开关配置方案的可靠性指标明显优于传统开关配置方案。

7.1.2.3　拓扑停运率对设备故障率的灵敏度分析

在接线形式和开关配置方案确定的情况下，集电系统的可靠性指标主要由电缆、开关、风电机组的故障率和平均修复时间来决定，而在实际的海上风电场运行中，受天气、周边环境、设备类型等因素影响，设备的平均修复时间和故障次数会因地点和时间的变化而发生变化，从而影响到整个拓扑结构的可靠性指标。

1. 灵敏度分析方法

集电系统拓扑的等效停运率 Q_n 主要由接线方式、开关配置和电气设备的故障率来决定，当接线方式和开关配置确定时，可以认为函数 $Q_n = f(x_1, x_2, \cdots, x_m)$ 成立，其中 x_i 为设备 i 的故障率（i 为 $1 \sim m$ 的整数）。故障率的计算公式为

$$x_i = \frac{r_i t_i}{8760} \tag{7-11}$$

式中　r_i——该设备的年故障次数；

t_i——该设备的平均修复时间。

设备的故障率是在一定范围内波动的，拓扑的等效停运率也会随着改变，由公式

$$S_i = \frac{\partial Q_n}{\partial x_i} = \frac{\partial f(x_1, x_2, \cdots, x_m)}{\partial x_i} \tag{7-12}$$

可以得到拓扑等效停运率对设备 i 故障率的灵敏度值 S_i，用 S_i 来衡量设备 i 故障率变化对拓扑可靠性指标的影响。下面分别对影响拓扑可靠性的相应设备进行灵敏度分析，以更加全面地了解电缆、开关、风电机组的年故障率和平均修复时间给拓扑可靠性的影响。

2. 案例灵敏度分析

（1）电缆故障率和平均修复时间对可靠性的影响。当开关和风电机组故障率和平均修复时间都取典型值时，电缆的故障平均修复时间范围为 $72 \sim 3240\mathrm{h}$，年故障率从

0.005 次/(年·km) 到 0.03 次/(年·km) 变化时，对上算例进行可靠性评估，得到两种开关配置方案下的可靠性指标（$EENS$）分别随电缆平均修复时间和年故障率的变化曲线，如图 7-6 所示。

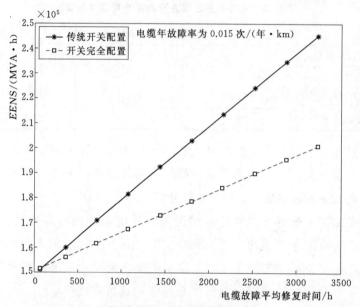

（a）电缆平均修复时间变化对 $EENS$ 的影响

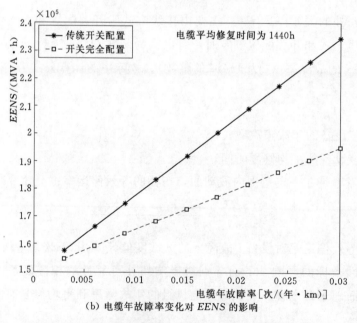

（b）电缆年故障率变化对 $EENS$ 的影响

图 7-6　电缆可靠性参数对两种开关配置 $EENS$ 的影响

当其他设备可靠性参数为典型值时，拓扑的电力不足期望值都会随着电缆故障率和平均修复时间增加而增长，但是两种开关配置方式下拓扑的 $EENS$ 随电缆故障的增长速率并不一样，完全开关配置因为在风电机组间装有开关，电缆故障时能及时断开下游风电机组连接，其受电缆故障影响更小。因此完全开关配置下拓扑的 *EENS* 随着电缆平均修复时间的增加增长相对平缓，当电缆平均修复时间为 3000h 时，完全开关配置拓扑的 *EENS* 较传统开关配置将减少近 25%。

同时从图 7-7（a）中可以看到在电缆故障率较低时，两种开关配置下拓扑的

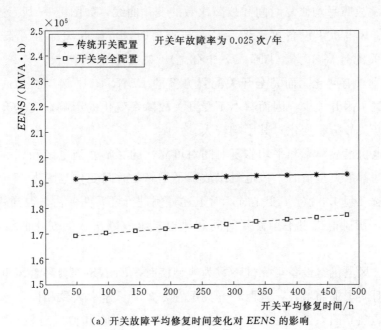

（a）开关故障平均修复时间变化对 *EENS* 的影响

（b）开关故障次数变化对 *EENS* 的影响

图 7-7 开关故障平均修复时间和故障次数变化对两种开关配置 *EENS* 的影响

EENS 数值相近。陆地上电缆平均修复时间为 72h，此时传统开关配置的可靠性更高，考虑完全开关配置投资成本较高，因此陆地风电场使用传统开关配置更加合适。

（2）开关故障率和平均修复时间对可靠性的影响。当电缆和风电机组的平均修复和时间故障次数都取典型值时，开关故障时间变化范围为 48～480h，故障率从 0.005 次/年到 0.05 次/年变化时，对上述算例进行可靠性评估，得到两种开关配置下拓扑 *EENS* 随开关故障平均修复时间和故障次数的变化曲线，如图 7-7 所示。

当电缆、风电机组设备可靠性参数为典型值时，传统开关配置方案下的 *EENS* 要比完全开关配置高 10%。图 7-7 中随着开关故障率的增长，传统开关配置的 *EENS* 基本上没有变化，而完全开关配置方案的 *EENS* 有平缓增长，这是因为传统开关配置方案中因开关少，因而基本不受开关故障率变化的影响，完全开关配置方案开关较多，开关故障率变化对其影响较大。

（3）风电机组故障率和平均修复时间对可靠性的影响。当电缆和开关故障次数和平均修复时间都取典型值时，风电机组故障平均修复时间变化范围为 48～912h，风电机组故障率从 0 到 4.5 次/年变化时，对上述算例进行可靠性评估，得到两种开关配置下拓扑 *EENS* 随风电机组平均修复时间和风电机组故障次数的变化曲线，如图 7-8 所示。

当电缆、风电机组设备可靠性参数为典型值时，*EENS* 都会随着风电机组故障率和平均修复时间增加而增长，且两种开关配置方案增长速率大致相同，这是因为风电机组的故障是独立的，任何一台风电机组的故障不会影响其他风电机组的正常运行，所以不同开关配置方式下 *EENS* 对风电机组故障率的灵敏度是基本相同的。在不考虑风电机组故障时，传统开关配置方案的 *EENS* 比完全开关配置方案高出近 1 倍，但随着风电机组故障率的增加，两者 *EENS* 之差基本不变，即两种开关配置方式下的 *EENS* 比例越来越接近 1，当风电机组故障率增大到一定程度时，完全开关配置方式将失去其对传统开关配置方式的优势。

（4）灵敏度分析。三种设备故障率与 *EENS* 成近似的线性关系。运用灵敏度分析方法，可以得到不同开关配置方式下拓扑停运率对各种设备故障率的灵敏度，见表 7-4。

表 7-4　不同开关配置方式下拓扑停运率对各设备故障率的灵敏度

方　式	Q_n 对电缆故障率灵敏度	Q_n 对开关故障率灵敏度	Q_n 对风电机组故障率灵敏度
传统开关配置	10.11257	0.88811	1.028126
开关完全配置	5.300843	3.917831	1.023733

对不同开关配置方式进行比较，对于电缆故障，完全开关配置下电缆间有开关可以在电缆故障时及时断开下游线路，因此拓扑停运率受电缆故障影响相对传统开关配

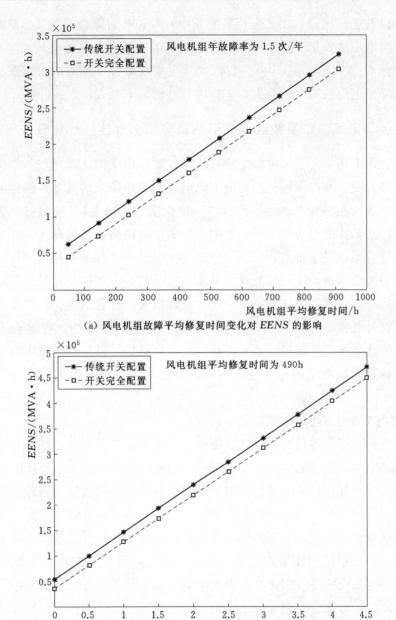

（a）风电机组故障平均修复时间变化对 *EENS* 的影响

（b）风电机组故障次数变化对 *EENS* 的影响

图 7-8　风电机组可靠性参数变化对两种开关配置 *EENS* 的影响

置要小，此算例中其拓扑停运率对电缆故障的灵敏度比传统开关配置低一半。对于开关故障，由于完全开关配置中的开关比传统开关配置数量多，因此其受开关故障影响较大，此算例中灵敏度为传统开关配置的 5 倍。由于风电机组故障为独立事件，风电机组故障不影响上下游风电机组正常工作，因此不同开关配置下拓扑停运率对风电机组故障的灵敏度大小相同。

对不同设备进行比较,在完全开关配置中,对拓扑可靠性指标 Q_n 影响最大的几个参数依次为电缆故障率、开关故障率、风电机组故障率。在传统开关配置中,对拓扑可靠性指标 Q_n 影响最大的几个参数依次为电缆故障率、风电机组故障率、开关故障率。因此降低电缆故障率成为提高拓扑可靠性的最有效方法之一。

7.1.3 海上风电场集电系统经济性评估模型和拓扑连线优化算法研究

相比陆上风电场,海上风电场的投资要高许多。由于海上风电场投资大,集电系统的投资不可忽视,其经济性指标是海上风电集电系统研究的重要考量因素。本章将量化影响集电系统经济性成本的各种因素,建立全生命周期的经济性评估数学模型,详细全面地评估拓扑的经济性指标,为下一步集电系统拓扑优化设计提供重要依据。

对于既定的风电机组布点和升压站位置,在保证可靠性的前提下,设计的集电系统拓扑方案中需要尽量减少电缆数量、长度,以及开关设备的使用数量,减少一次性投资成本和运行维护成本,这是一个带约束条件的数学优化问题。若依据人工经验进行拓扑连线设计耗费时间,往往不能得到理想的结果。本章中,将结合工程实际约束,考虑经济性指标,设计集电系统拓扑优化连线算法,采用高效且可调节的拓扑连线优化算法得到满足要求的拓扑连线方案,为集电系统拓扑优化设计方法提供重要支撑。

7.1.3.1 集电系统经济性评估模型

集电系统的主要设备是中压集电电缆和各种开关设备,集电系统通过集电电缆和开关设备把风电机组群连接在一起,起到了电能汇集的作用。在海上风电场的投资中,由于海上环境复杂和风电场规模大等原因,集电系统的投资占有较大比例,拓扑连线具有很大优化空间。不同的拓扑连线方式将会有不同的投资成本,且差别将会随着风电场规模增大而增大,于是拓扑连线优化将对集电系统建设投资有重要意义。在此之前需要对集电系统的经济性投资成本进行建模,厘清影响集电系统经济性的因素,并计算集电系统的总投资成本,为集电系统的拓扑优化设计提供重要的依据。

不同拓扑设计方案的主要差异在于中压海底电缆长度、规格的不同以及中压开关设备数量的不同。为全面考察集电系统的经济性,将建立集电系统的全生命周期经济性模型,该经济性模型包括三部分,即一次性投资成本、运行维护成本和故障机会成本。下面将详细说明这三部分的构成和数学计算式。

1. 一次性投资成本

一次性投资成本是集电系统建设施工总费用,包括了集电系统建设中电缆、开关等主要设备的购置、运输与安装施工费用。

一次性投资总费用为电缆投资成本和开关设备投资成本之和,即

$$C_1 = C_{CB} + C_{SW} \qquad (7-13)$$

式中 C_{I}——一次性投资总费用；

$\qquad C_{\mathrm{CB}}$——电缆投资成本；

$\qquad C_{\mathrm{SW}}$——开关设备投资成本。

其中电缆投资成本包含所有集电电缆的总造价和施工费用，表达式为

$$C_{\mathrm{CB}} = \sum_{i=1}^{N_{\mathrm{CA}}} \left[C_{\mathrm{C}i}(\theta) + C_{\mathrm{CL}} \right] L_i \qquad (7-14)$$

式中 N_{CA}——海底集电电缆总数量；

$\qquad C_{\mathrm{C}i}(\theta)$——单位长度的第 i 条海底集电电缆成本，其与电缆截面积 θ 成正相关关系，元/m；

$\qquad C_{\mathrm{CL}}$——单位长度电缆施工费用；

$\qquad L_i$——第 i 条集电电缆的长度，m。

由于开关设备安装成本相对较低，故在考虑开关设备成本时不考虑其安装成本，开关成本即为集电系统中所有开关设备造价之和，即

$$C_{\mathrm{SW}} = \sum_{i=1}^{N_{\mathrm{SA}}} C_{\mathrm{S}i} \qquad (7-15)$$

式中 N_{SA}——所用开关设备的总数量；

$\qquad C_{\mathrm{S}i}$——开关设备 i 的成本，元。

2. 运行维护成本

集电系统运行维护成本 C_{OM} 包括运行损耗成本 C_{O} 和运营维护成本 C_{M}，其公式为

$$C_{\mathrm{OM}} = C_{\mathrm{O}} + C_{\mathrm{M}} \qquad (7-16)$$

其中集电系统的运行损耗成本主要来自集电系统运行过程中电能损耗所造成的经济损失，其公式为

$$C_{\mathrm{O}} = \pi \sum_{i=1}^{N_{\mathrm{CA}}} I_i^2 R_i L_i T_{\mathrm{total}} \times 8.76/1000 \qquad (7-17)$$

式中 π——上网电价，kWh；

$\qquad N_{\mathrm{CA}}$——海底集电电缆总数量；

$\qquad I_i$——第 i 条集电电缆的载流量；

$\qquad R_i$——第 i 条集电电缆单位长度的电阻，Ω/km；

$\qquad L_i$——第 i 条集电电缆的长度，m；

$\qquad T_{\mathrm{total}}$——海上风电场的生命周期，年。

集电系统运营维护费用主要来自电缆和开关设备的检修、保养维护和更换等。考虑具体海上风电场的维护费不同，因此用年平均维护费用进行估计，即

$$C_{\mathrm{T}} = \left[\sum_{i=1}^{N_{\mathrm{CA}}} (C_{\mathrm{CM}i} L_i) + \sum_{1}^{N_{\mathrm{SA}}} C_{\mathrm{SM}} \right] \times T_{\mathrm{total}} \qquad (7-18)$$

式中 C_{T}——总的年平均运营维护成本；

$C_{\text{CM}i}$——单位长度第 i 条电缆年平均运营维护成本，元/(m·年)；

　L_i——第 i 条集电电缆的长度，m；

C_{SM}——每台开关设备年平均运营维护成本，元/(台·年)；

T_{total}——海上风电场的生命周期，年。

若考虑设备维护费用随时间变化的情况，维护成本可以由海上风电场的运行维护费用曲线对其生命周期时间进行积分，得到整个生命周期总的运行维护费用。不过一般而言很难得到设备运营维护费用随时间变化的曲线，故此处不采用这种方法进行设备运营维护费用的评估。

3. 故障机会成本

与投资成本和运行维护成本不同，集电系统的可靠性对拓扑方案经济性的影响不体现在成本的支出上，而是体现在收入的减少上。也是说，海底电缆发生故障造成一部分风电机组不能正常发电，相当于风电场在故障维修期间损失了相应的应得收入。这种现象符合经济学上的机会成本概念，可以称为故障机会成本。

年故障机会成本 C_{lost} 的计算公式为

$$C_{\text{lost}} = \pi \times EENS \times 1000 \qquad (7-19)$$

式中　π——上网电价，kWh；

　$EENS$——年电力不足期望值的简称。

集电系统的电力不足期望值是在假设所有风电机组全年正常运行情况下，一年中因集电系统故障所造成的总的停电量。集电系统故障所造成一年中的总停电量与上网电价的乘积为此集电系统的年故障机会成本。

考虑到风电场风速变化、环境温度和尾流效应，风电场的风电机组不可能时刻运行在额定功率下，另外拓扑的故障机会成本还需要乘以风电场的规划运行年限，因此拓扑的故障机会成本 C_{fo} 为年故障机会成本 C_{lost} 与可靠性权值 K_{rw} 的乘积，公式为

$$C_{\text{fo}} = C_{\text{lost}} K_{\text{rw}} \qquad (7-20)$$

因此，故障机会成本是将集电系统可靠性指标转换为经济性指标的一个重要参数，代表的是拓扑可靠性性能对拓扑经济性性能的影响，投资成本和故障机会成本相加得到的总成本才是用来比较不同布局经济性能的科学指标。当经济性模型考虑可靠性的影响时，经济性模型中需要考虑故障机会成本。若经济性模型不考虑可靠性影响时，则总成本中不需要考虑故障机会成本。考虑可靠性的影响时，经济性投资总成本 $C_{\text{T}} = C_{\text{I}} + C_{\text{OM}} + C_{\text{fo}}$，不考虑可靠性的影响时，经济性投资总成本 $C_{\text{T}} = C_{\text{I}} + C_{\text{OM}}$。

综上所述，可以得到海上风电场集电系统的经济性评估模型框图，如图 7-9 所示。

7. 1. 3. 2　集电系统拓扑优化算法

海上风电场集电系统的拓扑连线优化问题可以表述为：在海上风电场内包含一个

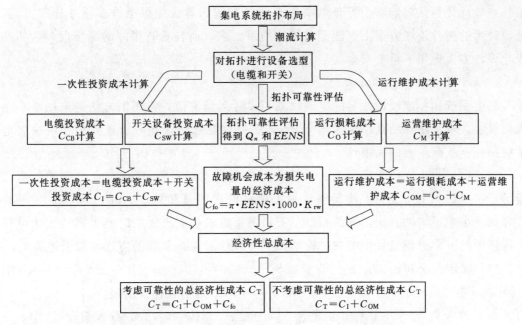

图 7-9 海上风电场集电系统的经济性评估模型框图

海上升压站和若干台风电机组，升压站和风电机组的位置已经选定，需要得到符合工程实际要求且经济性最好的海上风电场集电系统拓扑连接方案。

拓扑连线优化问题是一个数学优化问题，涉及图论的知识，图论中的几个基本概念为：没有圈的连通图称为树，树中的边称为树枝，树枝的末端称为树叶。生成树是包括了连通图中所有顶点的树。

选择放射形拓扑作为优化目标，该问题在数学图论中是寻找满足一定限制条件的图 $G(V, E)$ 的问题，$G(V, E)$ 中 V 是图 G 所有顶点的集合，在本章内容中代表海上风电场风电机组与海上升压站的位置；$|E|$ 是图 G 所有边的集合，在本章内容中表示升压站与风电机组、风电机组与风电机组之间的电缆连接情况。同时图 $G(V, E)$ 是一个加权图，每条边上的权重为该边所代表的电缆造价与施工费用。但关于图的权值确定需要注意如下两个问题：

（1）电缆的造价与电缆的长度和截面积都相关。在集电系统电缆连接没有完全规划好之前，由于无法确定每条可能连接电缆的载流量，也无法确定电缆的导体截面积。也是说，在实施规划之前各条边的权值是无法预先确定的。

（2）为全面反应拓扑连线方案对集电系统的经济贡献，每一条边的权值还应考虑集电系统的故障机会成本及运行电能损耗成本对经济性的影响。同样在集电系统电缆连接没有完全规划好之前，每一条边的故障机会成本及运行损失也无法确定。

常用的最小生成树算法不能很好地解决以上两个问题，得到的拓扑连线方案单一，且因为仅以电缆长度作为权值，拓扑连线方案的经济性不会非常好。本章提出的拓扑连线优化算法将能够很好地解决以上两个问题，算法能得出许多拓扑连线方案，且设计出的拓扑连线方案不仅能满足拓扑约束要求，而且具有很好的经济性，为拓扑优化设计方案提供了重要支撑。

1. 最小生成树 prim 算法介绍

集电系统拓扑连线设计与配电网规划与设计问题类似，常用的方法是采用最小生成树算法，本节将介绍最小生成树 prim 算法的主要思路，并分析该算法在解决集电系统拓扑连线问题上的局限性。

图论中最小生成树的概念为：对于一个连通图（或点阵），点与点之间的权值已经给定，找到一个生成树，使得整个树上树枝的权值总和最小。prim 算法是一种有效寻找最小生成树的方法，当图 $G(V, E)$ 每条边的权值已知的时候根据该方法可以获得该图的一个总权值最小的树，设该图共有 n 个顶点，具体的方法可以简述如下：

（1）确定三个初始集合 $S_1 = \{v_0\}$、$S_2 = \{v_i \mid i = 1, 2, \cdots, n-1\}$ 及 $S_3 = \{\ \}$，其中 v_0 为该最小生成树的初始顶点。在所有与 v_0 关联的边中选择权值最小的边 (v_0, v)，将顶点 v 放入集合 S_1 中并将其从集合 S_2 中除去，将边 (v_0, v) 放入集合 S_3 中。

（2）在所有一个顶点在集合 S_1 中而另一个顶点在集合 S_2 中的边中寻找权值最小的边，设其为 (v_t, v_0)，$v_t \in S_1$，$v_0 \in S_2$，将顶点 v_0 放入集合 S_1 中并将其从集合 S_2 中除去，将边 (v_t, v_0) 放入集合 S_3 中。

（3）重复步骤（2），直到集合 S_2 为空集为止，此时集合 S_3 中的边组成了图 $G(V, B)$ 的一个最小生成树。

prim 算法步骤示意图如图 7 - 10 所示，该图由 $a \sim h$ 9 个顶点和他们间连线的边构成，每条边上有相应的权值，从 a 点出发，寻找一个最小生成树。首先，已选顶点集合 $S_1 = \{a\}$，未选顶点集合 $S_2 = \{v_i \mid i = 1, 2, \cdots, n-1\}$，已选边集 $S_3 = \{\ \}$，选择与 a 顶点相关权值最小的边 $e_1 = (a, b)$，将 e_1 加入集合 S_3，并同时把顶点 b 加入到 S_1 并将其从 S_2 删去。其次，先找到 S_1 中顶点与 S_2 中顶点构成的权值最小的边，在图例中为 $e_2 = (b, c)$，将 e_2 加入集合 S_3，将顶点 c 加入到 S_1 并将其从 S_2 删去。再次，先找到 S_1 中顶点与 S_2 顶点构成的权值最小的边，在图例中为 $e_3 = (c, i)$，将 e_3 加入集合 S_3，将顶点 i 加入到 S_1 中并将其从 S_2 删去。最后，用同样的方法，依次把已选边集 $e_4 = (c, f)$，$e_5 = (f, g)$，$e_6 = (g, h)$，$e_7 = (c, d)$，$e_8 = (d, e)$ 加入集合 S_3，直到所有顶点都已遍历，即未选顶点集合 $S_2 = \{\ \}$，那么由边 $e_1 \sim e_8$ 8 条边构成的为该图的最小生成树。

以上便是 prim 算法的实现方法，prim 算法优点为简单易实现，算法运行速度快，在权值确定的情况下拓扑连线能够找到权值最小的方案。但在解决集电系统优化设计问题中也存在以下问题：

（1）实际上权值在拓扑连线方案确定之前是没法确定下来的，prim 算法在解决

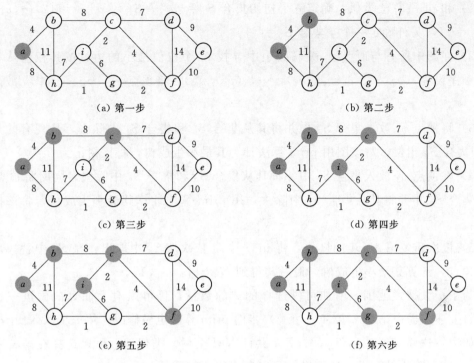

图 7-10 prim 算法步骤示意图

集电系统拓扑优化设计问题上，只考虑将电缆长度作为权值，却没有考虑电缆截面积对经济性的影响，同时在算法中也没能考虑集电系统的运行成本和故障机会成本对权值的影响，因此在拓扑经济性优化中存在缺陷，在拓扑连线方案经济性方面不是最优解。

（2）prim 算法未加入工程实际约束，设计出的拓扑不能很好地满足工程需要。

（3）prim 算提供的可选方案只有一个，导致集电系统工程设计人员没有选择的空间。

2. N-best 优化算法

在海上风电场集电系统拓扑规划前，由于并不知道各电缆的长度、截面积和连接情况，因此各个边的权值不能确定，为了得到满足要求且经济性更好的集电系统拓扑，需要扩大搜索范围。此算法为改进的 prim 算法，加入了工程实际约束条件，按照经济性优先的方式发散式地搜索到更多满足要求的拓扑连线，也包括了 prim 算法中得到的拓扑。

（1）算法数学描述。改进的 prim 算法命名为 N-best 算法，在 prim 算法中，每一步都是去寻找权值最小的一条边，而在 N-best 算法中，每一步都去寻找 N 条权值最小的边，N 是可以变化的，因此可以得到很多满足要求的拓扑。对于图 $G(V, E)$，其具体步骤如下：

1) 和 prim 算法类似，确定三个初始集合 $S_1=\{v_0\}$，$S_2=\{v_i|i=1,2,\cdots,n-1\}$ 及 $S_3=\{\ \}$，另外确定一个空集合 $S_0=\{\ \}$。

2) 在图中所有与顶点 v_0 关联的边中寻找 N 个权值最小的边，按其权值从小到大的顺序设为 $(v_0，v_1)$，$(v_0，v_2)$，$\cdots$，$(v_0，v_N)$，将顶点 v_1，v_2，$\cdots$，v_N 放入集合 S_0 中。

3) 将顶点 v_1 放入集合 S_1 中并将其从集合 S_0 和集合 S_2 中除去，从现有的集合 S_1 和集合 S_2 出发，对该图用 prim 算法计算其最小生成树，将该树记为 T_1。

4) 将顶点 v_2 放入集合 S_1 中并将其从集合 S_0 和集合 S_2 中除去，同时将顶点 v_1 放入集合 S_2 中并将其从集合 S_1 中除去，用 prim 算法计算其最小生成树，将该树记为 T_2。

5) 依次重复第 4) 步的操作，将 $v_3,\cdots,v_N$ 依次从 S_0 中取出，在 S_1 中替掉前面一个顶点，计算其最小生成树，最后共得到 N 个树：$T_1,T_2,\cdots,T_N$。

为了扩大搜索范围，增加可供选择的树的数量，仍可以对上面算法做进一步改进，将上述步骤中第 3)、第 4)、第 5) 步的 prim 算法也做修改，第 i 步取 N_i 个权值最小的边，这样得到 $T_{11},T_{12},\cdots,T_{NM}$ 共计 NM 个树。类似地，可以选择在第 k 步将该步的 prim 算法做改进，从而增加可以获得的树的数量。

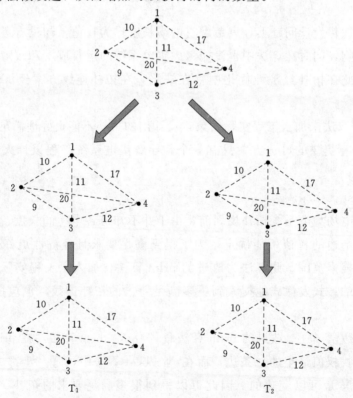

图 7-11　N-best 算法举例

$N-$ best 算法举例如图 $7-11$ 所示，图 $7-11$ 中有四个顶点编号为 $1\sim4$，四个顶点之间的边都有权值，从编号 1 开始连线，$N-$ best 算法第一步中 $N=2$，首先，已选顶点集合 $S_1=\{1\}$，未选顶点集合 $S_2=\{2,3,4\}$，已选边集 $S_3=\{\ \}$，待选点集 $S_0=\{\ \}$，选择与 a 顶点相关权值最小的两条边 $e_1=(1,2)$，$e_2=(1,3)$，将顶点 $\{2,3\}$ 加入集合 S_0；其次，取 e_1 加入到拓扑连线中，将顶点 $\{2\}$ 将加入集合 S_1，同时将其从集合 S_2、S_0 中删除，接下来按照 prim 算法，得到拓扑 T_1。同理，取 e_2 加入到拓扑连线中，将顶点 $\{3\}$ 将加入集合 S_1，同时其从集合 S_2、S_0 中删除，接下来按照 prim 算法，得到拓扑 T_2。拓扑 T_1、T_2 都是满足要求的拓扑连接。

（2）算法的程序流程图。为了方便对 $N-$ best 算法的理解和编程实现，首先定义 $N-$ best 算法的"步"的概念：设采用 $N-$ best 算法过程中，集合 S_1 中元素的数量为 k，则定义此时的算法已经进行到第 k 步。更形象地说，$N-$ best 算法在运行中，是在不断寻找符合要求的拓扑连接方案。每一个合理的拓扑连接方案，都是依靠在原有拓扑基础上每一步加入一条边到拓扑连接中来完成的，直到拓扑连接把所有的点全部都遍历完，此处定义步对应于形成中的拓扑的一条边，每增加一步相当于在已搜索到的拓扑基础上加入一条新边，因此若采用 $N-$ best 算法寻找一个有 n 个顶点的图的最小生成树，那么一个拓扑连线方案的形成过程便总共有 n 步。

对于一个有 n 台风电机组的海上风电场，如果设第 $i(i=1,2,\cdots,n)$ 步运算对应的 $N-$ best 算法的参数 N 取值为 N_i，当 $N_i=1$（i 为 1 到 n 的整数）时，则 $N-$ best 算法变为 prim 算法，至多搜索到一个符合要求的拓扑，而当 $N_i\geqslant1$（i 为 1 到 n 的整数）时，即每一步都能找到权值最小的 N_i 条边，逐次加入到形成中的拓扑中去，算法将放散式地搜索，搜索到更多符合要求的拓扑连线方案。$N-$ best 优化算法程序流程图如图 $7-12$ 所示，其中 i 为拓扑形成中的第 i 步的编号，j 为第 i 步中找到的 N_i 条权值最小边中的第 j 条边的标号。$N-$ best 优化算法的程序流程如下：

1）输入风电场基本信息，主要包括风电场风电机组和升压站位置，工程约束条件选择以及 $N-$ best 算法中 N_i 的取值。$N-$ best 程序开始运行。

2）开始时 $i=1$，第一步搜索与升压站相连权值最小的 N_1 条边，每完成一步搜索，"步"数增加 1（$i=i+1$），搜索满足算法要求的权值最小的 N_i 条边，用 $e_1,e_2,\cdots,$ $e_j,\cdots,e_{Ni}$ 表示，其中 j 为 1 到 N_i 的整数。

3）将 e_j 加入形成的拓扑连接 k 中。

4）判断加入 e_j 后的拓扑 k 是否符合工程实际约束条件。若不符合，则进行到第 5）步运行。若符合则进展到第 6）步运行。

5）则令 $j=j+1$，并判断 j 大于 N_i 是否成立，若成立回到第 2）步运行，若不成立回到第 4）步运行。

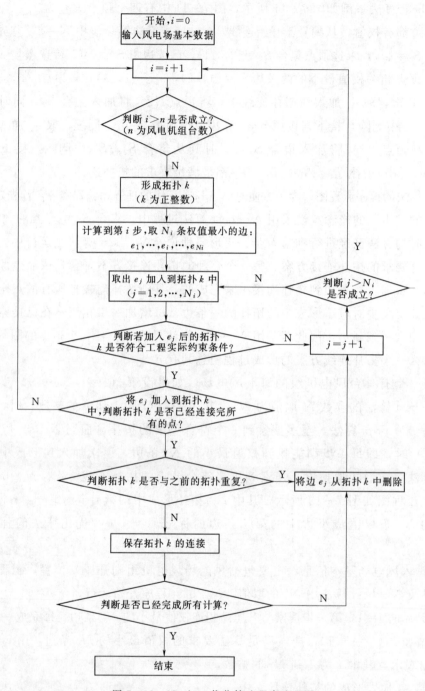

图 7-12　N-best 优化算法程序流程图

6) 将 e_j 加入到拓扑 k 中，判断拓扑 k 是否已经连接完所有的点，若拓扑 k 已连接 n 个点，则退回到第 2) 步运行。若符合，则程序进展到下一步。

7) 判断所得拓扑 k 是否和以前得到的拓扑重复，若重复，则将边 e_j 从形成的拓

扑连接 k 中删除，程序退回到第 5）步运行。若不重复，则保持拓扑 k。

8）判断程序是否已经完成所有的搜索计算，若未完成，则将边 e_j 从形成的拓扑连接 k 中删除，程序退回到第 5）步运行。若完成，则结束 $N-best$ 算法计算。

$N-best$ 优化算法是用递归算法完成，在 Matlab2010（a）环境下编译，程序每寻找一条新边加入到设计的拓扑中，程序调用次数便增加一次。

（3）算法工程实际约束的实现。集电系统拓扑设计需要考虑到工程实际情况，在优化算法设计时需要的工程约束有：

1）集电线路电缆的最大功率限制。

2）集电线路电缆不允许交叉。

3）集电系统中升压站出线电缆数目的最大值限制。

4）集电线路中存在某些风电机组之间不能连接电缆。

5）集电线路电缆转接柜的限制，下游风电机组数受限。

6）集电线路各条电缆需满足功率平衡要求。

参考图 7-12，在 $N-best$ 程序运行中每一次在拓扑已有基础上添加一条新边时，都需要检查新加入边的拓扑是否满足 1）~6）的工程约束，若仍然满足约束，则保持该边到拓扑中，并继续添加下一条边到拓扑中，若新加入的边不能满足其中任何一条约束，便删除上一步新加入的边，算法退回到上一步，在上一步拓扑的基础上继续添加新的边。依次下去，直到算法结束。

值得一提的是，对于工程约束6），要求集电系统线路功率平衡，即每条集电电缆连接的风电机组相差不大，于是在程序开始时，先设定每条电缆最少连接的风电机组台数，在 $N-best$ 算法运行过程中，同样每一次在拓扑已有基础上添加一条新的边时，需要检查新加入边后的拓扑是否满足最少风电机组台数的约束，若仍然满足约束，则保存该边到拓扑中，并继续添加下一条边到拓扑中，若加入新边后拓扑不能满足约束要求，则放弃新加入的边。

算法中，每加入一条新边都会检查是否满足工程约束条件，这样能很好地控制输出的拓扑使其满足工程实际需要。另外在程序中，工程约束条件都是可以设置开启或关闭状态的，可以根据实际需要来设定工程约束条件。

7.2 集群有功优化

每个风电场都配备有功功率控制系统，接收并自动执行调度部门远方发送的有功功率控制信号，能根据调令控制其输出有功功率，并保证有功控制系统的快速性和可靠性。必要时可通过安全自动装置快速动作切除或降低风电机组有功功率。

海上风电场集群集中并网给电网调度运行带来了新的问题：

（1）电网送出能力有限，在"N-1"方式下，会引发输变电设备过载问题，运行控制难度增加，严重影响电网安全稳定性和可靠性。

（2）集群风电场多处于同一风力资源带，风电尖峰负荷大，风电反调峰特性明显，电网调峰困难。

（3）风功率预测难度大，间歇性强，电网不但要考虑负荷备用，还要考虑风电预留备用容量，在旋转备用安排上非常困难。

（4）调度运行指挥难度大，风电运行单位多，协调指挥非常困难，特别是在电网紧急情况下，传统电话调度方式难以满足要求。

（5）风电的间歇性造成电网电压波动非常频繁，无功设备投切频繁，传统电压调节控制方式不再适应。

（6）风电机组的低电压穿越能力等特性对电网安全影响加大，电网运行控制困难。

前 4 种问题均与风电机组有功控制密切相关，特别是送出能力和调峰能力的限制将成为影响风电发展的主要因素，增加了电网调峰调频的难度，严重时甚至威胁电网的安全稳定运行。电网调度人员往往在运行控制中留有较大的安全裕度，导致电网最大可接纳风电能力不能得到充分利用，即使在缺电时，风电场有功出力也不能得到充分利用，无疑浪费了风电的装机容量。

因此，研究和开发大型集群风电有功智能控制系统，既保证电网在各种运行方式下和故障情况下稳定可靠运行，又最大限度地提高电网的输送能力，使风电场出力最大化、最优化，实现充分利用风资源的目标。

7.2.1　概念说明

（1）断面限额：断面限额值为系统所设定的定值。

（2）断面裕度：断面限额值与断面实时潮流的差值。

（3）可再增加接纳风电能力：即断面裕度最小值，也即所有影响风电送出的断面裕度最小值。

（4）总发电计划：即总接纳风电能力，等于当前总出力与可再增加接纳风电能力（断面裕度最小值）之和。每种控制模式下计算方法不同。

（5）分区发电计划：区风电总出力与主变裕度之和。

（6）风电场运行容量：装机容量与检修容量之差。

（7）运行容量比：风电场运行容量与所有风电场运行容量和的比值。

（8）初始计划：系统初次运行时，每个风电场的计划值。

（9）标杆计划：各风电场按照运行容量比均分总发电计划，该计划仅为参考，并不是实际出力计划。

（10）分区标杆计划：各分区风电场按运行容量比均分分区总发电计划，校核时用。

（11）当前计划：在满足电网安全的前提下根据风电场当前出力、加出力申请、空闲程度算出每个风电场计划，该计划是每个风电场的实际出力计划；风电场需根据该计划及时调整出力。

（12）空闲容量：风电场当前出力小于当前计划，即认为该风电场有空闲容量，说明该风电场的当前风速、风向难以使该风电场的有功出力达到计划值。

（13）空闲容量比：风电场空闲容量与所有风电场总空闲容量的比值。

（14）超标杆比例：风电场当前计划大于标杆计划时，则认为该风电场超标杆计划，每个超标杆风电场的超标杆比例为风电场当前计划与风电场标杆计划的比值。

（15）最大发电能力：风电场风功率预测系统提供的超短期风功率预测值。

7.2.2　系统架构设想

建立大规模集群海上风电场有功控制系统，对各个海上风电场进行有功分配。其系统架控设想如下：

（1）设置两个控制中心站，主备配置，位于省调度中心和地调中心，主要实现对整个系统的实时监控，实现智能协调控制策略、计划值的实时计算和下发、风电场加出力申请的自动批复、申请算法和跟踪算法的切换、运行方式和控制模式的切换等主要功能。调度员可通过中心站控制终端实时监控各风电场计划值数据、出力、电网备用容量、送出通道关键断面和风电上网主变潮流、裕度等数据及各风电场装置的运行情况、申请模式、动作报告等内容。

（2）各风电场的 AGC/AVC 系统实时将风电场出力上传至省调度中心和地调中心，并根据中心站自动分配给各电场出力计划控制风电场出力，实现风电场出力最大化、最优化且切风电机组最小化控制，并实现超发告警及超发切机功能。

（3）中心站能与省调 EMS 通信，获取实时备用容量等数据，实现风电场调峰控制策略，在控制中心站与控制子站通信中断时，可以从 EMS 系统中获取电网断面裕度等控制策略以计算所需要的数据，保证控制策略计算的正确性，提高系统的可靠性和可用性。

位于调度中心站的监控软件是大型集群风电有功智能控制系统的重要组成部分，承担着对大型集群风电有功智能控制系统进行管理、集中数据处理、监控和数据交换控制等的功能。现场监控软件对整个风电有功智能控制系统实行全面统一的调度管理，监视系统中各断面功率、风电场当前出力、当前最大发电能力等运行数据和参数，监视有功功率控制装置的定值、压板、异常和切机动作信息，监视所有通道的通信状态，还提供调度模式和运行方式切换、定值修改操作等人机界面，并为控制策略算法提供运行环境。为了提高系统运行的可靠性、完整性、连续性，减少系统因异常退出的概率，系统在主站有双套、双通道配置。省调及地调中心站为主备机配置。

7.2.3 控制策略

7.2.3.1 整体原则

（1）控制策略体现公平、公正、公开原则，保证每个风电场能公平地获得发电计划，各信息相互开放，充分公开，所有风电场都能看到其他风电场的出力和计划以及电网最大可再接纳容量等信息。

（2）保证风电场出力最大化，实时计算电网的最大可接纳风电能力，根据接纳能力的变化及各风电场当前出力和风电场提出的加出力申请（人工和自动两种方式）每固定周期计算一次各风电场计划，并下发至各风电场，该计划为上限值，低于该计划风电场可自由发电，高于该计划需要申请。

（3）以保证电网安全稳定运行为首要条件，未提出加出力申请或提出加出力申请未批准的情况下，高于计划值运行，超过规定时间，由控制执行站装置切除相应的馈线，使出力回到计划值以下，保证主网安全。

（4）减少操作复杂性，对风电机组尽量做到无损伤控制。各风电场根据发电计划调整发电出力，可由风电场操作人员手动调整或由风电集控系统自动调整，进行出力跟踪。

（5）尽量做到风电场间资源的协调优化分配，根据风的大小和风电场容量来分配每个风电场的当前计划，未来一段时间没有风资源的风电场让给有风资源的风电场，风况相同时，根据运行容量等比分配以充分利用风电，并且对各风电场公平。

（6）提高对风电场运行的管控能力，保证调度计划的公平和严肃性。

有功智能控制系统策略框图如图 7-13 所示。

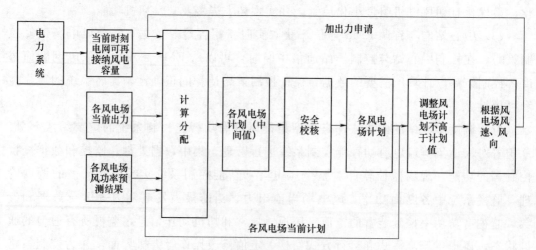

图 7-13　有功智能控制系统策略框图

7.2.3.2 控制模式

为适用复杂多变的电网运行情况,系统设置四种控制模式,即按各控制断面潮流裕度自动调整控制模式、调峰模式、调度员控制模式、紧急控制(降出力)模式,还可实现分区控制(分区控制也同样有该四种模式),对每个风电场还可选择基点控制模式,可同时选择多个。

在各控制断面潮流裕度自动调整控制模式下,系统对风电外送通道进行实时检测,可实时计算潮流断面的传送裕量,并结合各风电场的出力及加出力申请情况,实现对各风电场实时出力的智能控制。

调峰模式主要适用电网运行中由于调峰困难而限制风电的情况,系统从 EMS 中获得电网当前的调峰能力,然后综合风电场出力及申请加出力情况,优化各风电场出力。

若电网发生特殊情况,需要人工干预,可转入调度员控制模式,此模式可人工控制各风电场的计划。

电网事故情况下,若电网接纳风电能力下降,需要消减风电出力,此时可转入紧急降出力模式,此模式下,调度人员只需输入整个风电场需要消减的有功出力总和,系统会自动根据输入的消减量,按照公平原则分配给各风电场,各风电场自动调节出力,由于风电场运行单位众多,该方式大大减少事故处理时间。

7.2.3.3 控制方式

当电网方式转变时,系统能根据运行方式的变化自动调整整个风电场的计划,另外为防止运行方式变化导致风电场计划突然变小,风电场来不及调节以致馈线被切除的情况,当运行方式变化时,闭锁切机功能 15min。

对申请加出力电场,若执行新计划不到位,则启动闭锁机制。为了避免风电场申请值超过实际发电能力过多,造成部分发电裕度被占用,当风电场提出加出力申请且被系统批准后,在下个计算周期到来前该风电场出力未达到新的计划值〔偏差3MW(定值)〕,则闭锁该风电场一段时间不能申请加出力。

方式、模式转变时闭锁 15min。方式、模式切换时,为避免计划突然变小导致风电场来不及调节,从而造成切机,因此风电场有功控制装置闭锁切机功能 15min(定值),不闭锁告警功能,出力小于计划值或 15min 后立即开放切机功能。

对于不同入网点的风电场,在计算分配时,首先应整体平衡分配,在安全校核时,由于约束条件不同,可能某区的计划会超出安全范围,此时将超出部分分给未超出部分,再次校核,实现区域间的协调,从而最大化地送出、消纳风电。

7.2.4 计划分配算法

计划分配目前有最大出力控制模式和出力跟踪模式两种控制思路。

最大出力控制模式：即保证电网安全稳定的前提下，根据电网风电接纳能力计算各风电场最大出力上限值，风电场出力低于上限值时处于自由发电状态，超出上限值时，可提出加出力申请，然后根据其他风电场出力情况及空闲程度来确定是否批准其加出力申请，通过风电场和电网互动，实现风电计划的实时调度控制，从而达到风电出力最大化和风电场之间风资源优化利用的目标。

出力跟踪模式：以各风电场风功率预测为依据，经控制中心站安全校核后下发各风电场发电计划，各风电场必须实时跟踪发电计划进行有功功率的调整。

根据这两种控制思路，相应有申请算法和跟踪算法两种算法。

1. 申请算法

考虑到每个风电场实际情况，风电场申请加出力分为自动申请和手动申请两种模式，由风电场根据自身情况自主选择。

（1）初始计划计算。初次运行时，需要给每个风电场一个初始计划，以此计划为起点进行后面的计算分配，为减少风电场调控压力，计划曲线应尽量平滑，因此初始计划应接近各风电场当前出力。风电场初始计划计算公式为

$$P_{\text{A\_iniPlan}} = P_{\text{A\_cur}} + \alpha (P_{\text{wPlanMax}} - \sum P_{\text{wCur}}) \tag{7-21}$$

式中　$P_{\text{A\_iniPlan}}$——初始计划值；

　　$P_{\text{A\_cur}}$——A 风电场当前出力；

　　P_{wPlanMax}——电网当前最大可接纳风电能力；

　　$\sum P_{\text{wCur}}$——所有风电场当前出力总和；

　　α——风电场运行容量占风电场总运行容量比率。

风电场初始计划值＝风电场实际出力＋断面裕度最小值（即为电网可再增加接纳风电能力）×风电场运行容量/所有风电场运行机容量。

计划分配总体流程图如图 7-14 所示。

（2）无申请时各风电场计划计算。根据电网最大可接纳能力的变化，计算需要调整的风电计划总量，计算公式为

$$P_{\text{wPlanChang}} = P_{\text{wPlanMax}} - \sum P_{\text{wPlan}} \tag{7-22}$$

式中　$P_{\text{wPlanChang}}$——需要调整的计划总量；

　　P_{wPlanMax}——电网当前最大可接纳风电能力；

　　$\sum P_{\text{wPlan}}$——当前所有风电场计划和。

根据 $P_{\text{wPlanChang}}$ 的大小，具体可分为以下情况：

1）$|P_{\text{wPlanChang}}| \leqslant P_{\text{dz}}$，则风电场不需要调整计划。$P_{\text{dz}}$ 为定值，设此定值的目的是在电网可接纳能力变化不大且各风电场未加出力申请时，不频繁调整计划，当风电场有申请时，因按需要重新计算新计划，该值取 0。

2）$P_{\text{wPlanChang}} > P_{\text{dz}}$，增加各风电场计划，将按照运行容量比分配给各风电场。

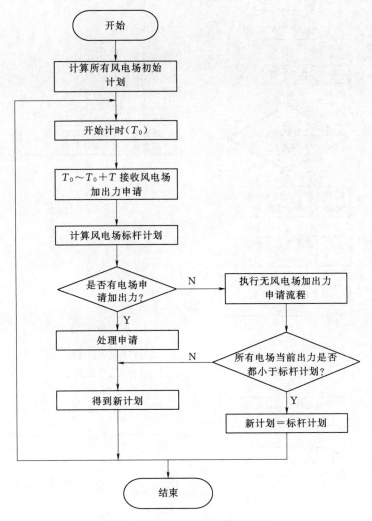

图 7 - 14 计划分配总体流程图

3）$P_{wPlanChang} < (-P_{dz})$，说明必须减少风电场计划，需要降的各风电场计划总量为 $|P_{wPlanChang}|$，消减计划的流程图如图 7 - 15 所示。

风电场当前出力小于当前计划时，认为该风电场有空闲容量，说明该风电场的当前风速、风向难以使该风电场的有功出力达到计划值，因此消减计划先消减有空闲容量的风电场。

按照空闲容量比消减有空闲容量风电场的计算公式为

$$P_{ANewPlan} = P_{APlan} + \beta P_{wPlanChang} \tag{7-23}$$

式中　β——风电场空闲容量占总空闲容量的比率。

风电场当前计划大于标杆计划，则认为该风电场超标杆计划。需要在消减空闲容量后判断，若还需要继续消减计划的，应消减超标杆计划的风电场。为了公平，各风电场的超标杆比例 k 的差别应尽量小，因为消减时，优先消减 k 大的风电场计划，具

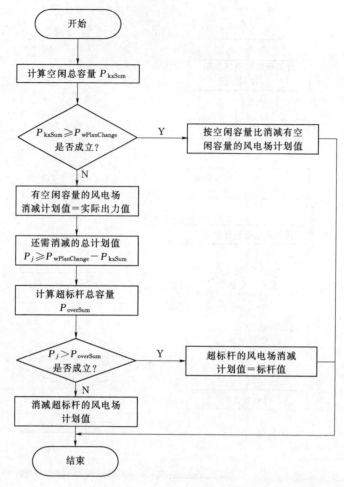

图 7－15　消减计划的流程图

体步骤如下：

1）得到超标杆的风电场个数 n，得到每个超标杆风电场的超标杆比例 $k = P_{plan}/P_{StdPlan}$，P_{plan} 为风电场的现计划（经过空闲容量消减后的计划），$P_{StdPlan}$ 为风电场的标杆计划。

2）对各超标杆风电场的 k 从大到小排序，有 $k_1 > k_2 > k_3 > k_4 > \cdots > k_n$。

3）计算所有大于 k_i 的风电场降计划至 k_i 后可降的计划总量 P_{kj_i}，$i = 2, 3, \cdots, n$。

4）得出满足 $P_{kj\_i} > P_{xj}$ 时的 i 的最小值 x，其中 P_{xj} 为需降总量。

5）将所有 k 高于 k_{x-1} 的风电场计划降至 k_{x-1}，计算得出降的总量为 P_x。

6）还需降的量为 $P_{xj} - P_x$，从所有 k 高于 k_x 的风电场中，按照运行容量比降 $P_{xj} - P_x$，之所以按照运行容量比降，是因为经过步骤 5）的消减，高于 k_x 的风电场的 k 都为 k_{x-1}，即在此步骤中降的风电场的超标杆比例 k 都是一样的。

（3）有申请时各风电场计划的计算。首先根据电网总接纳风电能力（$ZZJH$）的变化，计算没有申请时各风电场的计划。

申请量是相对原来计划的，根据电网接纳能力的变化得到新计划后，各风电场的申请值调整为

$$P_{A\_apply2} = P_{A\_apply1} - (P_{ANewPlan} - P_{APlan}) \tag{7-24}$$

式中　P_{A_apply2}——考虑电网总接纳风电能力变化后的申请量；

　　　P_{A_apply1}——实际申请量；

　　　$P_{ANewPlan}$——根据电网总接纳风电能力的变化得出的该风电场计划值；

　　　P_{APlan}——该风电场原计划值。

满足所有风电场的期望计划值后，超过电网总接纳风电能力的量即为$\sum P_{A\_apply2}$，此量需要从各风电场计划中消减，消减方法同无申请时各风电场计划计算的第二种情况，区别是消减空闲容量时，不考虑申请加出力的电场。

2. 跟踪算法

调度主站计算各风电场上传的最大发电能力之和$FDHJ$。

当$FDHJ \leqslant ZZJH$时，有

下发计划＝该风电场上传的最大发电能力

当$FDHJ > ZZJH$时，有

每个风电场的标杆计划＝$ZZJH$×该风电场运行容量/总运行容量

按照每个风电场超标杆计划的比例消减计划，即

风电场的计划＝该风电场上传的最大发电能力－$(FDHJ-ZZJH)$×风电场超标杆比例。

7.3 大孤岛运行策略

7.3.1 大孤岛运行策略意义

海上风电场分布广阔、海上气候环境恶劣，风电场的运行维护工作十分困难。如何确保海上风电机组、海上升压站的安全、可靠运行，是海上风电场建设的关键所在。当海上风电场高压送出海底电缆发生事故或台风造成陆上送出架空线路故障时，海上风电场将失去外部电网联系。海上风电机组在失电后的较短时间内虽然有一定的通信控制能力，但已不具备抗盐雾、偏航、顺桨等大功率电机操作的动作能力。同时，根据相关标准要求海上升压变电站需配应急电源，确保通信电源、监控电源、事故照明、事故通风、消防火灾系统、逃生设备和导航设备等应急负荷。由于海上储油平台造价限制储油仅可满负荷运行几十小时，远小于高压海缆故障修复时间，因此国

外大多采用备用柴油发电机及储油箱供电方式。柴油发电机组除了作为海上升压站的应急电源之一，也有项目将其用于为孤网情况下的风电机组提供备用电源，使得风电机组内的辅助设备在电网断电超过一定时间后能通过该电源供电使其保持在工作状态，此种方式被称为大孤岛模式。

国外海上升压站多配置了用于大孤岛模式的柴油发电机组，给风电场全部风电机组的防潮维护提供电源，而风电机组厂商对风电机组运行工况有强制要求，风电机组内部关键辅助设备均不能超过预先设定的最大允许断电时间（其中市场占有率较高的某公司要求不超过 72h），必须配备应急电源使其保持在工作状态。根据国际海底电缆故障统计，如此众多的海上高压输电通道在风电场全部投运的 10 年内发生高压海底电缆故障导致风电场孤岛运行成为必然。因此，必须掌握海上风电场大孤岛运行技术，否则一次停运造成的设备损失可能超过亿元。为了应对极端情况下风电场检修维护周期长、柴油机组配备的燃油不足以维持风电机组关键辅助设备长时间稳定供电以及天气状况不允许运维船只不断运送燃油至海上升压站等不利情况，避免风电场无法维持长期孤岛运行进而导致大量风电机组长时间失电带来的巨大经济损失，同时也为了打破国外厂家对海上风电场大孤岛运行方式下备用柴油发电机运行关键技术的封锁，海上风电场大孤岛方式备用柴油发电机运行关键技术的研究亟待开展。

本节基于广东省某海上风电工程，通过对大孤岛运行模式下相关设备参数和风电场出力历史数据的调研和整理，通过潮流计算验证大孤岛运行可行性并提出配置优化的指导方案。基于配置方案建立海上风电场大孤岛模式系统仿真模型，提出海上风电场大孤岛模式的启动和运行策略，并在该模型基础上分别进行系统典型工况分析和柴油机与风电机组的启动运行控制策略实验。根据仿真和计算结果的对比，拟订现场实验方案。通过现场实验验证运行策略和配置方案，将收集的相关数据与仿真实验作对比，重新评估配置方案和调整运行策略。海上风电场大孤岛方式备用柴油发电机运行关键技术研究路线如图 7-16 所示。

7.3.2　海上风电场大孤岛模式配置方案

7.3.2.1　风电场设备参数整理

根据获取的某海上风电场的相关设备资料，进行设备关键参数的提取和整理，主要有两个目的：一是为在 PSCAD/EMTDC 上搭建仿真模型做准备，做好参数的换算工作；二是详细核算各设备损耗，作为配置方案的参考，估算系统运行状态，为后续工作打下基础。

1. 辅助柴油发电机

（1）内燃机。根据某发动机参数表，内燃机模型配置及参数见表 7-5。

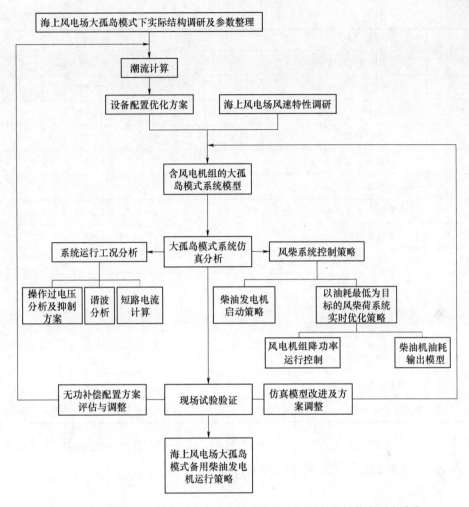

图 7-16 海上风电场大孤岛方式备用柴油发电机运行关键技术研究路线

表 7-5 内燃机模型配置及参数

配　　置		发 动 机 参 数	
发动机额定值/MW	1.328	气缸数	16
机器额定容量/MVA	1.477	传动比	2
发动机额定转速/(r/min)	1500	冲程数（2 或 4）	4
齿轮箱效率/pu	0.9789		

（2）同步发电机。根据某发电机参数表，柴油发电机的同步电机参数见表 7-6。

表 7-6 柴油发电机的同步电机参数

参　　数	数　　值
额定容量/kVA	1550
额定有功功率/kW	1200

续表

参　数	数　值
额定相电压有效值/kV	0.231
额定线电流有效值/kA	2.2367
基波角频率/(rad/s)	314.16
惯性常数/s	1.1567
电枢时间常数/s	0.02
波梯电抗 X_p/pu	0.03
D 轴电抗 X_d/pu	2.96
D 轴暂态电抗 X'_d/pu	0.18
D 轴暂态时间常数 T'_d/s	0.135
D 轴次暂态电抗 X''_d/pu	0.13
D 轴次暂态时间常数 T''_d/s	0.01
Q 轴电抗 X_q/pu	1.91
Q 轴次暂态电抗 X''_q/pu	0.27
Q 轴次暂态时间常数 T''_q/s	无
气隙系数（定子漏抗 $X_L = X_p \times$ 气隙系数）	1（参数表中给出的是 X_L 不需要再换算）

综上可知柴油发电机稳定运行时允许的输出功率范围为：有功功率 $P_{DG} = 0 \sim$ 1.2MW，无功功率 $Q_{DG} = -0.98 \sim 0.98$Mvar。

2. 变压器

（1）柴油发电机升压变压器。根据某升压变压器资料，柴油发电机升压变压器参数见表 7-7，部分参数为计算所得。

表 7-7　柴油发电机升压变压器参数

参　数	数　值	参　数	数　值
额定功率/kVA	1600	空载损耗/kW	3.24
变压器接法	Dyn11（D 超前 y 30°）	负载损耗/kW	15.4
变压器变比	0.4/35+2×2.5%	空载电流/%	0.75
是否理想变压器（省略磁化支路）	否	阻抗电压 U_d/%	6

（2）接地变压器兼站用变压器。型号为 DKSC-1800/630/35 的接地变压器兼站用变压器的参数见表 7-8。

（3）风电机组升压变压器。根据某风电机组升压变压器资料，其参数见表 7-9。

表7-8 接地变压器兼站用变压器参数

参　　数	数　值	参　　数	数　值
额定功率/kVA	1800	负载损耗/kW	21.87
变压器接法	ZN，yn11	空载电流/%	1
变压器变比	0.4/35+2×2.5%	接地电阻/Ω	67.36
是否理想变压器（省略磁化支路）	否	阻抗电压U_d/%	6
空载损耗/kW	4.86		

表7-9 某风电机组升压变压器参数

参　　数	数　值	参　　数	数　值
额定功率/kVA	6100	空载损耗/kW	4.86
变压器接法	ZN，yn11	负载损耗/kW	48
变压器变比	0.69/36.75	空载电流/%	12
是否理想变压器（省略磁化支路）	否	阻抗电压U_d/%	8

上述参数换算为标幺值后可作为仿真模型参数使用，同时可估算海上风电场大孤岛模式下各个变压器的有功无功损耗。

变压器有功损耗为

$$P_{Tr} = P_{Tr0} + \left(\frac{P_{load}}{P_{rated}}\right)^2 (P_{Tr\_rated} - P_{Tr0}) \tag{7-25}$$

变压器无功损耗为

$$Q_{Tr} = \sqrt{\left(\frac{I_0\% S_{Tr}}{100}\right)^2 - P_{Tr0}^2} + \frac{Q_{load}^2 + P_{load}^2}{U^2} \times \frac{U^2}{S_{Tr}} \times \frac{U_d\%}{100} \tag{7-26}$$

式中　　S_{Tr}——变压器容量；

P_{Tr0}——变压器空载损耗；

Q_{load}，P_{load}——无功负载和有功负载；

P_{rated}——变压器额定有功负载；

P_{Tr_rated}——变压器负载损耗；

U_d——阻抗电压。

3. 电缆

电缆主要是指柴油发电机升压变压器到母线的电缆和风电机组集电线路的海底电缆，作用分别是分析备用电源馈线断路器开合的操作过电压和核算海上风电场容性无功负载总量以及每回集电线路的吸收功率。

（1）柴油发电机升压变压器到母线的电缆。根据厂家提供的 ZA-YJV23-26/35型电缆数据表，柴油发电机升压变压器到母线的电缆参数见表7-10。

表 7 - 10　柴油发电机升压变压器到母线的电缆参数

几　何　参　数	数值	电　磁　参　数	数值
电缆长度/m	58	额定频率/Hz	50
单芯导体截面积 A_c/mm²	120	导体电阻率/$\Omega \cdot m$	1.724×10^{-8}
管道埋地深度/m	0	主绝缘（XLPE）介电常数	2.3
单芯导体直径 D_c/mm	13	屏蔽层电阻率（铜 20℃）/$\Omega \cdot m$	1.724×10^{-8}
内（外）半导体层厚度 $Ds_{in}(Ds_{out})$/mm	0.8(0.8)	铜材料相对磁导率	1
绝缘层厚度/mm	10.5	内衬层介电常数 （阻燃填充绳为主，内护套为 PVC）	5
绝缘层直径 D_{in}/mm	35.6	铠装层（镀锌钢）电阻率/$\Omega \cdot m$	1.71×10^{-7}
金属屏蔽层截面积 A_{sh}/mm²	21.2	铠装层相对磁导率	200
内衬层内护套厚度/mm	2.2	外护套（HDPE）介电常数	2.3
内衬层外径 D_t/mm	93.1	外护套相对磁导率	1
铠装层外径 D_{am}/mm	96.3	电容/(μF/km)	0.146
外护层外径 D_n/mm	105.3±4	电感/(mH/km)	0.4036
导体中心到管道中心距离（厂家无）/mm	23.3	波阻抗/Ω	56

（2）风电机组集电线路海底电缆。根据厂家提供的资料，风电机组集电线路海缆参数见表 7 - 11。

表 7 - 11　风电机组集电线路海缆参数

海缆截面积/mm²	70	120	240	400
海缆型号	HYJQF41 - F			
额定电压/kV	35			
电容值/(μF/km)	0.1237	0.1434	0.178	0.2018
海缆外径/mm	116.7±5.0	123.2±5.0	135.7±6.0	140.5±6.0
导体单丝直径/mm	2.56	2.88	2.96	3.03
导体外径/mm	10.0	13.0	18.4	23.6
20℃交流电阻/(Ω/km)	0.2684	0.1937	0.0770	0.0498
导体屏蔽层标称厚度/mm	0.8	0.8	0.8	0.8
绝缘层标称厚度/mm	10.5	10.5	10.5	10.5
绝缘层介电系数	2.3	2.3	2.3	2.3
绝缘屏蔽层标称厚度/mm	1.0	1.0	1.0	1.0
金属护套标称厚度/mm	2.5	2.5	2.5	2.5
外护套标称厚度/mm	1.8	1.8	2.0	2.0
外护套导电层厚度/mm	近似 0.2	近似 0.2	近似 0.2	近似 0.2
阻水层标称厚度/mm	0.6	0.6	0.6	0.6
铠装层厚度/mm	6.0	6.0	6.0	6.0

某海上风电场电气接线图中包含两段母线和 8 条集电线路，后期现场实际中的集电线路数更多，本项目仅考虑一段母线中风电机组集电线路 1～4 共 4 条海缆，风电机组集电线路型号、长度与拓扑见表 7-12。在配置方案核算中采用表 7-11 中电容值以及表 7-12 中各电缆长度估算其吸收功率，在后续仿真模型中采用表 7-11 与表7-12 的参数建模。

表 7-12 风电机组集电线路型号、长度与拓扑

集电线路号	电缆型号	计算敷设长度/m	风电机组连接
集电线路 2	3×70	785.55	风电机组 2～风电机组 1
	3×70	1673.10	风电机组 1～风电机组 5
	3×70	784.15	风电机组 3～风电机组 4
	3×70	785.55	风电机组 4～风电机组 5
	3×400	1120.69	风电机组 5～升压站
集电线路 1	3×70	745.73	风电机组 19～风电机组 20
	3×70	785.55	风电机组 20～风电机组 21
	3×120	945.99	风电机组 21～风电机组 22
	3×240	2183.52	风电机组 22～风电机组 10
	3×400	1770.95	风电机组 10～升压站
集电线路 3	3×70	785.55	风电机组 9～风电机组 8
	3×70	785.09	风电机组 8～风电机组 7
	3×120	784.61	风电机组 7～风电机组 6
	3×240	797.61	风电机组 6～升压站
集电线路 4	3×70	784.15	风电机组 18～风电机组 17
	3×70	785.55	风电机组 17～风电机组 16
	3×120	785.09	风电机组 16～风电机组 15
	3×240	2245.86	风电机组 15～升压站

单根电缆充电功率估算为

$$Q_{\text{Cable}} = BU^2 = 2\pi f C L U^2 \tag{7-27}$$

式中　f——工作频率，$f = 50\text{Hz}$；

　　　C——单位长度的等效电容；

　　　L——电缆长度；

　　　U——额定相电压。

每串电缆有三相，也即三根电缆。因为 $U_{\text{L-L}} = \sqrt{3}U$，所以无功功率计算公式为

$$Q_{\text{Cable\_string}} = 3Q_{\text{Cable}} = 3 \times 2\pi f C L U^2 = 2\pi f C L U_{\text{L-L}}^2 \tag{7-28}$$

4. 负荷

海上风电场大孤岛运行模式的意义，主要是在外送电海底电缆故障的运行维护时期能够通过备用电源给相关负荷供电，涉及的负荷包括风电机组运维负荷、偏航负荷

以及海上升压站应急负荷，其中风电机组部分运维负荷具有断电时间限制，是本项目的主要供电目标，而偏航负荷是为满足在运维时期出现台风等极端天气时偏航顺桨的需求，海上升压站应急负荷则是大孤岛运行时的重要负荷。负荷主要包括以下方面：

（1）风电机组运维负荷与偏航负荷。运行维护时风电机组负荷见表 7-13。

表 7-13　运行维护时风电机组负荷

序号	供电位置	耗电器件	器件功耗/W	序号	供电位置	耗电器件	器件功耗/W
1	塔基柜	视频监控	15	12	机舱柜	液压站照明2	74
2		SCADA 系统	10	13		柜内照明	40
3		塔筒照明	680	14		柜内风扇	15
4		柜内照明	40	15		柜内加热器	3200
5		柜内风扇	15	16		应急润滑齿轮泵电机	3000
6		柜内加热器	2700	17		24V 供电回路	2200
7		24V 供电回路	764	18		供电插座	95
8		供电插座	190	19		消防系统	1000
9	机舱柜	航空灯	30	20		在线振动	50
10		视频监控	15	21	偏航负荷	14 台电动机所含整流逆变器	116400
11		液压站照明1	74				
总计功耗/W				14207（运维）+116400（偏航）			

（2）海上升压站应急负荷。海上升压站应急负荷见表 7-14。

表 7-14　海上升压站应急负荷

序号	名　称	额定电压/V	额定容量/kW	安装台数	连续台数	间断台数	备用台数	计算功率/kW	工作电流/A 连续	间断
					应急 MCC 段					
					运行方式					
1	应急照明配电箱	380/220	2	2	2			4	18.18	0
2	UPS 主输入	380	20	1	1			20	90.91	0
3	直流控制系统	380/220	20	1	1			20	90.91	0
4	临时休息室动力电源箱	380/220	5	1	1			5	22.73	0
5	吊车	380	25	1			1	12.5	0	50
6	不锈钢高压细水雾消防泵组及水箱	380/220	186	1	1			186	845.5	0
7	消防动力箱	380	3	2	2			6	27.27	0
动力负荷合计 P_{1js}/kW						204.50				
其他负荷合计计算功率 P_{2js}/kW						44.00				
计算负荷 $S_{js}=kP_{1js}+P_{2js}$						217.825				

5. 电抗器与避雷器

（1）电抗器。并联电抗器基本参数见表 7 - 15，可见已配置的电抗器包含三个挡位。

表 7 - 15 并联电抗器基本参数

额定容量/kvar	2000	1800	1600
额定工作电压/kV		35	
额定电流/A	33	29.69	26.39
电抗/Ω	612.3	680.6	765.4

（2）35kV 避雷器。35kV 避雷器仿真模型的基本参数可参考某公司公开的避雷器特性曲线进行设置。避雷器主要应用在柴油发电机馈线断路器的操作过电压仿真研究中，在研究控制策略的仿真模型中可以忽略。避雷器基本参数见表 7 - 16。

表 7 - 16 避雷器基本参数

额定电压/kV	51	陡波冲击电流（1/3μs 5kA）下残压/kV	154
持续运行电压/kV	40.8	雷电冲击电流（8/20μs 5kA）下残压/kV	134
标称放电电流/kA	5	操作冲击电流（30/60μs 500A）下残压/kV	114

6. 风电机组

厂家提供的 5.5MW 全功率型风电机组参数较少，整理后见表 7 - 17。

表 7 - 17 5.5MW 全功率型风电机组参数

风电机组基本参数		变流器基本参数	
额定容量/MVA	6.1	变流器型号	HWFP0693000 - UNLN - 07606
额定有功功率/MW	5.5	变流器网侧额定电压/kV	0.69
并联变流器数量	2	变流器网侧额定电流/kA	2.636
单台变流器额定容量/MW	3.15	变流器机侧电压/kV	0～0.759

7.3.2.2 基于现有配置的某海上风电场大孤岛启动方案

1. 方案概述

基于现场配置的核算和现场实际可操作性，得到初步的启动方案。首先要核算启动方案中拟接入设备的容量，大孤岛运行试验主要设备容量与损耗核算见表 7 - 18。总负载虽然呈容性，但无功总量仅为 20kvar，最大容性负载约为 412kvar，相对于额定容量为 1.2MVA 的柴油发电机是可以接受的。

方案中除避雷器外，所有断路器及开关初始状态均为开断，且不接入并联电抗器。辅助柴油发电机启动后按照常规合闸顺序逐步合上相应断路器和开关给设备供电。以给风电机组集电线路 1 的风电机组运维负荷供电为例，本方案的电气接线图如图 7 - 17 所示。

表 7－18　大孤岛运行试验主要设备容量与损耗核算

试验主要设备	数量	符号/计算式	有功功率容量 或损耗/kW	符号/计算式	无功功率容量 或消耗/kvar
辅助柴油发电机	1	＋	1200	±	900
辅助柴油发电机升压变压器	1	＜	15.4	＜	70.044
海上升压站站用变压器	1	＜	6.934	≈	20
风电机组升压变压器	5	≤5×12	60	＜5×59.81	299.05
海上升压站应急负荷	1		217.825（全）， 49（非动力）		0
风电机组运维负荷	5	＜5×14.207	71.035		0
海底电力电缆	1（串）	≈	0	＜	−412.217
总负载			371.194		−23.123

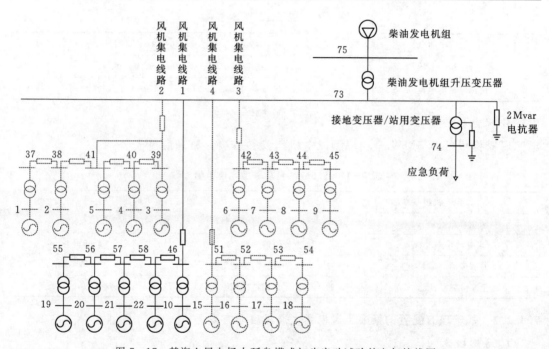

图 7－17　某海上风电场大孤岛模式初步启动试验的电气接线图

2. 初步启动试验的操作方案

主要内容：启动大孤岛柴油发电机，逐个合闸开关和断路器，依次投入柴油发电机升压变压器、母线、海上升压站接地变压器兼站用变压器、风电机组集电线路 1 及该馈线上的 5 台风电机组箱式变压器，最终投入 5 台风电机组的辅助负荷。

试验目的：验证大孤岛柴油机启动方案的可行性。

操作步骤：

（1）启动辅助柴油发电机至额定转速和电压状态，保持平稳运行 30s 左右。

（2）合闸柴油发电机机端断路器，给柴油发电机升压变压器充电，检测其 35kV 侧电压，达到额定值后稳定运行 30s。

（3）合闸柴油发电机进线断路器，给母线充电。

（4）合闸接地变压器兼站用变压器断路器给接地变压器兼站用变压器充电，然后保持运行 30s。

（5）合闸风电机组集电线路 1 断路器，投入风电机组集电线路 1，此时可能出现短时工频过电压，注意检测投入后母线电压以及关注过电压保护是否动作。

（6）合闸风电机组集电线路 1 上与母线电气距离最近的 1 台风电机组升压变压器 35kV 侧断路器，给风电机组变压器充电，检测母线电压和柴油发电机输出电流，待母线电压恢复额定状态、柴油发电机输出电流幅值稳定后，系统保持该状态运行 30s；需要注意记录此操作后柴油发电机转速波动。

（7）重复步骤（6），将风电机组集电线路 1 上未投入的风电机组升压变压器逐台投入，随后系统保持运行 30s。

（8）投入海上升压站非动力站用负荷（约 49kW）后系统保持运行 30s。

（9）投入风电机组集电线路 1 上所有风电机组的辅助负荷，随后系统保持运行 1min。

（10）退出风电机组集电线路 1 上所有风电机组的辅助负荷，10s 后退出海上升压站非动力站用负荷。

（11）按距母线电气距离由远及近的顺序，逐台退出风电机组升压变压器，最后一台变压器退出后，断开风电机组集电线路 1 断路器，随后断开开关。

（12）退出接地变压器兼站用变压器，随后断开柴油发电机进线断路器。

（13）断开柴油发电机机端断路器，柴油发电机停机。

7.3.2.3 配置方案优化

海上风电场大孤岛模式配置方案的优化，以优化并联电抗器的配置为目标，以柴油发电机容量配置为核心，兼顾考虑大孤岛模式中接入的风电机组集电线路海底电缆数量，并最终根据优化的结果给出与之匹配的启动操作方式。由于现有配置中，电抗器为单个并且是按照整个风电场所有海缆总吸收功率设计的，电抗器的最小档位容量已经超出柴油发电机可承受的范围，因此在启动方案中被弃用。较易想到的一个解决方案是将单个电抗器分为若干个，以应对大孤岛模式启动过程多场景的无功补偿需求。围绕确定的柴油发电机容量，电抗器配置将从稳态运行的理论最大值和考虑操作扰动的最大值两个角度进行分析，最终给出应配置的电抗器总容量和数量。

1. 理论最大值

海上风电场大孤岛运行中，采用电抗器补偿海缆充电功率，并由柴油发电机给系统供电；当大孤岛模式启动初期，站用和风电机组辅助负荷都未投入运行时，可忽略有功损耗近似地将系统等效为电压源接 LC 并联回路，柴油发电机启动的风电场大孤岛模式电路原理如图 7 - 18 所示，由于三相对称，用一相表示即可。

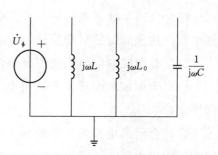

图 7 - 18 中，$\dot{U}_\phi$ 为相电压；ω 为系统频率；C 为电缆等效接地电容；L 为电抗器和变压器综合等效电感中，恰好补偿 C 充电功率的部分；L_0 为感性过补偿的等效电感。考虑电抗器过补偿是为了避免柴油发电机进相运行。

图 7 - 18　柴油发电机启动的风电场
大孤岛模式电路原理

系统达到稳定时的无功功率可以表示为

$$Q = \text{Im}[Y(j\omega)\dot{U}_\phi^2] = \frac{1}{\omega L}\dot{U}_\phi^2 + \frac{1}{\omega L_0}\dot{U}_\phi^2 - \omega C\dot{U}_\phi^2 = Q_L + Q_{L_0} + Q_C \qquad (7 - 29)$$

分别对 ω 和 $\dot{U}_\phi$ 求微分得

$$\begin{cases} \dfrac{\partial Q}{\partial \omega} = -\dfrac{1}{\omega^2 L}\dot{U}_\phi^2 - \dfrac{1}{\omega^2 L_0}\dot{U}_\phi^2 - C\dot{U}_\phi^2 & (7 - 30) \\[3mm] \dfrac{\partial Q}{\partial U_\phi} = \dfrac{2}{\omega L}U_\phi + \dfrac{2}{\omega L_0}U_\phi - 2\omega C U_\phi & (7 - 31) \end{cases}$$

由于系统稳定时 L 恰好补偿 C，设额定频率为 ω_N、额定电压为 $U_{\phi N}$，则有

$$Q_L = Q_C \Rightarrow \omega = \frac{1}{\sqrt{LC}} = \omega_N \qquad (7 - 32)$$

$$\Rightarrow \begin{cases} \dfrac{\partial Q}{\partial \omega} = -\dfrac{2Q_L + Q_{L_0}}{\omega_N} & (7 - 33) \\[3mm] \dfrac{\partial Q}{\partial U_\phi} = \dfrac{2Q_{L_0}}{U_{\phi n}} & (7 - 34) \end{cases}$$

$\dfrac{\partial Q}{\partial \omega}$ 和 $\dfrac{\partial Q}{\partial U_\phi}$ 分别表示在大孤岛运行初期系统稳定时，柴油发电机无功分别对柴油发电机转速和端电压的灵敏度。当 Q_{L_0} 为零时，表示系统感性负载恰好等于容性负载，此时柴油发电机无功对柴油发电机转速的灵敏度与 Q_L 或 Q_C 线性相关，进一步推导有

$$\frac{\partial Q}{\partial \omega} = \frac{\partial Q}{\partial t}\bigg/\frac{\partial \omega}{\partial t} = -\frac{2Q_L}{\omega_N} \qquad (7 - 35)$$

式中　$\dfrac{\partial Q}{\partial t}$——与柴油发电机励磁调节能力有关；

$\dfrac{\partial \omega}{\partial t}$——柴油发电机稳态时的转速波动速率。

由式（7-35）可确定柴油发电机理论上所能承受的最大等值容性感性无功负载。可解决以下两个实际问题：

（1）当柴油发电机容量确定，电抗器配置足够且可调时，能够接入的电缆总量。

（2）当电缆串数确定，电抗器配置恰好能补偿电缆充电功率时，柴发容量配置的最小值。

考虑到有功需求和系统电压等级，需配置大容量柴油发电机，其在稳态时转速波动较小，且励磁调节能力足够强，$Q_L(=Q_C)$ 的理论最大值将远大于风电场内电缆总充电功率，要进一步接近实际情况还需考虑投切设备时的扰动。

2. 考虑功率扰动的电抗器配置方案

功率扰动分为有功扰动和无功扰动，有功扰动主要为辅助负荷、偏航负荷和升压站站用负荷投入，无功扰动主要是电抗器和电缆串投入，两者均会造成系统无功波动。仍针对式（7-33）、式（7-34）进行分析。

（1）有功扰动。有功负载投入将会造成系统频率的波动，频率波动大小与单次投入的负载以及柴油发电机的原动机调速能力有关。为简化分析，只考虑允许的频率波动最大值，该值参照黑启动技术规范为 1Hz，也即柴油发电机转速最大偏离值为 0.02pu。设有功负载投入频率波动 $\partial\omega$ 为最大且为负，此时柴油发电机无功输出变化 ∂Q 同样为最大，且 $\partial Q = Q_{max} - Q_{L_0}$，有

$$\frac{\partial Q}{-\partial\omega} = -\frac{2Q_L + Q_{L_0}}{\omega_N} \Rightarrow Q_L = \frac{1}{2}\left[\frac{\omega_N}{\partial\omega}(Q_{max} - Q_{L_0}) - Q_{L_0}\right] \quad (7-36)$$

假设电抗器恰好补偿电缆充电功率，并将 $Q_{max} = 0.9MW$，$\omega_N = 1pu$，$\partial\omega = 0.02pu$ 代入式（7-36），则有 $Q_L = 22.5MW$。说明在有功波动的限制下，1.2MW 且额定功率因数为 0.8 的柴油发电机最多能够带额定功率为 22.5MW 的电抗器和充电功率为 22.5MW 的海底电缆。

同时注意到，电抗器过补偿程度越高，Q_{L_0} 越小，且当 $Q_{L_0} = Q_{max}/(1 + \partial\omega/\omega_N)$ 时 $Q_L = Q_C = 0$。说明过补偿程度不能过高，否则柴油发电机在合理的有功扰动下会出现无功越限。当电缆充电功率总量 $Q_C = Q_L$ 已知时，最多可接入的电抗器总量为

$$Q_L + Q_{L_0} = \frac{\omega_N Q_{max} + (\omega_N - \partial\omega)Q_C}{\omega_N + \partial\omega} \quad (7-37)$$

反过来若接入的电抗器总量已知，则可计算接入电缆总量的最小值。根据之前的参数表，计算得到 4 串海底电缆的充电功率 $Q_C = 1135.631kvar$，并要求频率偏移不超过 1Hz，则电抗器总容量 $Q_L + Q_{L_0} \leqslant 1973.44kvar$。

综上所述，所提分析方法可同时为实际工程中配置、接入电抗器总量和接入电缆总量提供依据，但由于忽略了柴油发电机的励磁调节能力以及柴油发电机允许短时间进相运行，上述分析方法偏向于保守。

（2）无功扰动。无功负载的投入会直接引起柴油发电机机端电压的瞬时变化，从而引起系统电压变化，根据变化量限制可求单次投入电抗器或电缆的合理容量，进而讨论配置电抗器的容量及数量。变化原理可通过同步发电机的相量图诠释，若已知投入的无功负载大小，还可根据相量图估算电压变化量。投入纯感性负载前后柴油发电机相量变化如图 7-19 所示。

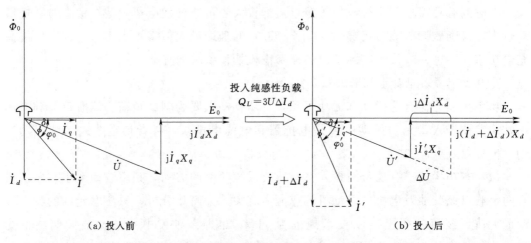

图 7-19 投入纯感性负载前后柴油发电机相量变化

忽略发电机内电阻，假设投入纯感性负载后柴油发电机励磁不变，则 $\dot{E}_0$ 不变，由于增加的无功电流 $\Delta \dot{I}_d$ 使得 d 轴压降增加，根据基尔霍夫电压定律，机端电压 $\dot{U}$ 下降 $\Delta \dot{U}$ 至 $\dot{U}'$。假设系统允许的电压降为 $\Delta \dot{U}_{max}$，则单次可投入的最大电抗器容量为

$$Q_{Lmax} = \frac{3\Delta U}{X_d}\sqrt{U^2-(I_q X_q)^2} \tag{7-38}$$

假设在启动阶段有功电流 I_q 接近 0，允许的电压波动为 10%，根据之前的参数，计算得 Q_{Lmax} 为 157kvar，即单个电抗器容量不应大于 157kvar。然而式（7-38）所得结果未考虑励磁系统的响应，因此偏向于保守，应加入励磁系统数学模型进一步计算或采用多次仿真的方式逼近真实值，并结合实际验证。从式（7-38）中注意到，允许单次投入的纯无功负载容量与有功负载大小成反比，意味着有功负载越大，投切相同无功负载时造成的电压波动越大，在风电场大孤岛运行时需要尽量避免在柴油发电机输出有功较大时投切电抗器和电缆。

3. 配置方案算例

综合前面内容，可设单个电抗器容量为 150kvar，并拟定投入 3 串风电机组集电线路，经过核算只需要 4 个容量为 150kvar 的电抗器即可，大孤岛运行主要设备容量与损耗核算见表 7-19。其中选择投入的海缆为风电机组集电线路 1、风电机组集电线路 2、风电机组集电线路 3，大孤岛模式配置优化后的电气接线图如图 7-20 所示。从

表 7-19 中可知柴油发电机有功容量仍有剩余，考虑同时投入偏航负荷。

表 7-19 大孤岛运行主要设备容量与损耗核算

试验主要设备	数量	符号/计算式	有功损耗/kW	无功消耗/kvar
辅助柴油发电机	1	+	1200	900
辅助柴发升压变压器	1	<	15.4	70.044
接地变兼站用变压器	1	<	6.93420	
风电机组升压变压器	14	≤14×12	168	837.34
海上升压站应急负荷	1		49（非动力）	0
风电机组运维负荷	14	<14×14.207	198.898	0
海底电力电缆	3	≈	0	−863.73
并联器	4		0	600
总负载			438.232	663.654

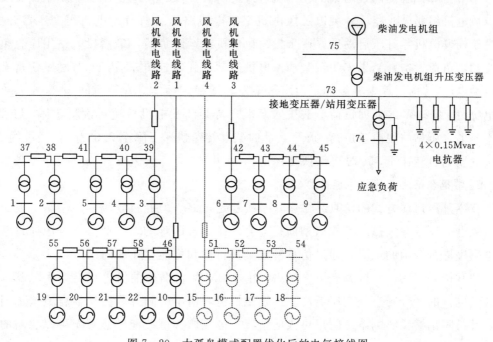

图 7-20 大孤岛模式配置优化后的电气接线图

7.3.3 海上风电场大孤岛运行模式仿真研究

海上风电场大孤岛运行模式的仿真实验，首先考虑仅通过柴油发电机向大孤岛系统供电的工况。仿真过程将紧密结合实际送电流程进行，流程依次涉及大孤岛模式启动过程、偏航负荷的启动与切换过程、风电机组集电线路的切换过程。为简化起见，三部分考虑只接入单回风电机组集电线路进行仿真，目的是找到启动、切换操作中可能出现的情况和问题，并获取相应的数据为后续系统工况分析提供依据。最后，为验证理论配置优化方案的有效性，采用优化后的电抗器配置算例进行仿真实验。若未作特别说明，所有仿真结果的电压、电流、有功、无功单位均分别为 kV、kA、MW、Mvar，其他变量则为标幺值。

7.3.3.1　基于现有配置的大孤岛模式启动过程

在某海上风电场的现有配置下，理论上有两种大孤岛模式的启动方式：一种为零升压启动方式；另一种为常规合闸送电的顺序操作启动。

1. 柴油发电机零升压启动

零升压启动方式要求在柴油发电机励磁产生电动势之前，把所有拟接入的电缆、电抗器、变压器等非用电负荷设备的开关全部合闸，提前与柴油发电机定子绕组保持电气上的连接，然后再由柴油发电机缓慢增加励磁从而提升机端电压，缓慢给系统充电，从而避免合闸空载变压器带来的励磁涌流冲击。

本节仿真试验提前合闸柴油发电机馈线上所有开关、接地变压器兼站用变压器开关、风电机组集电线路 1 开关以及风电机组集电线路 1 上所有风电机组变压器开关，通过柴油发电机零升压启动后，逐个投入风电机组运维负荷，最后投入站用应急负荷的非动力负荷。仿真结果表明：柴油发电机启动达到额定转速后，调节励磁使得发电机机端电压 5s 内匀速上升至额定值。待柴发转速稳定后 12s 开始每间隔 2s 投入单台风电机组 14.2kW 的辅助负荷，共投入 5 次；待柴油发电机转速再次稳定后，于 25s 投入海上升压站站用应急负荷 49kW，此时柴发转速快速下降至 0.992pu；经过约 10s 后柴油发电机转速于 35s 时再次恢复稳定。

2. 常规合闸送电的顺序操作启动

在零升压启动方式的仿真结果中，系统稳定过渡，但经过现场实际了解，要保证海上风电场设备在大孤岛模式启动前提前合闸是非常困难的，因此必须考虑通过常规送电顺序进行合闸的工况，通过仿真验证其可行性和可能存在的问题。

仿真结果表明，在该海上风电场中，由 1.2MW 辅助柴油发电机启动大孤岛运行模式是可行的，合闸空载变压器产生的励磁涌流峰值不会随并联变压器台数增加而增加，且时间足够长实际系统阻尼更大的情况下电流所含谐波能够衰减至可以忽略的大小。现场试验中仍然需要注意以下方面：

（1）柴油发电机在该过程中有功功率输出均低于 15％ 的额定有功功率，是否会引起柴油发电机动力系统的问题（如燃烧不充分造成的原动机问题）。

（2）柴油发电机仿真模型调速系统与实际系统有差异，实际系统中转速波动幅度与仿真结果可能不同。

（3）柴油发电机仿真模型励磁系统与实际系统有差异，实际系统电压超调量和稳态波动幅度与仿真结果可能不同。

（4）现场试验中励磁涌流是否会触发保护动作，比如变压器差动保护。

7.3.3.2　配置方案优化后的大孤岛运行仿真

本节采用方案优化后的配置作为仿真实验的系统设置，仿真的分析如下：

1. 仿真实验步骤

（1）省略柴油发电机启动到投入接地变压器兼站用变压器的阶段，该阶段可见7.3.2节。

（2）依次投入优化配置后的 4 个 150Mvar 的电抗器，投入风电机组集电线路 1。

（3）逐台投入集电线路 1 上的风电机组升压变压器。

（4）投入风电机组集电线路 2，然后逐台投入集电线路 2 上的风电机组升压变压器。

（5）投入风电机组集电线路 3，然后逐台投入集电线路 3 上的风电机组升压变压器。

（6）投入海上升压站应急负荷的非动力负荷。

（7）依次投入风电机组集电线路 1～3 的风电机组运维负荷。

（8）以衔接启停的方式依次启动运行风电机组集电线路 1～3 的偏航负荷，不同风电机组集电线路的启动时间间隔 6s。

（9）省略大孤岛运行模式的退出过程。

2. 仿真结果和分析

由步骤（1）、步骤（2）的仿真结果可得，在投入电抗器后柴油发电机电压下跌 30V，不到 0.1pu，满足电压偏离的要求；但在投入风电机组集电线路 1 的海缆时，电压上升的峰值达到 480V，前文已经分析过这种 1.2pu 的工频过电压，时间较短不会对系统造成危害。由于事先投入共 600kvar 的电抗器，这里投入海缆后系统电压振荡快速衰减。

由步骤（3）～步骤（5）的仿真结果可得，由合闸空载变压器产生的励磁涌流峰值并没有随着系统中变压器台数的增加而明显增加，峰值略有上升的原因是系统稳态有功损耗和无功损耗的增加。无功损耗峰值接近柴油发电机容量 1.55MVA，应在投入第二条风电机组集电线路前适当减少投入的电抗器，防止柴油发电机无功越限。

在投入风电机组运维负荷和偏航负荷前，系统电压电流谐波总量应衰减至可以忽略的大小，280s 左右系统电压电流接近正弦波，满足负荷投入的要求。

由步骤（6）～步骤（8）的仿真结果可得，采用衔接启停方式投入一回风电机组集电线路的偏航负荷，三回线路偏航负荷投入间隔适合的时间，则只占用 1.2MW 柴油发电机不到 0.65MW 的容量。可以推断的是，若系统能够承受合闸空载风电机组升压变压器带来的励磁涌流与和应涌流，则可通过适合的电抗器组投切配合使得柴油发电机无功不越限，柴油发电机在海上风电场大孤岛模式下能同时满足更多的风电机组运维负荷与偏航负荷需求。

7.3.4　海上风电场大孤岛模式风柴协同控制策略

大孤岛模式下风电机组有功控制策略主要包括以下内容：

1. 基于恒转速桨距角控制的风电机组降功率运行

海上风电场孤岛系统内的负荷量较小，风电机组需要通过桨距角的调节使风电机组降功率运行。桨距角控制采用以恒定风电机组转速为目标的控制策略，根据风电机组实际转速 ω_{tur} 与额定转速 ω_{rate} 的偏差来调节桨距角 β。该策略使得 β 与风电机组有功 P_s 仅通过 ω_{tur} 建立联系；风电机组通过有功设定值 P_{sref} 快速调节 P_s，改变电磁转矩 T_e，ω_{tur} 由于转矩不平衡而变化，而调节速度受机械限制的 β 在恒转速控制下变化，以此来改变机械转矩 T_m，使转矩重新平衡。

2. 风柴协同有功控制策略

风电机组需要给定有功参考值，而参考值除了初始的最小并网功率之外，还需要附加项使风电机组自动响应系统有功变化，保证作为参考源的小容量柴油发电机安全稳定运行。为加强孤岛系统的惯性，采用了附加惯性的一次调频控制；为防止有功需求累加超出柴油发电机范围，采用柴油发电机恒功率控制；两种控制共同组成了风柴协同有功控制策略。

一次调频控制通过柴油发电机转速检测，将柴发转速 ω_{DG} 与给定转速 ω_{ref} 的差作为输入，当差值超出死区时，经过滞后环节形成一次调频功率 P_{wp} 叠加在 P_{sref} 上；当柴发转速发生变化时，风电机组电磁功率随之改变，等效于增加了系统惯量。然而一次调频控制没有积分环节，当系统频率稳定后，系统有功需求的增量最终由柴油发电机承担，风电机组输出有功不变。为使有功增量由风电机组承担，在有功参考值中附加上柴油发电机恒功率控制，对柴油发电机输出有功进行限制。柴油发电机有功限制为 $P_{DG} \leqslant 0.5\text{pu}$，是否达到 0.5pu 取决于风电机组启动时柴发有功功率 $P_{DG}^{T_0}$。其中，P_{DGrate} 为柴发额定功率，P_{DGref} 为柴发有功限定值。风柴协同有功控制策略使得黑启动初期海上风电场孤岛系统能够灵活、自适应地响应一定量的有功需求变化，单次变化量不超过 P_{DGrate} 与 P_{DGref} 的差值。

3. 大功率负载投切场景的风电机组二次调频策略

风电机组的二次调频策略适用多种大负荷变化的场景，风电机组需要在负荷投切的同时快速地增加或减小输出，使系统有功平衡。传统的风电机组采用最大功率跟踪，无需二次调频，但海上风电场大孤岛模式有功负荷少，风电机组有大量备用容量，投入大负荷时可进行二次调频快速响应，减小柴油发电机的转速变化。由于恒转速桨距角控制中转速与桨距角的强耦合特性，二次调频的实现只需要在风电场调度层向所启动的风电机组发出调度指令即可。

参 考 文 献

[1] MAPLES B，SAUR G，HAND M，et al..Installation，Operation，and maintenance strategies to reduce the cost of offshore wind energy [R]. Technical report，National Renewable Energy Laboratory；2013.

[2] HAMEED Z，VATN J，HEGGSET J.Challenges in the reliability and maintainability data collection for offshore wind turbines [J]. Renewable Energy，2011，36：2154－2165.

[3] NGUYEN TH，PRINZ A，FRIIS T，et al..A framework for data integration of offshore wind farms [J]. Renewable Energy，2013，60：150－161.

[4] Gonzalez－Rodriguez A G. Review of offshore wind farm cost components [J]. Energy Sustain，2017，37：10－19.

[5] State Grid Corporation：Technical specifications for construction of integrated supervision and control system of smart substation：Q/GDW 679－2011 [S]. Beijing：China Electric Power Press，2011.

[6] MARIAL L，MICHALEL L. A review of the development of Smart Grid technologies [J]. Renewable and Sustainable Energy Reviews，2016，59：710－725.

[7] COLAK I，FULLI G，BAYHAN S，et al..Critical aspects of wind energy systems in smart grid applications [J]. Renew Sustainable Energy Review，2015，52：155－71.

[8] BHATT J，SHAH V，JANI O. An instrumentation engineer's review on smart grid：Critical applications and parameters [J]. Renew. Sustainable Energy Review，2014，40：1217－1239.

[9] MONESS M，MOUSTAFA A M. A Survey of Cyber－Physical Advances and Challenges of Wind Energy Conversion Systems：Prospects for Internet of Energy [J]. IEEE Internet of Things Journal，2016，3（2）：134－145.

[10] TRINH H，PRINZ A，T. FRIISO T，et al..Smart grid for offshore wind farms：Towards an information model based on the IEC 61400－25 standard [C]. 2012 IEEE PES Innovative Smart Grid Technologies（ISGT），2012.

[11] Yang Y，Yang X，Tan J P，et al..The Scheme Design of Smart Offshore Wind Farm [C]. 2019 Prognostics and System Health Management Conference（PHM）. 2019.

[12] 国家能源局.海上风电场工程可行性研究报告编制规程：NB/T 31032—2019 [S]. 北京：中国水利水电出版社，2020.

[13] 国家能源局.大型风电场并网设计技术规范：NB/T 31003—2011 [S]. 北京：原子能出版社，2011.

[14] 国家能源局.风力发电场仿真机技术规范：NB/T 31081—2016 [S]. 北京：中国电力出版社，2016.

[15] 中华人民共和国国家发展和改革委员会.风力发电场设计技术规范：DL/T 5383—2007 [S]. 北京：中国电力出版社，2007.

[16] 国家能源局.220kV～750kV 变电站设计技术规程：DL/T 5218—2012 [S]. 北京：中国计划出版社，2012.

[17] 国家能源局.火力发电厂、变电所二次接线设计技术规程：DL/T 5136—2012 [S]. 北京：中国

电力出版社，2013.

[18] 国家能源局. 变电站监控系统设计规范：DL/T 5149—2020 [S]. 北京：中国电力出版社，2021.

[19] 国家能源局. 发电厂电力网络计算机监控系统设计技术规程：DL/T 5226—2013 [S]. 北京：中国电力出版社，2014.

[20] 国家能源局. 电力系统调度自动化设计规程：DL/T 5003—2017 [S]. 北京：中国电力出版社，2017.

[21] 中华人民共和国国家质量监督检验检疫总局，中国国家标准化管理委员. 继电保护及安全自动装置技术规程：GB/T 14285—2006 [S]. 北京：中国标准出版社，2006.

[22] 国家市场监督管理总局，国家标准化管理委员会. 海洋观测规范　第 1 部分：总则：GB/T 14914.1—2018 [S]. 北京：中国标准出版社，2018.

[23] 国家市场监督管理总局，国家标准化管理委员. 海洋观测规范　第 2 部分：海滨观测：GB/T 14914.2—2019 [S]. 北京：中国标准出版社，2019.

[24] 中华人民共和国国家质量监督检验检疫总局，中国国家标准化管理委员会. 海洋监测规范　第 1 部分：总则：GB/T 17378.1—2007 [S]. 北京：中国标准出版社，2008.

[25] 中华人民共和国国家质量监督检验检疫总局，中国国家标准化管理委员会. 海洋调查规范　第 1 部分：总则：GB/T 12763.1—2007 [S]. 北京：中国标准出版社，2008.

[26] 中华人民共和国国家质量监督检验检疫总局，中国国家标准化管理委员会. 海洋调查规范　第 2 部分：海洋水文观测：GB/T 12763.2—2007 [S]. 北京：中国标准出版社，2008.

[27] 中华人民共和国国家质量监督检验检疫总局，中国国家标准化管理委员会. 海洋调查规范　第 3 部分：海洋气象观测：GB/T 12763.3—2007 [S]. 北京：中国标准出版社，2008.

[28] 中华人民共和国国家质量监督检验检疫总局，中国国家标准化管理委员会. 海洋调查规范　第 4 部分：海水化学要素调查：GB/T 12763.4—2007 [S]. 北京：中国标准出版社，2008.

[29] 中华人民共和国国家质量监督检疫总局，中国国家标准化管理委员会. 海洋调查规范　第 10 部分：海底地形地貌调查：GB/T 12763.10—2007 [S]. 北京：中国标准出版社，2008.

[30] 中华人民共和国住房和城乡建设部. 火灾自动报警系统设计规范：GB 50116—2013 [S]. 北京：中国计划出版社，2014.

[31] 中华人民共和国住房和城乡建设部. 火力发电厂与变电站设计防火标准：GB 50229—2019 [S]. 北京：中国计划出版社，2019.

[32] 中华人民共和国建设部. 视频安防监控系统工程设计规范：GB 50395—2007 [S]. 北京，中国计划出版社，2007.

[33] 中华人民共和国住房和城乡建设部. 工业电视系统工程设计标准：GB 50115—2019 [S]. 北京：中国计划出版社，2019.

[34] 国家能源局. 风电功率预测系统功能规范：NB/T 31046—2013 [S]. 北京：中国电力出版社，2014.

[35] 国家能源局. 风电场工程 110kV～220kV 海上升压变电站设计规范：NB/T 31115—2017 [S]. 北京：中国电力出版社，2017.

[36] 中华人民共和国住房和城乡建设部. 海上风力发电场设计标准：GB/T 51308—2019 [S]. 北京：中国计划出版社，2019.

[37] 国家市场监督管理总局，国家标准化管理委员会. 电力监控系统网络安全防护导则：GB/T 36572—2018 [S]. 北京：中国标准出版社，2018.

[38] 中国电力企业联合会. 火力发电厂智能化技术导则：T/CEC 164—2018 [S]. 北京：中国电力出版社，2018.

[39] 中华人民共和国国家经济贸易委员会. 电力系统安全稳定导则：DL 755—2001 [S]. 北京：中国电力出版社，2001.

[40] 国家能源局. 电力自动化通信网络和系统 第 4 部分：系统和项目管理：DL/T 860.4—2018 [S]. 北京：中国电力出版社，2018.

[41] 中华人民共和国家发展和改革委员会. 变电站通信网络和系统 第 5 部分：功能的通信要求和装置模型：DL/T 860.5—2006 [S]. 北京：中国电力出版社，2006.

[42] 国家能源局. 变电站通信网络和系统 第 6 部分：与智能电子设备有关的变电站内通信配置描述语言：DL/T 860.6—2012 [S]. 北京：中国电力出版社，2012.

[43] 国家能源局. 气体绝缘金属封闭开关设备现场交接试验规程：DL/T 618—2011 [S]. 北京：中国电力出版社，2011.

[44] 中华人民共和国国家质量监督检验检疫总局. 六氟化硫电气设备中气体管理和检测导则：GB/T 8905—2012 [S]. 北京：中国标准出版社，2013.

[45] 中华人民共和国住房和城乡建设部. 工业建筑供暖通风与空气调节设计规范：GB 50019—2015 [S]. 北京：中国计划出版社，2016.

[46] 国家能源局. 发电厂供暖通风与空气调节设计规范：DL/T 5035—2016 [S]. 北京：中国计划出版社，2016.

[47] 中华人民共和国住房和城乡建设部. 建筑设计防火规范：GB 50016—2014 [S]. 北京：中国计划出版社，2015.

[48] 中华人民共和国住房和城乡建设部. 公共建筑节能设计标准：GB 50189—2015 [S]. 北京：中国计划出版社，2015.

[49] 中华人民共和国住房和城乡建设部. 爆炸危险环境电力装置设计规范：GB 50058—2014 [S]. 北京：中国计划出版社，2014.

[50] 中华人民共和国国家质量监督检验检疫总局. 消防控制室通用技术要求：GB 25506—2011 [S]. 北京：中国标准出版社，2011.

[51] 中华人民共和国住房和城乡建设部. 细水雾灭火系统技术规范：GB 50898—2013 [S]. 北京：中国计划出版社，2013.

[52] 中华人民共和国国家质量监督检验检疫总局. 电气火灾监控系统 第 1 部分：电气火灾监控设备：GB 14287.1—2014 [S]. 北京：中国标准出版社，2015.

[53] 中华人民共和国国家质量监督检验检疫总局. 电气火灾监控系统 第 2 部分：剩余电流式电气火灾监控探测器：GB 14287.2—2014 [S]. 北京：中国标准出版社，2015.

[54] 中华人民共和国国家质量监督检验检疫总局. 电气火灾监控系统 第 3 部分：测温式电气火灾监控探测器：GB 14287.3—2014 [S]. 北京：中国标准出版社，2015.

[55] 中华人民共和国住房和城乡建设部. 智能建筑设计标准：GB 50314—2015 [S]. 北京：中国计划出版社，2015.

[56] 中华人民共和国住房和城乡建设部. 智能建筑工程质量验收规范：GB 50339—2013 [S]. 北京：中国建筑工业出版社，2014.

[57] 中华人民共和国住房和城乡建设部. 综合布线系统工程设计规范：GB 50311—2016 [S]. 北京：中国计划出版社，2017.

[58] 中华人民共和国建设部. 出入口控制系统工程设计规范：GB 50396—2007 [S]. 北京：中国计划出版社，2007.

[59] 中华人民共和国公安部. 电子巡查系统技术要求：GA/T 644—2006 [S]. 北京：中国标准出版社，2006.

[60] 中华人民共和国建设部. 入侵报警系统工程设计规范：GB 50394—2007 [S]. 北京：中国计划出版社，2007.

[61] 中华人民共和国国家质量监督检验检疫总局. 海洋监测规范第 1 部分：总则：GB 17378.1—2007 [S]. 北京：中国标准出版社，2008.

[62] 中华人民共和国住房和城乡建设部. 城市地理空间框架数据标准：CJJ/T 103—2013 [S]. 北京：中国建筑工业出版社，2014.

[63] 中华人民共和国住房和城乡建设部. 城市基础地理信息系统技术标准：CJJ/T 100—2017 [S]. 北京：中国建筑工业出版社，2017.

[64] 中华人民共和国国家质量监督检验检疫总局. 地球空间数据交换格式：GB/T 17798—2007 [S]. 北京：中国标准出版社，2007.

[65] 中华人民共和国国家质量监督检验检疫总局. 地理空间框架基本规定：GB/T 30317—2013 [S]. 北京：中国标准出版社，2013.

[66] 中华人民共和国国家质量监督检验检疫总局. 地理信息公共平台基本规定：GB/T 30318—2013 [S]. 北京：中国标准出版社，2013.

[67] 中华人民共和国国家质量监督检验检疫总局. 基础地理信息数据库基本规定：GB/T 30319—2013 [S]. 北京：测绘出版社，2013.

[68] 北京市质量技术监督局. 民用建筑信息模型设计标准：DB11/T 1069—2014 [S]. 北京：中国建筑工业出版社，2014.

[69] 国家能源局. 海上风电场风能资源测量及海洋水文观测规范：NB/T 31029—2019. 北京：中国水利水电出版社，2019.

[70] 张鑫森. 基于 SCADA 数据的风电机组性能分析及健康状态评估 [D]. 北京：华北电力大学，2017.

[71] 宋军. 苏北近海与陆上风资源特性对比研究 [D]. 北京：华北电力大学，2016.

[72] 梁颖. 基于 SCADA 系统的大型风电机组在线状态评估及故障定位研究 [D]. 泉州：华侨大学，2013.

[73] 孙荣洁. 蓬莱地区风力资源评价及风力发电可行性研究 [D]. 济南：山东大学，2011.

[74] 李烨. 海上风电项目的经济性和风险评价研究 [D]. 北京：华北电力大学，2014.

[75] 沈涛. 漂浮式海上风力发电机组载荷优化及控制技术研究 [D]. 重庆：重庆大学，2016.

[76] 莫继华. 近海风电机组单桩式支撑结构疲劳分析 [D]. 上海：上海交通大学，2011.

[77] 漆亮东. 浮式风电运维生活平台方案设计与运动响应研究 [D]. 镇江：江苏科技大学，2019.

[78] 吴立. 新建地铁车站近距离下穿既有车站影响研究 [D]. 北京：北京交通大学，2008.

[79] 马文静. 大坝安全监测仿真实验系统的研究与开发 [D]. 南京：河海大学，2006.

[80] 李宜良. 基于海洋环境和生态保护的海域关闭立法制度研究 [D]. 青岛：中国海洋大学，2011.

[81] 李沁. 分布式光纤测温主机软件的设计与实现 [D]. 济南：山东大学，2017.

[82] 许熊. 基于 Hadoop 的分布式光伏发电监控系统设计与实现 [D]. 南宁：广西大学，2019.

[83] 赖俊. 风电场 SCADA 系统信息安全及其防护研究 [D]. 湘潭：湘潭大学，2018.

[84] 徐爱民. 电力自动化系统在海上平台的应用研究 [D]. 合肥：合肥工业大学，2003.

[85] 欧阳军. 变电站微机综合自动化保护系统的设计与实现 [D]. 南京：南京理工大学，2012.

[86] 赵军. 变电站 SCADA 系统设计与应用 [D]. 上海：华东理工大学，2015.

[87] 尹小花. 基于多目标优化的风电场功率分配策略的设计及实现 [D]. 成都：电子科技大学，2013.

[88] 李艺欣. 大型风电场调度策略研究 [D]. 北京：华北电力大学，2015.

[89] 李龙. 智能电网多能源协调评价 [D]. 北京：华北电力大学，2016.

[90] 赵婷. 风电场发电机组功率分配控制研究 [D]. 西安：西安理工大学，2018.

[91] 唐振宁. 风电功率预测系统设计研究 [D]. 北京：华北电力大学，2014.

[92] 姚辉. 风电场风电功率预测模型及应用研究 [D]. 南京：东南大学，2015.

[93] 韩鹏. 电网风功率预测及监控系统的设计与实现 [D]. 北京：华北电力大学，2012.

[94] 王俊橙. 计及风电功率预测的飞轮储能配合风电场并网的有功功率控制 [D]. 成都：西南交通大学，2013.

［95］ 袁涛. 风功率预测系统设计与实现［D］. 成都：电子科技大学，2014.

［96］ 刘璐洁. 海上风电运行维护策略的研究［D］. 上海：上海大学，2018.

［97］ 史添. 智能变电站网络结构优化研究［D］. 北京：华北电力大学，2011.

［98］ 牟健娜. 智慧实训管理系统设计及其关键技术的研究［D］. 杭州：浙江大学，2018.

［99］ 赵一凡. 面向热力系统大数据平台的复杂数据预处理技术研究［D］. 北京：华北电力大学，2017.

［100］ 汪文东. 基于信息化技术的智慧风场体系构建及案例研究［D］. 南京：南京理工大学，2019.

［101］ 谭任深. 海上风电场集电系统的优化设计［D］. 广州：华南理工大学，2013.

［102］ 陈宁. 大型海上风电场集电系统优化研究［D］. 上海：上海电力学院，2011.

［103］ 韩如月. 电力市场环境下的电力系统可靠性指标［D］. 南京：东南大学，2006.

［104］ 潘柏崇. 风电场电气系统设计技术的研究与应用［D］. 广州：华南理工大学，2009.

［105］ 车文学. 海上风电场微观选址及集电系统优化研究［D］. 北京：华北电力大学，2017.

［106］ 卢思瑶. 海上风电场电力电缆优化与全寿命周期成本管理研究［D］. 南京：东南大学，2017.

［107］ 陈夏. 典型故障下海上风电场孤岛运行控制策略研究［D］. 广州：华南理工大学，2020.

［108］ 梁磊. 大规模间歇式能源有功自动调度及控制系统的设计与实施［D］. 南京：东南大学，2015.

［109］ 邱啸. 海上伞降冲击与漂浮仿真分析［D］. 长沙：湖南大学，2012.

［110］ 刘清泉. 半潜式海上风机安装及撤除过程动力响应研究［D］. 大连：大连理工大学，2020.

［111］ 胡照勇. 基于SCADA数据的风力机可靠性分析与维修决策优化［D］. 南京：东南大学，2018.

［112］ 袁超. 分布式风力发电机组远程监控系统的设计［D］. 西安：西安理工大学，2017.

［113］ 邓力. 风电场SCADA系统信息安全防护技术研究［D］. 成都：电子科技大学，2017.

［114］ 王志文. 基于全寿命周期的电力工程项目风险管理研究［D］. 北京：华北电力大学，2012.

［115］ 韩国波. 基于全寿命周期的建筑工程质量监管模式及方法研究［D］. 北京：中国矿业大学，2013.

［116］ 刘桢，俞炅旻，黄德财，等. 海上风电发展研究［J］. 船舶工程，2020，42（8）：20-25.

［117］ 顾汉忠. 建筑物的变形观测方法及常见问题的处理［J］. 城市道桥与防洪，2011（12）：92-93，8.

［118］ 王石岩. 海浪与船舶安全［J］. 航海技术，2006（5）：11-14.

［119］ 胡益峰，蒋红，郭朋军. 初探海洋（涉海）工程环境监视监管方法及对策［J］. 海洋开发与管理，2012，29（3）：45-48.

［120］ 曹慧军. 海洋工程建设中安全管理现状及对策分析［J］. 物流工程与管理，2013，35（6）：186-187，195.

［121］ 徐龙博，李煜东，汪少勇，等. 海上风电场数字化发展设想［J］. 电力系统自动化，2014，38（3）：189-193，199.

［122］ 尹景勋，宋聚众. 海况条件对海上风力发电机组载荷的影响［J］. 东方汽轮机，2014（2）：51-55.

［123］ 周冰. 海上风电机组智能故障预警系统研究［J］. 南方能源建设，2018，5（2）：133-137.

［124］ 万文涛. 海上风电测风塔的选型［J］. 海洋石油，2011，31（1）：90-94.

［125］ 陈晨，丁宏成，石勇. 海上风电场升压站的电气设计［J］. 吉林电力，2018，46（6）：24-27.

［126］ 杨建军，俞华锋，赵生校，等. 海上风电场升压变电站设计基本要求的研究［J］. 中国电机工程学报，2016，36（14）：3781-3789.

［127］ 卢晓东，郭佩芳. 海洋工程污染分类研究［J］. 海洋湖沼通报，2008（4）：161-166.

［128］ 方龙，李良碧. 海上漂浮式风机支撑结构疲劳强度分析研究综述［J］. 中外船舶科技，2013（3）：1-7.

［129］ 曹慧军. 海洋工程建设中安全管理现状及对策分析［J］. 物流工程与管理，2013，35（6）：186-187，195.

[130] 杨培举. 海洋工程防污将有法可依——《防治海洋工程建设项目污染损害海洋环境管理条例》解读 [J]. 中国船检, 2006 (11): 26-29.

[131] 王曙光, 王勇智, 鲍献文, 等. 由钢铁混凝土岸线带来的思考: 海洋工程环境影响后评价 [J]. 海洋学研究, 2009, 27 (S1): 90-96.

[132] 黄玲玲, 曹家麟, 张开华, 等. 海上风电机组运行维护现状研究与展望 [J]. 中国电机工程学报, 2016, 36 (3): 729-738.

[133] 高宏飙, 孙小钎, 刘碧燕. 海上风电场运维技术及通达方式研究 [J]. 风能, 2016 (11): 74-78.

[134] 张志宏, 施永吉, 黄建平, 等. 深远海域风电场智慧运维管理系统的探索与研究 [J]. 太阳能, 2018 (6): 49-53, 25.

[135] 陈钇西, 柯逸思, 张忠中, 等. 国内海上风电运维船发展现状及分析 [J]. 风能, 2017 (12): 40-44.

[136] 郭为民, 张广涛, 李炳楠, 等. 火电厂智能化建设规划与技术路线 [J]. 中国电力, 2018, 51 (10): 17-25.

[137] 朱荣华, 张亮, 龙正如, 等. 珠海桂山 200MW 海上示范风电场运营维护船方案 [J]. 风能, 2015 (5): 62-65.

[138] 张振, 杨源, 阳熹. 海上风电机组辅助监控系统方案设计 [J]. 南方能源建设, 2019, 6 (1): 49-54.

[139] 常青. 静力水准自动监测系统的研究 [J]. 地质装备, 2014, 15 (1): 30-32.

[140] 戴加东, 王艳玲, 褚伟洪. 静力水准自动化监测系统在某工程中的应用 [J]. 工程勘察, 2009, 37 (5): 80-84.

[141] 张峰. 海上风电场升压站无人值守关键技术应用研究 [J]. 河南科技, 2020, 39 (31): 17-20.

[142] 刘振宇, 孟庆来, 董爵兰. 浅谈静力水准系统在地铁监护测量中的应用 [J]. 测绘与空间地理信息, 2015, 38 (6): 217-220.

[143] 陈容, 强永兴, 许德明, 等. 静力水准仪在碧口水电站的应用 [J]. 西北水电, 2011 (1): 17-20.

[144] 牛文杰, 王振宇, 李洪然. 海上风机—基础水平振动的多自由度分析 [J]. 土木建筑与环境工程, 2011, 33 (S1): 121-124.

[145] 庄慧娜, 王星, 蒋建平. 海洋桩基在波浪荷载作用下的响应研究 [J]. 科技资讯, 2013 (28): 32.

[146] 罗金福, 李天深, 蓝文陆. 近岸海域自动监测网络在广西环境管理服务中的应用 [J]. 广西科学院学报, 2019, 35 (2): 109-112.

[147] 陈波. 500kV 变电站计算机监控系统典型设计 [J]. 中国电力, 2009, 42 (6): 74-78.

[148] 周咏, 吴正学. 500kV 苏州东智能化变电站的技术应用研究 [J]. 华东电力, 2010, 38 (7): 970-973.

[149] 焦恩喜, 王晓静. 变电站自动化系统应用中的工程设计管理 [J]. 中小企业管理与科技 (下旬刊), 2009 (6): 249-250.

[150] 何新贵, 许少华. 一类反馈过程神经元网络模型及其学习算法 [J]. 自动化学报, 2004 (6): 801-806.

[151] 王世全, 刘城, 张方红, 王兰, 曾佑石. 多任务调度排程在海上风电运维中的研究与应用 [J]. 船舶工程, 2020, 42 (S2): 159-165.

[152] 薛辰. 海上智能风电机组来了 [J]. 风能, 2014 (4): 26-30.

[153] 胡军, 尹立群, 李振, 等. 基于大数据挖掘技术的输变电设备故障诊断方法 [J]. 高电压技术, 2017, 43 (11): 3690-3697.

[154] 冯鹏洲. 大数据技术在智能充电桩网络系统中的应用 [J]. 电力大数据, 2018, 21 (12): 47-52.

[155] 关晓林, 黄拓, 凌德祥, 等. 电力企业大数据体系架构的研究与应用 [J]. 电力大数据, 2018,

21 (8)：1-7.

[156] 王健. 对风电企业生产运营管理模式的探讨 [J]. 中国电力企业管理，2011 (10)：118-120.

[157] 杨军，王东，许洁，等. 基于数据驱动的电力安全生产事故风险预警研究 [J]. 电力大数据，2019，22 (4)：9-14.

[158] 谭任深，杨苹，贺鹏，等. 考虑电气故障和开关配置方案的海上风电场集电系统可靠性及灵敏度研究 [J]. 电网技术，2013，37 (8)：2264-2270.

[159] 谭任深. 海上风电场工程集电系统拓扑设计研究 [J]. 南方能源建设，2015，2 (3)：67-71.

[160] 王海云，李璇. 海缆在线监测系统在油气平台上的应用 [J]. 电气时代，2016 (3)：84-86.

[161] 王建东，李国杰. 海上风电场内部电气系统布局经济性对比 [J]. 电力系统自动化，2009，33 (11)：99-103.

[162] 靳静，艾芊，奚玲玲，等. 海上风电场内部电气接线系统的研究 [J]. 华东电力，2007 (10)：20-23.

[163] 张哲. 海上风电场电能传输技术研究 [J]. 风能，2012 (5)：60-64.

[164] 张哲. 海上风电场电能传输技术研究 [J]. 电工电气，2012 (7)：1-4.

[165] 郑明，杨源，沈云，等. 海上风电场孤网状态下的备用柴油发电机方案研究 [J]. 南方能源建设，2019，6 (1)：24-30.

[166] 行舟，陈永华，陈振寰，等. 大型集群风电有功智能控制系统控制策略 (一) 风电场之间的协调控制 [J]. 电力系统自动化，2011，35 (20)：20-23，102.

[167] 陈夏，辛妍丽，唐文虎，等. 海上风电场黑启动系统的风柴协同控制策略 [J]. 电力系统自动化，2020，44 (13)：98-105.

[168] 陈亮，阳熹，杨源. 智慧海上风电场的定义、架构体系和建设路径 [J]. 南方能源建设，2020，7 (3)：62-69.

[169] 阳熹，杨源. 智慧型海上风电场一体化监控系统方案设计 [J]. 南方能源建设，2019，6 (1)：42-48.

[170] 许莉，李锋. 中国海上风电发展与环境问题研究 [J]. 中国人口·资源与环境，2015 (5)：135-138.

[171] 王波，李民，刘世萱，等. 海洋资料浮标观测技术应用现状及发展趋势 [J]. 仪器仪表学报，2014 (11)：2401-2414.

[172] 谢正荣，单立辉，时庆兵，等. 电气火灾早期预警及监测前沿技术探讨 [J]. 建筑电气，2019，38 (8)：39-44.

[173] 吕银华，车辉，樊玉琦，郑淑丽. 基于物联网的智能消防预警系统的实现 [J]. 消防科学与技术，2018，37 (11)：1548-1551.

[174] 徐友全，贾美珊. 物联网在智慧工地安全管控中的应用 [J]. 建筑经济，2019，40 (12)：101-106.

[175] 傅质馨，袁越. 海上风电机组状态监控技术研究现状与展望 [J]. 电力系统自动化，2012，36 (21)：121-129.

[176] 王韬. 远程监控系统在风力发电中的应用 [J]. 华电技术，2011，33 (11)：74-79，87.

[177] 彭小圣，邓迪元，程时杰，文劲宇，李朝晖，牛林. 面向智能电网应用的电力大数据关键技术 [J]. 中国电机工程学报，2015，35 (3)：503-511.

[178] 魏勇军，黎炼，张弛，朱海兵. 电力系统自动化运行状态监控云平台研究 [J]. 现代电子技术，2017，40 (15)：153-158.

[179] 盛海华，王德林，马伟，罗少杰，吴靖. 基于大数据的继电保护智能运行管控体系探索 [J]. 电力系统保护与控制，2019，47 (22)：168-175.

[180] 张国斌，张叔禹，刘永江，郭瑞君. 基于大数据与人工智能技术的电力在线技术监督平台建设

方案 [J]. 热力发电, 2019, 48 (9): 94 - 100.

[181] 王阳, 李晓虎, 许士光, 赵杰, 胡仁芝, 肖柱. 大型集群风电有功智能控制系统监控软件设计 [J]. 电力系统自动化, 2010, 34 (24): 69 - 73.

[182] 周恒俊, 曹晋彰, 郭创新, 曹一家. 基于 ASOA 集群智能微网的信息化管理平台设计. 电力系统自动化, 2010, 34 (13): 66 - 72.

[183] 王建彪, 张恭. 海上风电场运维设备发展概述 [J]. 广东造船, 2017, 36 (5): 81 - 83.

[184] 张亚超, 齐仁龙, 张敏. 基于 ARM8 和 ZigBee 的风电场数据采集系统的设计 [J]. 仪表技术与传感器, 2019 (4): 75 - 78.

[185] 黄猛. 基于大数据和机器学习模型的风力发电机组健康管理研究 [J]. 机械制造, 2017, 55 (8): 37 - 39.

[186] 刘世成, 张东霞, 朱朝阳, 李维东, 卢文冰, 张敏杰. 能源互联网中大数据技术思考 [J]. 电力系统自动化, 2016, 40 (8): 14 - 21, 56.

[187] 黄必清, 张毅, 易晓春. 海上风电场运行维护系统 [J]. 清华大学学报 (自然科学版), 2014, 54 (4): 522 - 529.

[188] 杨源, 阳熹, 汪少勇, 等. 海上风电场智能船舶调度及人员管理系统 [J]. 南方能源建设, 2020, 7 (1): 47 - 52.

[189] 佟博, 丁伟. 海上风力发电场投资成本分析与运维管理 [J]. 电气时代, 2017 (11): 31 - 33, 38.

《风电场建设与管理创新研究》丛书
编辑人员名单

总责任编辑　营幼峰　王　丽
副总责任编辑　王春学　殷海军　李　莉
项目执行人　汤何美子
项目组成员　丁　琪　王　梅　邹　昱　高丽霄　王　惠

《风电场建设与管理创新研究》丛书
出版人员名单

封面设计　李　菲
版式设计　吴建军　郭会东　孙　静
责任校对　梁晓静　黄　梅　张伟娜　王凡娥
责任印制　黄勇忠　崔志强　焦　岩　冯　强
责任排版　吴建军　郭会东　孙　静　丁英玲　聂彦环